成虫
达摄）

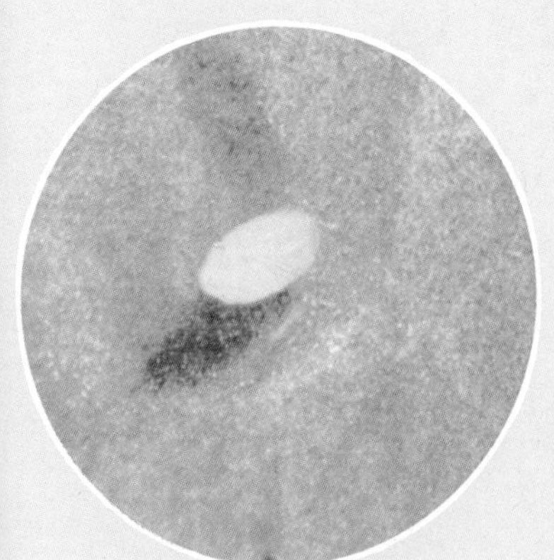

菜粉蝶卵

小菜蛾蛹

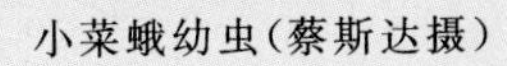

小菜蛾幼虫(蔡斯达摄)

温室白粉虱

棉铃虫成虫

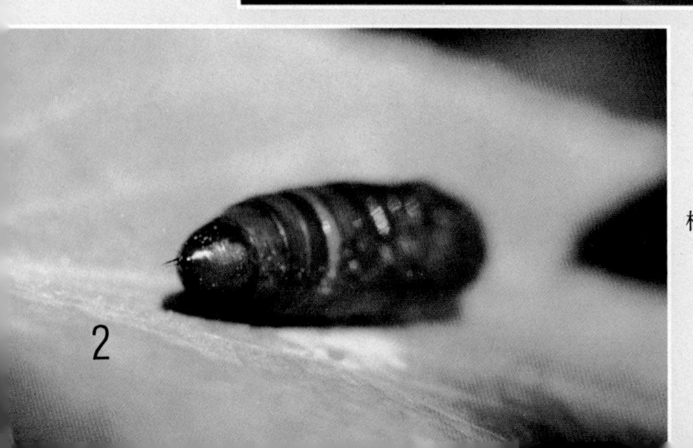

棉铃虫蛹

棉铃虫幼虫

棉铃虫卵

菜　蚜

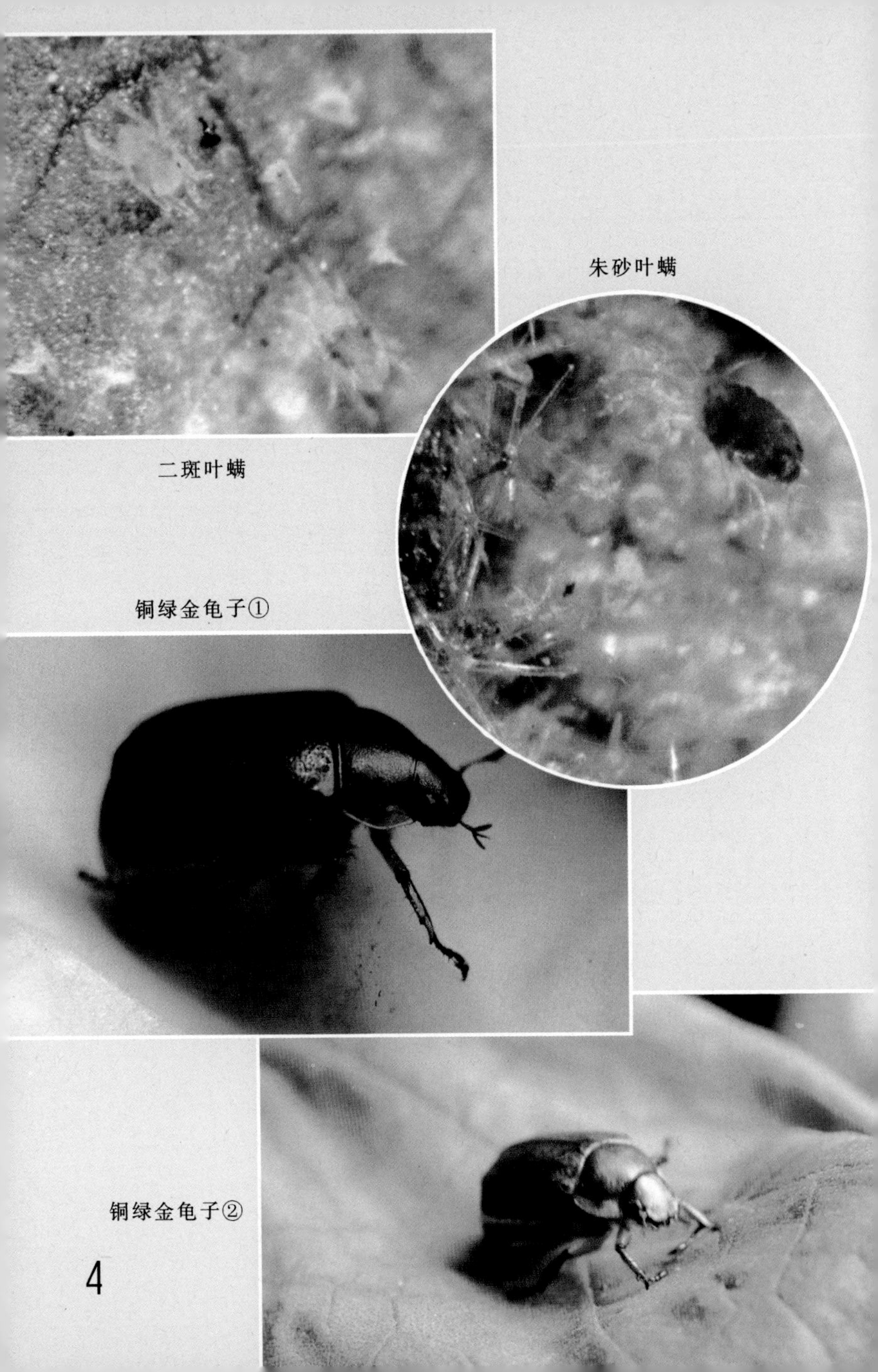

朱砂叶螨

二斑叶螨

铜绿金龟子①

铜绿金龟子②

蔬菜害虫天敌

七星瓢虫(蔡斯达摄)

龟纹瓢虫
(无斑)

龟纹瓢虫
(蔡斯达摄)

异色瓢虫(蔡斯达摄)

异色瓢虫(无斑)

多异瓢虫(蔡斯达摄)

瓢虫卵

中华草蛉成虫

食蚜瘿蚊成虫

中华草蛉幼虫

食蚜瘿蚊幼虫

草间小黑蛛

三突花蛛

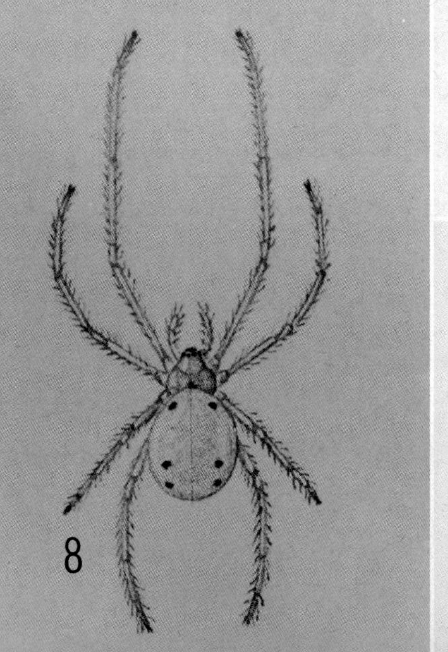

八斑球腹蛛

线虫

昆虫病原线虫产品

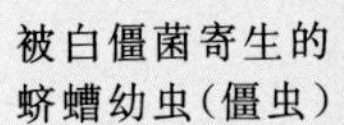
被白僵菌寄生的蛴螬幼虫(僵虫)

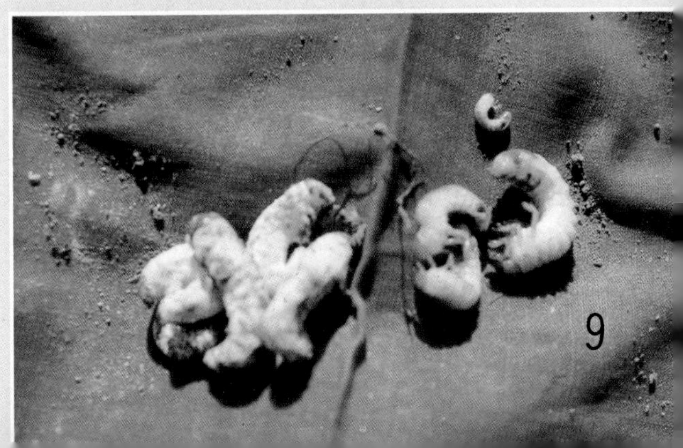

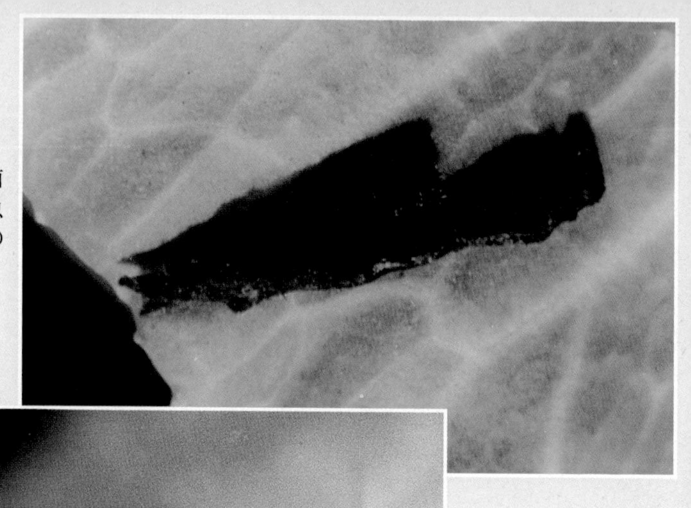

被苏云金杆菌致死的菜青虫（吴钜文提供）

丽蚜小蜂

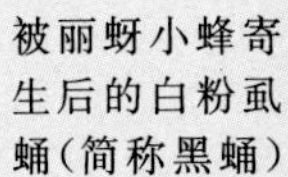

被丽蚜小蜂寄生后的白粉虱蛹（简称黑蛹）

人工大量繁殖丽蚜小蜂的过程

①在清洁苗室内培育清洁菜苗

②在粉虱发育室接种粉虱,使粉虱发育生长

③在丽蚜小蜂接种室繁殖丽蚜小蜂

④去除多余的白粉虱

⑤采摘有黑蛹的叶片

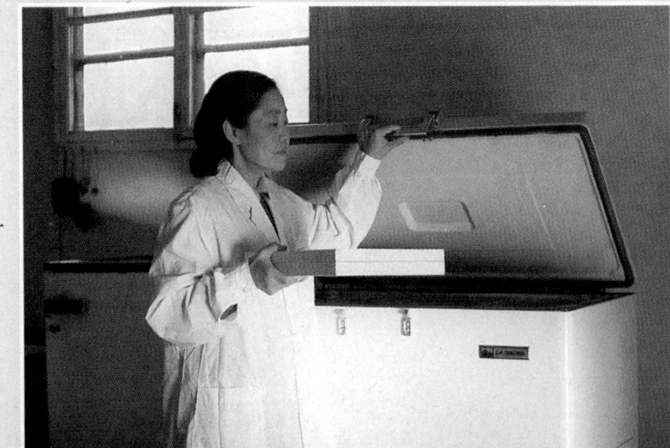

⑥低温贮存黑蛹叶片

农作物害虫生物防治丛书②

蔬菜害虫生物防治

组　编
农业部农作物病虫草害生物防治
资源研究与利用重点实验室
中国农业科学院生物防治研究所

田毓起　编著

金盾出版社

内 容 提 要

本书由中国农业科学院生物防治研究所田毓起研究员编著。书中系统介绍了小地老虎、蛴螬、韭蛆、菜蚜、菜粉蝶、小菜蛾、温室白粉虱等28种蔬菜害虫的生物防治技术，包括害虫天敌的保护和利用，天敌的繁殖和天敌的引进，昆虫病原真菌、细菌和病毒的应用，昆虫病原线虫以及性诱剂、杀虫抗生素的应用等新技术。在蔬菜生产中，采用生物防治技术，可以降低生产成本，提高蔬菜产量和品质，减少环境污染。本书内容系统，实用性强，通俗易懂，便于学习和操作，可供菜农、蔬菜生产技术人员和农业院校师生阅读参考。

图书在版编目(CIP)数据

蔬菜害虫生物防治/农业部农作物病虫草害生物防治资源研究与利用重点实验室，中国农业科学院生物防治研究所组编．—北京：金盾出版社，2000.3
(农作物害虫生物防治丛书)
ISBN 978-7-5082-0913-5

Ⅰ．蔬…　Ⅱ．①农…②中…　Ⅲ．蔬菜害虫-生物防治
Ⅳ．S436.3

中国版本图书馆 CIP 数据核字(1999)第 01611 号

金盾出版社出版、总发行
北京太平路 5 号(地铁万寿路站往南)
邮政编码：100036　电话：68214039　83219215
传真：68276683　网址：www.jdcbs.cn
彩色印刷：北京百花彩印有限公司
黑白印刷：北京金盾印刷厂
装订：第七装订厂
各地新华书店经销
开本：787×1092 1/32　印张：10.625　彩页：12　字数：226 千字
2009 年 4 月第 1 版第 4 次印刷
印数：25001—33000 册　定价：17.00 元

农作物害虫生物防治丛书编辑委员会

前　言

近年来，我国对植物保护的研究与技术推广在发展农业生产中起了巨大的作用。使用化学农药防治是植物保护中常用的方法，但化学农药的大量使用也带来了一些严重问题，如害虫抗药性增强，病虫害暴发的频率增加，次要害虫上升为主要害虫，农药在农产品中残留及对生态环境的污染与破坏等，这就促使我们进一步研究开发安全、高效、经济的植物保护新药剂、新技术。

农作物害虫的天敌及有益生物的利用是新发展起来的重要植物保护手段之一。通过保护害虫的天敌或人工繁殖害虫的天敌进行田间释放，可起到直接降低害虫种群数量的作用，能替代化学农药或减少其使用次数与用量。通过保护、释放益虫防治农作物害虫，既可保障粮食作物的安全生长，又能减少环境污染，提高农产品的质量，同时减轻劳动强度。这些技术与方法已成为无公害食品、绿色食品、农业精品生产的主要手段。

目前，国家正在大力向农民传授害虫综合治理技术，即通过建立田间学校，让农民掌握病虫害的防治技术，由农民自行制订对有害生物的治理计划。同时，我国也正在实行“绿色证书”制度，给掌握了害虫综合治理技术的农民颁发“技术资格证书”。

尽管以往出版过多种防治农作物病虫害的书籍，但内容大多以介绍病虫的生物学特性及化学防治技术为主，缺少系统介绍农作物害虫生物防治与益虫利用方面的丛书。农民迫切需要易懂、易学、根据图谱辨认害虫与益虫且实用性强的科普书籍。基于上述理由，农业部农作物病虫草害生物防治资源研究与利用重点实验室与中国农业科学院生物防治研究所组织编写了这套“农作物害虫生物防治丛书”，包括《粮棉作物害虫生物防治》、《蔬菜害虫生物防治》、《果树害虫生物防治》、《保护地害虫天敌的生产与应用》、《赤眼蜂繁殖及田间应用技术》，以帮助广大农民掌握这方面的科学知识和技术。

按照本“丛书”编辑委员会的安排，笔者将自己多年从事蔬菜害虫生物防治技术研究的成果，结合有关农业科研单位的先进成果和广大农民的实践经验，编写了《蔬菜害虫生物防治》一书。书中介绍的蔬菜害虫生物防治技术，科学实用，效果明显，前景广阔。本书可作为农业院校和有关部门的培训教材，也可供广大农民、蔬菜生产技术人员、植保技术人员阅读参考。

编著者

目　录

第一章　蔬菜害虫生物防治的意义、途径和技术

第一节　蔬菜害虫生物防治的意义

蔬菜是人民的生活必需品，关系到城乡千家万户的生活。据近年来的报道，我国蔬菜种植面积达1 000万公顷，蔬菜种类有150种左右。据农业部门报告，蔬菜每年因病虫害造成的损失率高达30%左右，其中18%是害虫造成的。蔬菜害虫有300余种，重要的约50种，全国各地普遍有发生。危害严重的有小菜蛾、菜粉蝶、桃蚜（又称烟蚜）、瓜蚜、苜蓿蚜、萝卜蚜、甘蓝蚜、棉铃虫、烟青虫、小地老虎、甘蓝夜蛾、豆荚斑螟、白粉虱、侧多食跗线螨、朱砂叶螨等。斜纹夜蛾、甜菜夜蛾、银纹夜蛾、韭蛆、菜螟、葱蓟马等，发生亦较普遍，部分菜区或少数年份发生严重。由于各地气候条件、蔬菜品种结构的差异，蔬菜害虫发生的情况也不同。在我国南方，小菜蛾、菜青虫、甘蓝夜蛾等食叶类害虫危害突出；而北方菜区，以多种蚜虫、棉铃虫、白粉虱、黄地老虎、朱砂叶螨等危害严重。

近年来，蔬菜栽培技术措施的革新，使蔬菜生产的品种和产量提高很快，但也形成了前所未有的、往往有利于害虫发生的生态环境和条件。过去，温室白粉虱在东北、华北等地区的菜田发生较少，危害较轻。20世纪70年代以来，发展了保护地蔬菜种植业，我国广大地区扩建了多种形式的温室、塑料棚，并采取了地膜覆盖等措施，给蔬菜、花卉、苗木等提供冬季生长、繁育的条件。同时，这也给温室白粉虱在冬季继续繁殖、

为害，提供了必要条件。由于温室、大棚等设施和蔬菜生产露地是紧密地衔接、交错在一起，致使发生世代多、发育速率快和生殖能力强的温室白粉虱，得到充分生育的条件，以致成为我国蔬菜生产上的一大威胁。

随着保护地栽培的发展，不少菜虫在这种半封闭式的生态条件下，发生规律有了变化。原来有越冬休眠习性的昆虫，如小菜蛾、菜粉蝶等，在保护设施中，一年四季不断生长、发育和繁殖，使发生基数大增，发生期提早，世代增多；瓜蚜、桃蚜在长江以北地区，原本是以卵在木本植物上越冬，到第二年春天才迁入菜地的；但在保护地中，则以雌蚜进行孤雌生殖，不断为害。二斑叶螨、朱砂叶螨和侧多食跗线螨等，亦都类似，增殖速度加快，危害严重。

新虫新寄主的出现，使菜虫防治任务更为艰巨。上海菜区，近 10 年发生的新病虫种类有 10 多种，后又发现瓜类弹尾虫、螨类等新害虫。小菜蛾原是春秋季发生的害虫，现在演变为周年发生。特别是盛夏期间，由于推广了遮阳网等设施后，小菜蛾 7～8 月间的发生与危害情况日益加重。秋季重发的夜蛾类，其发生与危害期后延了 30 多天，发生程度和重发的频率都上升了；茶黄螨、红蜘蛛等的发生期超过 180 天，提早与延后的时间一共长达 60 多天。随着国外菜果的大量引入，1995 年出现了危险性害虫，如美洲斑潜蝇(*Liriomyza bryoniae*)在上海大量发生，危及 10～20 种蔬菜。

还有些害虫，原先主要危害大田农作物，但现在转为危害蔬菜。如稻作上的稻苞虫、稻管蓟马转为危害茭白；棉叶蝉、棉盲蝽转为危害茄子和豆类，使新开发菜区的害虫种类形成复杂的关系。不少菜虫，还是病毒病的传播者，所造成的损失常比其自身的危害大得多。

当前蔬菜害虫的防治，依然主要依靠化学农药，这就带来了农药污染的严重恶果。减少农药污染，提供无公害食品、绿色食品就成了世界各国所面临的严重难题。

在虫害日益严重，而采用农药进行防治又造成污染的情况下，蔬菜害虫生物防治，便给人们开辟了新的蹊径。这主要是利用自然界或人工繁育的天敌昆虫、有益生物、病原微生物及其代谢产物等技术，来控制害虫发生的危害。这就是人们常说的“以虫治虫”、“以菌治虫”。其特点是对人畜安全，不污染环境，对害虫具有长期抑制作用。害虫天敌是自然资源，可就地取材，成本低。蔬菜害虫生物防治，具有安全、经济、高效的特点，其重要意义如下：

一、提供无污染的蔬菜

蔬菜，大部分都是食用部分。其根茎叶花果等含有丰富的营养物质和维生素，常不需加工即可直接食用。因此人们十分关心蔬菜的农药污染问题。有机氯农药虽然禁用了，但不少地方在蔬菜检测中仍发现有有机氯的残留。有机磷农药（乐果、敌敌畏、杀螟松等）是目前蔬菜虫害防治上应用较多的农药，用量大，频率高，农药残留量问题严重。据报道，有些地区蔬菜上乐果的残留量高达 2.7 ppm，超过国家允许浓度的 2 倍多；有的地方甚至超标 10～20 倍。所以，农药中毒事故时有发生，但是，如果应用生物防治技术来防治蔬菜害虫，就可以避免农药污染，确保人畜安全。

二、避免蔬菜害虫产生抗药性

在众多蔬菜害虫发生的情况下，菜农多沿用化学农药进行防治。而时间一长，害虫便产生了抗药性，农民又往往得加大用药量，增加施药次数。这样就出现了农药愈用愈多，虫子愈治愈多的恶性循环的局面。害虫抗药性增强了，化学防治效果便大降。据统计，世界抗药性害虫已从20世纪50年代的10余种，增加到90年代的504种之多。

小菜蛾在日本有些地区使用氰戊菊酯后1～2年内，产生抗药性高达12 000倍，在美国也达82 475倍。我国广州、武汉等地，在20世纪80年代初使用化学农药仅3～5年，害虫的抗药性普遍高达数百至千倍以上。据不完全统计，小菜蛾已对有机氯、有机磷、氨基甲酸酯，甚至灭幼脲等大约50多种杀虫剂，产生了抗药性。近年来，深圳地区又发现小菜蛾对抑太保(Chlorfluazuron)等酰基脲类药剂产生了抗药性。在蔬菜害虫中，还有二斑叶螨、朱砂叶螨、瓜蚜、桃蚜、棉铃虫、斜纹夜蛾等一大批害虫产生了抗药性。事实告诫人们，单纯使用化学农药的做法再也不能继续下去了。生物防治通过生物及其产品，可以有效地防治蔬菜害虫，保证无污染蔬菜的优质高产；又可减少有机化学农药的投入，从根本上解除防治菜田害虫的化学农药的选择压力，因而铲除了害虫发生抗药性的温床，有效地将滥用化学农药所形成的恶性循环扭转为良性循环。由此可见，积极开展菜虫的生物防治具有十分重要的意义。

三、保护环境

化学农药对环境的污染已成为世界各国共同关注的问题。有的农药一旦进入田间，就要经过几年、十几年甚至半个多世纪才能降解。化学农药严重损害了人们的健康，甚至影响到子孙后代的幸福。防治菜虫常常要大量、多次地喷洒化学农药，这不仅污染了蔬菜，也必然引起周围大气、土壤和水域的污染，破坏生态平衡，恶化人们的生存环境。

我国当前大量使用的有机磷农药，是一种神经性毒剂，对人畜极不安全。其主要作用是抑制生物体内的胆碱酯酶，造成神经活动的紊乱。轻度中毒者有呕吐、腹泻、出汗、下肢痉挛等症状，重者会引起死亡。目前世界上有上万种化学物质用于杀虫剂制造，这与人类畸胎、血液病等多种奇怪病症有着密切的关系，表明以牺牲生存环境为代价的经济增长，会使人类社会走进死胡同。人类要想摆脱环境污染的困境，必须从根本上开辟一条新的出路。

应用生物技术防治蔬菜害虫，对人畜无毒害，不会造成环境污染，可以给人们一个清洁无污染的生存空间。纵观病虫害防治的历史，任何措施要持久地获得成功就必须与最新科学技术相结合。近10年来，生物防治技术与高新技术相结合，展现出无限广阔的前景。我国近年来应用植物基因工程技术创造抗虫蔬菜新品种有了新的突破。这项生物防治技术工程，是在植物体内植入能产生毒素的基因，使它能制造一定量的毒素毒杀害虫。该基因在植物体内能一代代传下去，就成为了新品种。苏云金杆菌属细菌性杀虫剂，在其菌体内有一种杀虫活性结晶蛋白毒素基因，把这种毒素基因分离出来，转入到番茄、马铃薯中，杀虫效果很好。我国科研人员将这一基因导入结球甘蓝、花椰菜，取得了明显的进展。对转基因小白菜植株，也正进行基因表达的检测工作。在蔬菜害虫的防治中，人类正经历着由以化学农药防治为主向无公害的生物防治为主的转化。人类将以明智的选择和积极的行动开展生物防治，保护好自己的生存环境。

第二节　蔬菜害虫生物防治途径和技术措施

一、蔬菜害虫生物防治的途径

蔬菜害虫生物防治，主要有三个途径：一是天敌的保护，即保护自然界的天敌资源；二是天敌的增殖，即人工饲养、繁殖天敌；三是引进天敌，即从国外害虫原产地引入天敌或由国内异地引入天敌。

(一)天敌的保护

这是蔬菜害虫生物防治中的一条重要措施。人们在田间可采用多种方法，减少人为的对天敌的杀伤和不利的影响，创造有利于天敌生长、发育和繁殖的生态环境，以发挥自然界天敌的积极作用。田间瓢虫和一些寄生蜂等天敌是取食花粉、花蜜的。河南省有些地区的人们在早春，一方面保护这些天敌，一方面保护田头蓟菜、蒲公英等一些开花植物，给越冬后开始活动的天敌如瓢虫、草蛉和寄生蜂等，提供丰富的食物。这就提高了自然界中越冬后的天敌的存活率和繁殖力，促进了种群的快速增长。

改善生态环境，增加植物的多样性，合理配置农作物等，均可为天敌提供优良的栖息场所和生活条件，有利其存活和繁衍后代。

(二)天敌的繁殖

天敌的繁殖是生物防治的主要途径。它包括室内的人工饲养、繁殖和田间的增殖措施等。

近年来，我国已研制出繁殖赤眼蜂的工厂化生产的新途径，日产赤眼蜂达 7 亿～8 亿只，可用于防治菜青虫、烟青虫、棉铃虫等蔬菜害虫和其他的农业害虫。我国已成为世界上放蜂治虫面积最大的国家之一。我国还研制出棉铃虫、烟青虫大量繁殖的技术，可以为颗粒体病毒等病原微生物的增殖提供虫源。

此外，我国人民还采用田间增殖天敌的方法防治蔬菜害虫。这就是在田间释放少量天敌，使之逐渐增殖，从而达到控制田间蔬菜害虫的目的。山西省一些地区的人们，在早春释放少量赤眼蜂到田间，让其适应环境繁殖后代，有效地控制早春菜田害虫，起到了良好的防治作用。

(三)引进天敌

从国外或者从外地移入本地没有的天敌昆虫和有益生物，以增强天敌的控制作用。这是生物防治的一项基本工作。这项工作，是早在19世纪80年代从引进澳洲瓢虫(Rodolia cardinalis)防治吹绵蚧(Icerya purchasi)成功后发展起来的。

我国已与20多个国家和地区建立了天敌交换关系。丽蚜小蜂和食蚜瘿蚊，就是分别从英国和加拿大引入的。这两种天敌，在我国蔬菜的温室白粉虱和菜蚜的控制上，显示了良好的防治威力。

引进天敌昆虫，要注意先到害虫的原产地去选择天敌。那里天敌种类较多，作用也明显。同时，要注意选择最有可能适应的优良天敌。一般而言，它是原产地作用较大的优势种。此外，要特别关注与害虫生活习性相近似的那些天敌昆虫，以便使天敌更好地发挥作用。

二、蔬菜害虫生物防治的技术措施

(一)充分发挥蔬菜害虫天敌的作用

保护和利用自然界的天敌，是蔬菜害虫生物防治中的一项重要任务。

天敌昆虫可分为捕食性和寄生性两类。捕食性昆虫分属18目200种，常见的有步行虫、蠼螋、瓢虫、草蛉等。寄生性昆虫分属于膜翅目、双翅目和鞘翅目等。我国有不少可利用的优势种，有记载的姬蜂科虫900多种、寄生蝇400多种、瓢虫380多种。这些都是丰富的自然资源。据北京市调查，蔬菜害虫天敌有360多种，其中捕食性天敌为223种，约占总数的

62%，寄生性天敌108种，占天敌总数的30%。

这些天敌昆虫的作用是巨大的。以菜青虫的天敌为例，初步查明北京地区有80多种，寄生性天敌有菜粉蝶绒茧蜂、蝶蛹金小蜂、粉蝶大腿小蜂等20多种，分别对菜青虫的卵、幼虫和蛹起着控制作用。以菜蚜的天敌为例，初步查明扬州地区捕食性天敌有赤胸步甲(Calathus halersis)、耶气步甲(Pheropsophus jessoersis)和黑带食蚜蝇(Epistrophe balteata)等42种以上。每种步甲每头一生食蚜总量在20 000头以上。一旦没有这些天敌，蔬菜害虫就会失去控制，猖狂为害，造成经济上的巨大损失。如海南地区，有的菜田过多使用化学农药，结果将天敌杀死，使小菜蛾大量发生，造成蔬菜的严重减产和品质下降。

我国蔬菜害虫天敌种类极其丰富，但有计划地保护和应用的却为数不多。巨大的潜在天敌自然资源，有待进一步开发和利用。

(二)昆虫病原微生物的利用

昆虫病原微生物共有千余种。这些微生物对人畜和植物都是无害的，可用来防治害虫。利用微生物防治害虫，具有应用范围广、毒力持久和使用方便等优点。我国许多地区在开展微生物治虫方面，积累了丰富的经验。

1. *病原真菌的利用*　引起昆虫疾病的虫生真菌种类很多，有405种。而对其研究较多、实用价值较大的，主要是藻菌中的虫霉属(Entomophthora)和半知菌中的白僵菌(Beauveria)与绿僵菌(Metarrhizium)。白僵菌以防治大豆食心虫、玉米螟和松毛虫而著称，绿僵菌则以防治地下害虫蛴螬而出名。

白僵菌是目前使用较广的一种真菌。据1992年不完全统计，我国南方10省市有白僵菌工厂64个，年生产能力达

2 100多吨，每年防治面积近 50 万公顷，对控制虫害、减少环境污染起到了良好的作用。

白僵菌菌丝有隔膜和分枝，在分枝顶端产生孢子。孢子接触到虫体，遇到适宜条件就萌发，侵入虫体。在虫体内长出菌丝，再生长出孢子。如此连续不断，使虫体内充满菌丝和孢子。

白僵菌菌丝体在虫体内直接吸收虫体养分。菌丝侵入肌肉，便损坏其运动机能；大量孢子和菌丝体在虫体腔内堵塞了血液循环，更为有效的是，病菌的代谢产物在虫体内大量积累，改变了血液的酸碱度，使其新陈代谢机能紊乱而死亡。随后，孢子继续发芽、生长，形成菌丝，夺取虫体大量水分。

虫霉是蔬菜蚜虫的重要病原真菌。其中蚜霉在我国吉林、山东、陕西、云南、新疆等地流行过，近年来京津地区每年秋季在萝卜、白菜、雪里蕻等蔬菜上都有不同程度的发生。毒力虫霉(E. virulenta)就是选育出的一株病原真菌及其次生代谢物，均有良好治虫效果。

2. 苏云金杆菌的利用　苏云金杆菌(Bacillus thuringiensis)，又称 B. t. 杀虫剂，目前已发现 23 个血清型 50 多个变种，是微生物农药中应用最广泛的一类。B. t. 杀虫剂在国内蔬菜上应用较多的有：天门变种 B. t. var. tienmensis，常称为 7216；武汉变种 B. t. var. wuhanasis，常称为 104 杀虫菌；库斯坦克变种 B. t. var. kurstaki，常称为 HD-1。资源调查表明，华南、华中、西南和西北等广大地区的土壤中，宿存着 B. t. 芽孢杆菌，可谓分布广泛，资源丰富。

我国将 B. t. 杀虫剂用于防治农作物害虫，已由 20 世纪 80 年代初的几十吨，发展到 1994 年的 1 万多吨。近年来在菌种选育、发酵工艺、增效剂(EGS)和光保护剂(P81)等方面，均取得重大进展。应用范围由 1962 年前的昆虫 4 个目 32 属

121种，扩大到10个目522种，其中鳞翅目就有372种。近年来，发现它对双翅目中的有些幼虫有高毒效，因而使用范围还会逐步扩大。

苏云金杆菌是一种寄生于昆虫体内的细菌，杀虫主要是该菌的伴孢晶体的作用。伴孢晶体是一种蛋白质，有毒素，称为晶体毒素或"内毒素"。在碱性溶液中被蛋白酶分解，放出有毒物质。昆虫中鳞翅目幼虫消化道内一般pH值为9～10.5，属碱性。所以，苏云金杆菌对鳞翅目的害虫特别有效。

3. 昆虫病毒的利用　病毒是一种比细菌小的生物体，专化性强，不能离开寄主生存，必须用活体培养。目前已发现的昆虫病毒有500多种。我国昆虫病毒资源丰富，已从7个目33种昆虫中分离到234株病原病毒，为昆虫病毒杀虫剂的开发与生产，提供了珍贵的自然资源。

昆虫病毒，一般一种病毒只感染一种昆虫，并不感染人、畜、植物及其他有益生物，因此使用比较安全。由于昆虫病毒具有专化性，因此可制成良好的选择性杀虫剂，而对生态系统极少有干扰。这是应用病毒治虫的一大优点。

用以防治蔬菜害虫的昆虫病毒主要有两类，即核型多角体病毒和颗粒体病毒。这两类病毒，可防治菜青虫、斜纹夜蛾、烟青虫和棉铃虫等主要蔬菜害虫与大田害虫，共200多种。害虫染病后，病毒分布到昆虫的表皮、脂肪体、血细胞及气管皮膜等组织的细胞核内，进行发育、繁殖，最终充塞体内。害虫由发病至死亡的时间较长，在20℃的温度条件下，一般需要7～8天。

制剂病毒的繁殖方法，是用大量的活昆虫来培养。近年来，我国开展了病毒的工厂化生产。武汉大学病毒所生产的菜青虫颗粒体病毒制剂和小菜蛾颗粒体病毒制剂，已开始了商品化应用。之后,我国昆虫病毒杀虫剂的研究工作十分活跃,已有 20 多种病毒杀虫剂进入了大田试验。

从国内昆虫病毒剂发展情况看,昆虫病毒复合杀虫剂的生产与应用已成为一大特色。首先是病毒与微生物复合的一种纯生物杀虫剂,是将昆虫病毒与苏云金杆菌或白僵菌在生产过程中进行复合。其特点是能集病毒和菌类制剂的优点于一体,既保持了微生物的广谱性和速效性,也保证了对抗药性害虫的特异性和持续性,弥补了单用病毒所起作用的不足,克服了苏云金杆菌对某些夜蛾科害虫不甚敏感的缺点。如小菜蛾病毒—苏云金杆菌复合生物杀虫剂被运用于蔬菜害虫防治,取得了十分满意的治虫效果。

另外一类是病毒与低残毒化学农药复配的“生物—化学杀虫剂”。该制剂既可发挥病毒治虫的优势,大大减少化学农药的用量,又能起到化学药剂杀虫的作用。

昆虫病毒复合生物杀虫剂的开发研究和应用,为其今后大规模地应用于防治蔬菜害虫,展示了广阔的前景。

4. *昆虫病原线虫的利用* 昆虫病原线虫,是寄生于昆虫体内的细丝形寄生虫。其种类亦多。有人作过估计,全世界的线虫约有 50 万种,而寄生于昆虫的线虫有 5 000 多种。可见线虫也是一种重要的生物资源。线虫在自然界分布很广,江河、池沼水中,菜田、稻田、棉田的土壤里及腐殖质中,都生活有线虫。它既寄生于菜、稻、棉等一年生作物的害虫中,又能寄生于林木、果茶等多年生植物的多种害虫中。只要寄主的条件适合,它就可以生存和繁衍。在我国华南、华北地区,经 1991 年初步调查,已收集、分离斯氏线虫近百种。蔬菜害虫中的小地老虎、斜纹夜蛾、棉铃虫和菜青虫等,都有线虫寄生,一般寄生率为 40%~70%,高的可达 80%~90%。

我国病原线虫利用的研究，近年来渐趋活跃。据分析，昆虫病原线虫能控制某些较为隐蔽性的害虫。目前应用较多的小卷蛾线虫，能防治鳞翅目、双翅目、鞘翅目等几百种不同的害虫，均有较好的效果，表明它是一种杀虫范围广的生物农药。尤其是在人工大量繁殖后，将其释放于田间，防治害虫的效果更好，其寄生率常高达85%(可参阅本书第二章小地老虎的生物防治)。

(三)昆虫性信息素的利用

自然界的各种昆虫，都能向外释放具有特异性气味的微量化学物质，以引诱同种异性昆虫前去交配。这种在昆虫交配过程中起通讯联络作用的化学物质，称为昆虫性信息素或昆虫性外激素。用以防治害虫的性外激素或类似物，通称为性引诱剂，简称性诱剂。

据目前了解，昆虫间利用性外激素，使之彼此能准确地找到各自配偶的昆虫种类，有鳞翅目、鞘翅目、膜翅目、双翅目、同翅目和直翅目等。已鉴定并合成的昆虫性外激素已有2200多种。我国已有小菜蛾、烟青虫、棉铃虫和稻瘿蚊等30多种昆虫的性信息素被研究和利用。

性外激素，在鳞翅目蛾类中多数是雌蛾分泌以引诱雄蛾，但也有雄蛾引诱雌蛾的。常见的小菜蛾、斜纹夜蛾和玉米螟等就是由雌蛾释放性外激素的。分泌性外激素的腺体，多在雌蛾腹部第八、九节的节间膜内，到雌蛾性成熟时便把这种性信息素释放到体外，以引诱雄蛾。而雄蛾在触角的感觉毛上则有性信息素的感受器，它非常敏感，只要每毫升空气中有几千个甚至几百个性外激素的分子，就会产生反应。雌蛾所分泌的性外激素是很微量的，一般一只雌蛾仅含0.005～1微克，但就这点微量物质却具有强大的吸引力，足以将几十米、几百米以外的雄蛾诱来。也有报道，斜纹夜蛾引诱的距离可达1～5公里。研究结果已经揭示，鳞翅目性外激素的化学结构皆系长链的不饱和醇或酯类。

性诱剂有两个独特的优点：一是专一性。小菜蛾性外激素只能诱到小菜蛾，而不能诱到其他昆虫。这就有力地保护了自然界为数众多的天敌。二是分泌有一定的时间性，昆虫性成熟了才分泌性外激素。据此，可找出诱蛾的高峰期。这在生产实践中可用来直接诱杀成虫，同时可作为预测预报蛾峰的准确期，指导适时防治害虫，提高防治害虫的效果。近年来，昆虫性诱剂的应用，被认为是既无公害又不诱发害虫抗性，既经济又有效的害虫防治措施，已经取得了较大成就，主要表现在以下三个方面：

1. 大量诱捕害虫　利用昆虫性诱剂，可以直接防治害虫。用小菜蛾性外激素直接防治害虫，已获成功。其他的烟青虫、棉铃虫等的性外激素，在田间的诱蛾率也很高。性外激素用于蔬菜害虫防治具有特别重要的意义，可以大大减少化学农药的使用，达到经济而优质的效果。应该强调的是，小菜蛾是危害十字花科植物的世界性大害虫，我国对其进行了性外激素合成、最佳配比、测报和防治的研究，特别是在国际上首次研制了醛类化合物的光敏衍生物。用这种衍生物配比的诱芯，其持效期可比常规的长3～5倍。

2. 采用迷向法防治害虫　这称为干扰交配法。是在空气中，用性信息素来干扰害虫雌雄间的通讯联系，使害虫个体失去寻找异性定向的能力，从而干扰交配，以达到控制和减少其危害的防治目的。最新试验表明，喷洒人工合成物可抑制害虫的定向能力，使其交配率下降80%。这确是一种巧妙的防治手段。将日本产小菜蛾性干扰剂——迪亚蒙莱置于田间，干扰性信息交流可持续 3 个月，使小菜蛾害虫的交配和产卵都大为减少。

3. 应用性外激素准确测报害虫发生　这是防治害虫的一项重要措施。近年来，一些地区用棉铃虫、烟青虫等害虫的性外激素来监测害虫，取得了比常规方法测报更早、更准确的效果。如广州等地区的科研人员，通过在田间对小菜蛾的性外激素应用，发现利用性外激素进行测报优于灯光诱集测报，不仅操作简便，而且能准确查明害虫发生始期、盛期和末期，可以合理拟定防治时间、次数和用药剂量等，从而大大提高了防治效果。

（四）杀虫抗生素

杀虫抗生素，是近一二十年发展起来的生物农药。它们多是生物的次生代谢产物，有的已可以人工合成，有的已进入工厂化生产。抗生素中有的能杀虫、除草、抑制致病微生物的生长和繁殖，有的还对植物有刺激生长的作用。

杀虫抗生素显示了与化学农药不同的特点，主要是：①使用浓度低，杀治效果大于预防效果。②抗生素主要来自多种微生物，来源十分广泛。③抗生素一般用药量小，便于运输，并可与少量化学农药混用。这是其极易推广使用的基础。蔬菜农用抗生素中，有许多是抗病防病的种类，如农抗 120 是一种新的农用抗生素，被列为防治蔬菜白粉病的首用农药，并对黄瓜、白菜、辣椒的炭疽病也都有不同程度的防治效果，对棉花枯萎病菌、棉花立枯病菌、水稻稻瘟病菌等病菌也都有较强的杀伤力。在农业生产中常用的杀虫抗生素有浏阳霉素和华光霉素等。

1. 浏阳霉素(Liuyang mycin)　是一种真菌灰色链霉菌浏阳变种经过发酵而产生的抗生素。具有高效、安全性能，对人畜低毒，不伤害天敌，在常用剂量范围内对作物安全，不产生药害。浏阳霉素的有效成分为大环四内酯类物质。纯品都是无色结晶，不溶于水，而易溶于一般有机溶剂。

浏阳霉素用于防治蔬菜蚜虫和桃蚜、瓜蚜，均有良好的防治效果。另外，它还是防治蔬菜和其他多种农作物螨类害虫的特效药。

浏阳霉素处理的螨类不易产生抗药性，这是浏阳霉素治螨的一个特点。它对有抗性的螨类也有良好的防治效果。其另一个特点是，浏阳霉素属于触杀性杀虫剂，渗透性较差，可与多数杀虫、杀菌剂等农药混合使用。试验证明，乐果、马拉松、三唑磷等多种有机磷，及氨基甲酸酯类杀虫剂，与浏阳霉素混合使用，增效作用显著，某些特定组合增效达 2～4 倍。但与碱性农药(波尔多液等)混喷时，应随配随用，以使防治效果更好。在 20 世纪 90 年代初，我国已有两个工厂生产浏阳霉素。

2. 华光霉素(Huaguang mycin)　为真菌唐德伦枝链霉菌 S-g(Streptoverticillium tendae S-g)产生的抗生素，为核苷肽类农用抗生素。作用机理是，其分子与细胞壁中几丁质合成的前体 N-乙酰葡萄糖胺相似，可通过细胞内几丁质合成酶竞争性抑制作用，阻止葡萄糖胺的转化，引起螨类真菌的生长，从而抑制了螨类的生长。

总之，在采用有关生物防治的具体技术时，应因地、因对象而异。为了切实发挥生物防治的作用，在防治中不要只是选用一种具体方法，而是要针对某种害虫选用两种以上的生物防治方法。在操作过程中，要注意彼此的配合，防止相互间产生不应有的干扰。

第二章　小地老虎的生物防治

第一节　小地老虎的形态及发生与为害特点

一、小地老虎的识别

地老虎俗名地蚕、切根虫、夜盗虫等，属鳞翅目夜蛾科。在我国常发生的有10多种，重要的有小地老虎(Agrotis ypsilon)、黄地老虎(Agrotis segetum)和大地老虎(Agrotis tokionis)等。小地老虎分布最广，国内各省(区)均有发生。黄地老虎主要在北方地区发生，而大地老虎主要分布在长江沿岸局部地区，危害严重。小地老虎的形态特征如下：

成虫　体长16～23毫米，翅展42～54毫米。头、胸部暗褐色，腹部灰褐色，雌蛾触角丝形，雄蛾双栉齿形。前翅前缘黑褐色，并具6个灰白色小点；肾状纹、环状纹及棒状纹周围各围以黑边；在肾状纹外侧凹陷处，有一尖端向外的黑色三角形纹，与亚外缘线上两个尖端向内的黑色楔形斑相对，为本种的重要特征；外缘及其缘毛上各有1列(约8个)黑色小点。后翅灰白色，翅脉及外缘茶褐色；缘毛白色，有淡茶褐色线1条。

卵的直径约0.5毫米，高约0.3毫米，近半球形，表面有纵横隆线。初产出时为乳色，后渐变为黄褐色，孵化前卵顶上呈现黑点。

幼虫一般有六龄，成熟幼虫体长35～58毫米。黄褐色至暗褐色，背线明显。体表极粗糙，密布黑色颗粒。唇基为等边三角形。腹部1～8节背面各有4个黑色毛片，上有2条明显的深褐色纵带。

蛹　体长18～24毫米，宽约6～7.5毫米。红褐色或暗褐色，具光泽。腹部第四至第七节背面前缘中央深褐色，具有粗大的刻点，两侧尚有细小刻点，延伸至气门附近；第五至第七节腹面前缘也有细小的刻点。腹端具臀刺1对。

二、发生和为害特点

由北至南小地老虎一年可发生2～7代。在长江以南，它冬季以蛹和幼虫越冬。在长江以北广大地区，一般场所它并不能越冬。多年来各地调查表明，严重危害区的越冬虫口密度与早春越冬代发蛾量是极不相称的。大部分地区均以第一代发生数量最大，也是为害的主要世代。在第一代以后，有“突减”现象。在粘虫调查的同时，也在海面船只上捕到小地老虎蛾，这表明小地老虎蛾有迁飞习性。

小地老虎越冬代成虫盛发期：江苏、浙江为3月下旬至4月上中旬；河北、河南为4月中下旬；再往北可至6月中旬。越冬代成虫活动的早晚和数量的大小，与早春(2～3月份)的气温高低和风力的大小有关。当早春日平均温度达4.9～6.2℃时，成虫即开始活动。若连续2～3天温度上升到10℃以上，风力在3级以下，越冬代成虫即可达活动盛期。长江流域早春气候常受到寒潮的影响，气温时高时低，所以整个发蛾期中各日的蛾量悬殊甚大。一般形成两个发蛾高峰，分别在3月下旬和4月上中旬。高温不利于小地老虎的生长、发育和繁殖，当平均气温在30℃以上时，其种群死亡率明显上升，出生率下降。因此，在第一代以后的各代危害较轻。

成虫白天栖息在土块缝隙或杂草丛中，夜间出来取食、交配和产卵，尤以黄昏前后活动最盛。成虫有较强趋化性，对香甜糖醋等物特别嗜好，趋光性弱，但对黑光灯有强烈的趋性。喜在弱光下产卵。产卵量与其所获得的补充营养的质和量、幼虫期的营养和当年气候条件有关。

成虫的卵散产或成堆产在低矮成丛杂草、幼苗的叶背或嫩茎上，或产在田间的根茬上。每头雌虫平均产卵700～1 000粒。卵期因各地气温不同而异。当月平均气温为16～17℃时，卵期为11天。

小地老虎以幼虫为害。食性极杂，常危害春播和春栽的蔬菜幼苗。对定植后的十字花科、茄果类、瓜类及豆类等蔬菜的危害较重。三龄前幼虫大多寄生在寄主心叶里，也有的潜伏在表层土壤的缝隙中，昼夜取食寄主嫩叶，将叶子啃食成一个个的小洞。幼虫三龄后白天潜伏在浅土中，夜间出来为害，在黎明露水多时为害最烈。四至六龄幼虫进入暴食期，这个时期的取食量占整个幼虫期取食量的95%左右。

幼虫三龄后，有假死性和互相残杀的习性。老熟幼虫钻入土中筑土室化蛹。小地老虎喜湿润的环境条件，所以在地势低洼、时有积水、杂草丛生的菜地，危害严重。遇到早春气温偏暖，第一代卵盛孵期及幼龄幼虫盛期雨少时，则幼虫存活率高，当年危害有可能加重，要特别提高警惕，加强田间侦察，及时做好防治工作。

第二节　用六索线虫防治小地老虎

一、六索线虫的识别

20世纪80年代，在安徽省发现寄生于小地老虎幼虫体内的一种索科线虫（Mermithidae），经华中师范大学生物系教师们鉴定为一新种，命名为地老虎六索线虫（Hexamermis agrotis sp. nov）。

地老虎六索线虫体细长，头端略窄，尾端直而钝圆，体表具有明显的交叉纤维，有6条皮下纵索。6个乳头突位于一平面上，两侧排列。食道多弯曲。阴门略有突起，位于体中部稍偏后方。地老虎六索线虫有交合刺1对，微弯，2刺分离，泄殖腔孔为横棱形。

雄虫略比雌虫小，体长44～104毫米，在头乳突位置处的体宽为0.07～0.09毫米。雌虫体长130～184毫米，在头乳突位置处的体宽0.04～0.09毫米。寄生后期，幼虫体长33～198毫米，体宽0.08～0.16毫米。尾端具角质突起，略弯，长0.02～0.05毫米，基部宽0.014～0.022毫米。

二、六索线虫的发生与寄生特点

地老虎六索线虫是在我国发现的一个新种。该线虫幼虫分为4个时期。第一期是六索线虫陆续从卵中孵化出来的时期。第二期，其幼虫体前端有一明显的矛形口针，可刺穿寄主体壁进入寄主体腔，因此这个时期的幼虫对昆虫寄主有侵袭和感染特性，又称寄生期幼虫。第三期，其幼虫从寄主血腔中吸取营养，虫体迅速增长增粗。

小地老虎幼虫被六索线虫寄生后，出现了一系列病态。体躯缩小，行动迟缓，食欲减退，于死亡前的1～3天停食，寿命要比正常者减短数小时。死时，它的体内已被破坏，组织液化，水分流出，体躯皱缩软腐。此期线虫幼虫从寄主地老虎体内脱出，钻入土中，经23～33天，变为第四期幼虫。次年春季，它蜕皮变为成虫。

地老虎六索线虫的生活史为：春季三四月间交尾产卵。受精卵发育成第一期幼虫。由卵中孵出生长，经第一次蜕皮成为第二期幼虫，侵入寄主体内生长。经第二次蜕皮，在寄主体内成为第三期幼虫，迅速成长。后从寄主体内脱出，钻入土中营自由生活，成为第四期幼虫，于土中越冬，到次年春季蜕皮成为成虫。

地老虎六索线虫在洞庭湖地区，一年完成一代，以成熟前期幼虫在土中越冬。第二年春季，其雌雄虫交配产卵，产卵盛期在4月份。卵为散产，常数十粒粘附在一起。初产出时为乳白色，后变为黄褐色。当温度为18～20℃时，卵发育需20天左右。幼虫适宜温度较宽，在3～40℃之间。高于49℃，低于0℃都不利于其生长发育。

小地老虎幼虫被六索线虫寄生初期，在外观上与未寄生的无大的区别，只是行动迟钝，食量减少。后期体躯臃肿，腹面可直接观察到体内白色而弯曲的线虫在蠕动。每头地老虎幼虫体内一般有3～4条线虫，少则1～2条，多则达6条以上。寄生3～4条的，其雌雄性比约为1∶1；寄生6条以上的，则以雄性为多；寄生1～2条的，以雌性为多。据调查统计表明，六索线虫以对地老虎三龄幼虫的寄生数量和寄生率为最高。其次为四龄幼虫。

湿度对地老虎六索线虫的生存和寄生率，有较大影响。土壤干燥，其卵粒皱缩不发育；土壤充分湿润时，线虫才能侵入寄主，营寄生生活。它从寄主体内脱出，要求相对湿度在15%以上；适宜的土壤湿度为22.5%～70%。土壤湿度过大，处于渍水状态，不利于线虫的生存。3～4月份阴雨日多，降水量大，六索线虫寄生率也高。例如安徽某地，1986年3～4月份降雨112.9毫米，适中，占全年雨量的18.55%，结果小地老虎中等发生，而六索线虫寄生率高达84.38%；1985年和1984年3～4月份，降雨量偏低，分别为36.9毫米和11.0毫米，虫害中等偏轻发生，六索线虫的寄生率依次为71.4%和62.6%。

三、六索线虫的保护措施

(一)种好绿肥

要多种绿肥作物,为线虫提供生长发育和繁殖的条件。要加强绿肥的田间管理,适时适量追施磷、钾肥料,提高鲜草产量。要及时促进绿肥根瘤菌的快速形成,促进绿肥生长。

(二)合理排灌

间歇排灌,科学管水,有利于线虫的寄生,同时也有利于绿肥生长,创造一个适宜线虫生长繁衍的条件。

(三)少量多次施肥

为线虫提供一个良好的生活环境,施化肥要少量、多次、均匀地撒。

(四)加强调查研究

掌握田间害虫与线虫的比例关系,根据各地的耕作制度、害虫基数、天敌等情况,做好线虫的分撒工作。

(五)合理用药

在菜田中利用线虫控制害虫,要尽量少用或不用农药,比如不用呋喃丹一类农药,以便充分发挥线虫等天敌的自然控制作用。

第三节　用小卷蛾线虫防治小地老虎

一、小卷蛾线虫的识别

小卷蛾线虫 (Steineernema feltiae)属斯氏线虫科。这类线虫的第一代成虫多生活在半液体的环境中。成虫尤其是雌虫基食道球瓣退化,无口针。6 个唇片部分或全部融合。咽具一个圆柱状的前体,一个微膨大的中体和一个基球。它含有一退化的瓣,瓣仅有一弯曲的脊环的腔壁。雌雄成虫的大小有区别。雌虫体长 2 120 微米，宽 115 微米，较肥大。卵巢中充满卵粒，卵从阴门排出。小卷蛾线虫有一特点，第一代雌虫是巨大型，体长可达 8 000 微米以上。雄虫体长 900～1 000 微米，宽 55 微米。精巢在消化道一侧，尾卷曲，交尾刺已向体外突出。

小卷蛾线虫的卵为圆形。一龄幼虫极小，一般体长 300～400 微米，头部钝圆，尾部尖细。二龄幼虫体长增至约 500～700 微米，消化道透视更加清楚。三龄幼虫即感染期幼虫，体长 700～1 000 微米，环境不适宜时常形成包鞘线虫。四龄幼虫亦称为成虫前期，雌雄虫大小已有明显区别。雌虫体长 1 000～1 100 微米，雄虫体长 800 微米。

二、小卷蛾线虫的作用特点

利用昆虫寄生线虫防治害虫，是生物防治新兴的一个领域。近年来，中国农业科学院生物防治研究所在线虫的应用方面做了许多工作。

新线虫属线虫，是昆虫病原线虫，常与细菌——嗜线虫无色杆菌(Xenorhabdus spp.)互惠共生。这一类线虫以其致病能力强、寄主范围广泛而引起人们的重视。许多国家对该类线虫的生物学、生态学特点和防治效果等进行了研究。美国已有该类线虫商品的生产，澳大利亚等国也有生产该类线虫的工厂。1980 年，我国再次从国外引进小卷蛾线虫。

昆虫被线虫感染后，体液呈橙色，虫尸是淡褐色，不腐烂。这正是感染嗜线虫无色杆菌的特征，也是感染新线虫的症状。共生细菌是通过感染期线虫(二、三龄幼虫)带入害虫体腔，并释放到血淋巴内，放出大量毒素，使害虫引起败血症。细菌的繁殖是线虫生存繁殖的必要条件。若无细菌与其共生，线虫发育则很缓慢，生殖力下降，逐渐退化。

小卷蛾线虫被昆虫吞食后，进入消化道，成熟后产卵于昆虫体腔内。在一条害虫体内可繁殖1～3代。其二至三龄的幼虫，可以从虫尸内爬出感染昆虫。若无昆虫感染，可长期生活在土壤中。带菌线虫在20～30℃的温度条件下，每代历期5～8天。害虫被感染后，进入其体腔内的线虫迅速繁殖，大量吸取寄主的营养和进行机械的穿刺。因此，一般只需30～48小时就可杀死害虫。

害虫死后，线虫离开其尸体，在菜田里继续传播，待新寄主吞食。如果新的寄主小地老虎又吞食了自然繁殖或人工释放的小卷蛾线虫，那它也就被侵染了。

三、小卷蛾线虫的人工繁殖方法

大量繁殖小卷蛾线虫的方法主要有：

（一）用大蜡螟幼虫繁殖

每条大蜡螟幼虫可生产16万条无染期线虫，也就是每克大蜡螟幼虫可繁殖15万条线虫。

（二）用培养基繁殖

近年澳大利亚（Beddig，1981）利用猪腰、牛油和水混合的培养基，以塑料海绵碎块作填充物。据报道，其产量比用大蜡螟幼虫还要高，每克塑料海绵可繁殖线虫50万条。

（三）人工饲养

中国农业科学院生物防治研究所根据国外人工饲料配方，经研究选出了适合我国国情、价格较低的配方。如以玉米面和等量豆面为主的饲料，获得最高产量。每克营养物所培育的小卷蛾线虫达62.14×10^4条，比单用玉米面（广东配方）饲养产量提高一倍。

在原澳大利亚配方中，用半量猪油代替牛油繁殖小卷蛾线虫，产量增加1～4倍。

单用鸡肠作繁殖小卷蛾线虫的廉价饲料，产量低，加入玉米面或豆面后产量可提高2～3倍。

(四)用改进配方的营养基繁殖小卷蛾线虫

湖北省在培养小卷蛾线虫方面,采用改进中的培养基配方:牛肉膏5克、蛋白胨5克、琼脂20克、水1000毫升,加热溶化分装于试管中,经高压灭菌后摆成斜面。取新鲜兔肝或猪肝,经用生理盐水溶液作表面消毒后,剪成小块移于试管斜面上,再将小卷蛾线虫移植于试管斜面肝块上,塞紧棉塞,在24℃下培养10天即成。

四、小卷蛾线虫的应用技术

(一)检视和计数

在培养好的小卷蛾线虫的试管内,可看见斜面试管壁上有灰褐色的糊状物,这就是新繁殖的小卷蛾线虫的幼虫群体。可以把试管放在阳光下或灯光下观察,注视其试管内壁上有许多小卷蛾线虫幼虫在蠕动。如果在试管中的糊状物上挑取一点放于载玻片的水滴中,用低倍显微镜观察,即可见到许多卷曲、扭动的线虫。

计数时,为了防止线虫下沉,用15%甘油液将线虫刮洗出来,配制成需要计数的原线虫悬浮液。然后在99毫升15%甘油液中,加入1毫升原线虫悬浮液搅匀后,吸取0.1毫升样品,滴数滴于载玻片上,每滴均隔开,滴完为止。在低倍显微镜下观察记数,计出每滴线虫悬浮液中的线虫平均数,再算出0.1毫升线虫悬浮液中的线虫数,重复三次。然后将每0.1毫升悬浮液线虫平均数乘以1000,即等于每毫升原悬浮液中的线虫数。

(二)存活线虫的鉴别

为了鉴别某些线虫是否存活,可将不活动线虫放入2%食盐溶液中,经过3～5分钟后,取样镜检,活的线虫多是卷曲或在扭动，而死的线虫则呈僵直状态。据此特点就可确定线虫的死活。

(三)阳光、干燥对线虫的影响

在上午阳光照射下的小卷蛾线虫，经 15 分钟后就有少量线虫不活动；30 分钟后，即全部死亡。

取有新鲜活跃小卷蛾线虫的悬液，滴于凹玻片穴处晾干后放于室内，结果线虫在室内干燥条件下，在 6 小时至 48 小时内活动均缓慢；在 48 小时以后有少量的不活动；96 小时(4 天)后检查，线虫已全部死亡。国外用防蒸发辅助剂使叶面保持一层水膜，以提高线虫存活率。

以上事实表明：阳光对线虫有一定影响，特别是干燥状态下杀伤作用大；在干燥条件下，小卷蛾线虫不宜放置时间过长。线虫在田间应用时，以傍晚或多湿天气为好。

(四)药剂对小卷蛾线虫的影响

为了解药剂对线虫的影响，曾用杀虫剂、杀菌剂、消毒剂、除草剂、抗菌素等各种不同类型的农药进行测试。测试时，将杀虫剂 25%杀虫脒(杀虫脒已禁用)乳剂、甲基 1605 乳剂、40%水胺硫磷乳剂；杀菌剂 65%代森锌可湿性粉剂、20%多菌灵可湿性粉剂、20%稻脚青可湿性粉剂；消毒剂福尔马林、石炭酸、来苏尔；除草剂 25%除草醚可湿性粉剂；农药辅助剂 650 号乳化剂、洗衣粉；抗菌素、氯霉素注射液、硫酸双氢链霉素注射液等，配制成不同浓度的稀释液，然后各放入新鲜活跃的小卷蛾线虫，每天定时取样镜检，观察线虫活动状况等。测试结果是：①除石炭酸、来苏尔外，在其他各种药剂的不同稀释液中，小卷蛾线虫均能存活 5 天以上；②在 1/100、1/200 的来苏尔和 1/100 的石炭酸中经半天，在 1/1 000 的来苏尔和 1/200 的石炭酸经 2 天，在 1/1 000 的石炭酸中经 3 天，小卷蛾线虫均全部死亡。以上测试表明,除石灰酸、来苏尔对小卷蛾线虫的影响较大外,其他多种药剂对它作用较小。

五、防治方法及效果

用小卷蛾线虫悬浮液稀释后喷洒在菜田的土壤表面,每公顷线虫使用量为15亿～30亿条。

用盆钵作容器,每钵放入60万条小卷蛾线虫作为处理组,依次经过3、6、9天后,小地老虎三龄幼虫的死亡率分别为50%、70%和75%;每钵放入30万条小卷蛾线虫处理组的小地老虎死亡率,则分别为15%、40%和45%;对照组无死虫。防治效果明显。

第四节　用性诱剂防治小地老虎

一、性诱剂应用方法

利用性诱剂,每枚含小地老虎性信息素70微克,按每1 333平方米(2亩)设置1个诱捕器,把制作好的诱捕器用三角架支撑在菜地里,距地面1米高。放置诱捕器的时间,应从小地老虎始发期开始,至成虫终现期为止。

二、防治效果

1987年湖南省湘潭市报道,该市于1986年以江苏省激素研究所生产的小地老虎性诱剂,在该市的护潭和长城乡等地,进行了菜地大面积的地老虎防治,取得了良好的防治效果,确认其具有推广应用价值。

据不完全统计,在133公顷菜地内共诱得小地老虎成虫1.33×10^5条,平均每个诱捕器诱捕成虫132条,最多的达264条,最少的为86条。

调查表明,放置诱捕器的茄、辣椒和豇豆地,平均断苗率为 0.217%，而未放置诱捕器的，其平均断苗率为 3.145%，平均防治效果为 93.1%。

第三章　蛴螬的生物防治

第一节　蛴螬的种类分布、识别、发生和为害特点

一、种类和分布

蛴螬是金龟子科幼虫的统称，又称地蚕，是我国主要的地下害虫。蛴螬种类很多，有 1 000 余种。其中菜田中发生的约 30 余种，全国都有分布。东北、华北地区蛴螬的主要种类有：东北大黑金龟子（Holotrichia diomphalia）、华北大黑金龟子（H. oblita）、暗黑金龟子（H. morosa）、铜绿金龟子（Anomala corpulenta）、阔胸金龟子（Pentodon patruelis）、小黑棕金龟子（Apogonia chinensis）和马铃薯金龟子（Amphimallon solstitialis）。

青海农业区蛴螬的主要种类为小云斑金龟子（Polyphylla gracilicornis），四川西部蛴螬的主要种类是大栗金龟子（Melolontha melolontha）。在华南危害热带和亚热带作物的蛴螬主要种类是：大绿金龟子（Anomala cupripes）和两点金龟子（Lepidiota stigma）。在两广和台湾危害甘蔗的有甘蔗金龟子（Alissonotum impressicolle）等三种。我国蛴螬问题比较复杂，危害亦相当严重。其中，东北大黑金龟子在松辽平原常造成严重危害；华北大黑金龟子为黄淮海地区主要种类；铜绿

金龟子从辽宁到长江以南地区均有分布，主要发生在较为潮湿和林木、果树较多的地区。

二、识　别

金龟子是完全变态的昆虫，一生经过四个虫态，蛴螬即是其幼虫。幼虫需要较长时间才能完成，短则几个月，长则一年甚至数年。因此，蛴螬对农作物的危害较大。

（一）华北大黑金龟子

体长椭圆形，长约20毫米，宽约10毫米。初羽化时红棕色，后逐渐加深至黑褐色或黑色，有光泽。头部小，密生刻点，触角10节。前胸背板侧缘中部向外突。两鞘翅会合处呈纵线隆起后向后渐扩大，每鞘翅上有三条隆线。前足胫节外侧生有三齿。雄虫末节中部凹陷，其前一节中央有一条三角形横沟，生殖孔前缘中央向前凹陷，雌虫末节中央隆起。它与东北大黑金龟子的形态很相似，二者的区别如下：

华北大黑金龟子的臀板隆凸顶端圆尖。雄虫外生殖器的阳基侧突下突分叉，上枝齿状，下枝短，几乎不折曲；阳基中叶端片端部扩大，末端斜圆。

东北大黑金龟子的臀板隆凸顶端横宽，被一纵沟平分为两个矮小圆丘。雄虫外生殖器的阳基侧突下突分叉，上枝宽阔角突形，下枝细长折曲；阳基中叶端片端部扩大呈圆形。

（二）铜绿金龟子

成虫体长约20毫米，宽约9毫米，全身铜绿色，具闪光，前胸背板密生刻点，侧缘黄色，前缘明显凹入，侧缘后缘呈弧外弯，前缘角尖锐，后缘角圆钝。鞘翅黄铜绿色，有光泽。足的基节、腿节黄褐色，胫节、跗节为深褐色。腹部黄褐色，有光泽，臀板三角形，密生刻点。雄虫腹面红褐色或深褐色，臀板前缘中央常有一个三角形黑斑；雌虫腹面黄白色或灰白色，无三角形黑斑。

幼虫头部前顶毛每侧各 8 根，后顶毛为 10～14 根。臀节腹面具刺毛 2 列，每列由 13～14 根刺毛组成，两列刺尖交叉或相遇；钩毛分布于刺毛列周围。肛门孔横裂。

三、为害与发生特点

蛴螬危害十字花科、茄科和瓜类等多种蔬菜。在地下啃食萌发的种子，咬断幼苗的根茎，常使整个植株死亡，严重发生的地块常造成缺苗断垄。啃食蔬菜块根、块茎，使作物生长不良，降低蔬菜的产量和质量。

蛴螬的发生和危害，与成虫金龟子的活动习性有密切关系。东北大黑金龟子成虫的活动，一般以气温较高、雨后转晴时最为活跃，发生量亦大。据辽宁省庄河县观察，当日平均气温达 10℃、10 厘米深处土温达到 15℃时，成虫开始出土活动；当日平均气温达 15℃、10 厘米深处土温上升到 20℃时，成虫数量剧增。成虫有一定的趋光性。它们昼伏夜出，傍晚出土活动，以 21 时左右最为活跃。食性很杂，喜食蜡树、橡树、车前、银蒿、大豆和花生。

华北大黑金龟子成虫，在春季 10 厘米深处土温达 16℃以上时才出土活动，成虫活动盛期的气温为 25℃。一般在黄昏时出土、取食、交配，21 时后即不活动，至第二天天明前飞回土中潜伏。它危害麦类、豆类、杨树、榆树、柳树、梨树等多种植物。

铜绿金龟子成虫活动盛期的气温在 25℃以上，天气闷热无雨的夜晚活动最多。21～22 时为活动高峰时，凌晨潜回土中。有强趋光性，对黑光灯尤为敏感。近年来，不少地方的铜绿金龟子数量明显增加，这与树木、果园的增多有直接关系，给成虫提供了丰富的食物，有利于蛴螬的大量繁殖。所以，在邻近果木、树林的蔬菜地块，蛴螬常猛烈发生。

金龟子出现的时期各有不同，早的3月份就开始，直至八九月间，常有不同种类的成虫依次出现，陆续在土中产卵，孵化为蛴螬。在同一地区，常有不同种类的蛴螬发生，造成复杂的局面。因此，要有效地防治蛴螬，就必须分清各种蛴螬的种类，并充分了解它们的生活习性和为害特点

三种金龟子的生活史不同。东北大黑金龟子，在黑龙江省2～3年完成一个世代，以成虫和蛴螬在土下60～180厘米的冻土层内越冬。越冬成虫6月中旬产卵，卵期平均19.3天，每头雌虫产卵量平均为115粒，当年孵化为蛴螬。越冬蛴螬在6月上旬开始上升为害，盛期在6月中下旬。幼虫期为360～500多天。9月上旬开始向下移动，准备越冬。老熟幼虫于7月中旬在土下25～30厘米处化蛹，蛹期为22～33天，成虫期为350～380天。

华北大黑金龟子在北京，越冬成虫最早于3月下旬开始活动，4月中旬见卵，下旬出现蛴螬，6月下旬至7月上旬田间幼龄蛴螬密度最大。老熟幼虫6月上旬化蛹，8月下旬羽化为成虫，成虫发生期长达5个月之久。其世代重叠。据饲养观察，卵期平均16.4天，幼虫(蛴螬)历期为：一龄25.8天，二龄28.1天，三龄307天，全幼虫期为360.9天，蛹期平均为19.5天。

据北京、河北、辽宁和安徽等地观察，铜绿金龟子都是一年发生一代，以大龄幼虫在土内越冬。次年3月间开始活动，5月上中旬(辽宁于6月中旬)开始化蛹，蛹期为7～10天，5月中下旬成虫出现，各地成虫发生盛期在6～7月间，高峰明显而且集中。成虫寿命不长，平均约30天。每头雌虫产卵量50～60粒，产卵前期为10天左右。卵期为7～10天左右，最

长的达 32 天。一、二龄幼虫期为 20～30 天，三龄幼虫期为 280 天左右，整个幼虫历期 320 多天。

蛴螬的季节活动与发生环境有密切关系，尤其是土壤温湿度对它的影响较大。据辽宁丹东地区观察，东北大黑金龟子幼虫在 56～149 厘米深处的土中越冬。4 月底，10 厘米深处土温达 10℃以上时，即上升到土壤表层开始为害，为害时间可一直持续到 7 月上旬。当 10 厘米深处土温在 12℃ 以下，这时处在 10 月下旬，幼虫向下层移动。在吉林地区，6 月间土温达 21℃左右时，是其严重为害期。

在北京地区，华北大黑金龟子幼虫从 11 月份起开始越冬，次年 3 月下旬开始上升活动，4～5 月间，大部分蛴螬均在表土层，这时正是小麦返青、拔节期和春播作物幼苗期，因此常造成严重的危害。6 月份以后温度升高，一部分蛴螬化蛹，一部分向深土层移动。此时，表土层蛴螬数量减少。9 月下旬，气温降低，正是小麦播种期间，蛴螬又上升到表土层为害。10 月下旬以后，陆续下迁，准备越冬。可以看出，一年中 13～18℃间的土温，是其最适活动的温度。土温为 5℃时，开始上升活动；土温超过 23℃时，即开始向深处移动。土壤温度在 5℃以下时，便全部越冬。

蛴螬活动受土壤湿度的影响也很大。一般说来，土壤湿度大，较为湿润，对蛴螬的活动和发育极为有利。据北京的观察，1953 年降水量较 1952 年为大，因此，蛴螬活动于表土层的数量较多，危害也较重。黄淮地区蛴螬多发生于较低湿之地和水浇地，高、旱地一般发生较轻。近年来，灌溉面积不断扩大，有利于蛴螬的发生和为害。一般表土层含水量在 10%～20%适于蛴螬生活；如水分过大，雨量过多，土面积了水，对蛴螬生活也不利，以致死亡。

第二节　用金龟子乳状菌防治蛴螬

利用细菌病原微生物防治蛴螬，可以有效地控制蛴螬的危害。我国山西、河北和山东等省先后开展研究，从我国各地的感病蛴螬中，分离出致病力强的金电子乳状菌，用来有效地防治蛴螬。

一、乳状菌的形态特征

乳状芽孢杆菌(Bacillus popilliae，简称乳状菌)是从受感染的日本金龟子幼虫体上分离的、专化性较强的昆虫病原菌，对 50 多种蛴螬有不同程度的致病力。该菌为革兰氏阴性，菌体形成芽孢和伴孢体，该菌只能在活的蛴螬体内生长发育，形成营养体和芽孢。芽孢抗干旱能力强，在土壤中可存活多年。乳状菌所侵染蛴螬的典型症状是，全身呈乳白色混浊，故名乳状菌。三对胸足也混浊不透明，背血管及盲肠囊亦被乳白色混浊物所掩盖。

二、菌剂的生产

乳状芽孢杆菌是专性病原菌。它只能在被感染的蛴螬体内进行营养生长和形成孢子；在人工合成的培养基上不易生长。因此，目前菌剂的生产方面，仍然采用乳状菌注射法，使细菌在蛴螬活体内大量繁殖，获得芽孢，然后将患病蛴螬干燥、磨碎成粉状，加入填充料等制成粉剂。

三、使用方法

(一)配制成药土

据中国农业科学院植物保护研究所的研究，每克乳状菌粉剂中含有芽孢杆菌活芽孢 1 亿个左右，配制药土后用以防治蛴螬。防治蛴螬有效率为 20%～78%。

（二）配成毒饵

可用 250 克含有 1 亿个活芽孢的乳状菌制剂，拌土并加入麸皮，制成具有引诱作用的毒饵，撒入 667 平方米（1 亩）地中，其虫口减退率为 49.3%～84.4%，平均减退率为 65.86%。

四、各地防治效果

1978～1983 年，山西省农科院进行了乳状菌的基础研究，从本地的感病蛴螬中，分离出一种致病力强的乳状菌。以棕色、暗黑蛴螬进行食物拌菌喂食回接试验。棕色蛴螬一龄幼虫感病率平均为 62.8%，暗黑蛴螬一龄幼虫感病率为 78.5%；二龄幼虫感病率较低。

河北省沧州地区也分离出我国蛴螬的病原细菌：乳状菌——日本金龟子芽孢杆菌（Bacillus popilliae）。经过对几种蛴螬的测定和菌株的驯化研究，试验证明，用乳状菌接种铜绿金龟子幼虫和四纹金龟子（Popillia quadriguttata）幼虫，在室温 25～30℃的条件下，铜绿金龟子感病后 11～12 天，四纹金龟子感病后 13～14 天，乳状菌可完成发育周期。

山东省荣城县 1976 年用乳状菌在 1.27 公顷（19 亩）花生田进行防治蛴螬的试验。施菌方法是先将麦麸炒香，冷却后加乳状菌孢子粉 300 克（3 亿孢子/克）再加适量细沙搅拌均匀，随花生播种时穴施。防治效果平均为 66.9%，最高的为 84.4%。1977 年，荣城县继续用该菌进行田间试验，防治面积为 13.3 公顷（200 亩），施菌方法改用乳状菌直接拌种处理。每 667 平方米（1 亩）用菌量为 200 克（3.7 亿孢子/克），防治效果平均为 46.6%，最高的可达 100%。

防治中应当注意：①要保证每 667 平方米（1 亩）施菌量不少于 1 000 亿个活孢子。②乳状菌对蛴螬的致病力与周围环境因素有密切关系，特别是温度对乳状菌的致病力影响较大。在26～30℃的条件下，感染率高，发病快；在20℃以下，蛴螬不易感染乳状菌。③乳状菌对蛴螬致病力因蛴螬种类不同而异。对铜绿类金龟子的蛴螬有较强的致病力，但对暗黑金龟子的蛴螬和小黑棕金龟子的蛴螬致病力较差。

第三节　用卵孢白僵菌防治蛴螬

一、卵孢白僵菌的识别

卵孢白僵菌(Beauveria tenella)，是我国已发现的两种白僵菌中的一种。属半知菌纲丛梗孢科。菌丝为茸毛状、棉絮状或粉状，表面为乳白色或淡黄色，被感染的昆虫常呈粉红色或酒红色。白僵菌菌丝细弱，直径为1.5～2微米。产孢细胞有各种形状，有膨大的，有细丝状的，生于主干的分枝上，或与主轴成直角的小枝梗上，聚集成紧密的头状。孢子亚圆至椭圆形，生长在产孢细胞顶端所延伸的丝状器上。

二、寄生特点

白僵菌主要靠大气和雨水传播分生孢子。昆虫主要通过体壁接触感染白僵菌。近年来，亦有人认为白僵菌从虫口及气门等处进入虫体。大气中相对湿度大时，分生孢子就极易粘附在虫体上。虫体上的孢子在一定温度、湿度条件下，孢子吸水膨胀，长出发芽管，同时分泌多种消化酶把昆虫的表皮溶解，便于发芽管的侵入，并且起毒素作用。侵入的芽管伸长为菌丝，直接吸取虫的体液和养分。菌丝不断生长，弥漫在虫体中，阻止虫体内体液循环，代谢物就在血液中积累。菌在虫体内改变了血液的酸碱度，使之下降，失去透明性，而引起血液理化性质的变化，使新陈代谢机能紊乱，加之体内毒素的作用，导致虫体死亡。

白僵菌侵入虫体后，昆虫在发病初期运动呆滞，食欲减退，静止时全身侧倾，或者头胸俯伏，呈萎靡无力的状态，身体失去原有色泽。有的发病昆虫体上出现黑褐色病斑，大小形状不一，有的是极细小的点，有的是2～3个大型的斑。个别发病昆虫在胸腹足表皮上下出现黑色状环病斑。随着病情的发展，病虫的身躯侧转，吐出黄水或排出软粪，不久即死亡。死后虫体内部组织一般都分解和液化。

刚死的虫，体躯都很松弛，过几小时后开始变硬，常变成粉红色。这粉红色即是卵孢菌的色素。硬化后的虫尸在1～2天后，在口器、气门和各个节间多生出绵状白毛。3～4天后，白毛会布满全身，而且白毛上又逐渐长满了石灰状白粉，此即菌丝上长出的孢子。虫尸腐烂后，孢子分散，菌丝也随之消失。

三、用卵孢白僵菌防治蛴螬的概况

卵孢白僵菌是寄生金龟子幼虫蛴螬的主要病原真菌。据报道，法国曾利用该菌防治五月金龟子(Melolentha melolentha)，前苏联也曾使用该菌，并加入少量化学农药，明显提高了它对土壤中蛴螬的寄生率。江苏省赣榆县于1982～1983年，应用卵孢白僵菌防治花生蛴螬，虫口减退率一般在50%以上。内蒙古1983～1984年，曾用该菌对蛴螬进行过小型防治试验。

山东省农业科学院等单位，1984年开始在鲁西南沿黄河、滨湖进行了蔬菜田间蛴螬调查和田间防治试验工作。结果表明，卵孢白僵菌对华北大黑金龟子、铜绿金龟子、暗黑金龟子(Holotrochia parallela)和四斑丽金龟子的成虫及各龄幼虫蛴螬具有较好的侵染能力，因而取得了明显的防治效果。这就为无公害蔬菜生产提供了防治蛴螬的新方法。

四、防治效果

华北大黑金龟子，暗黑金龟子，是鲁西南地区危害豆、麦的主要地下害虫，历年来所造成的损失严重。山东省农业科学院植保所等单位于1985～1989年，在大豆产区作应用卵孢白僵菌防治蛴螬危害的示范推广，基本控制住了这两种金龟子蛴螬的危害。

1988～1989年分别在金和乡和常家乡大葱菜田，用每667平方米(1亩)剂量2.5千克(孢子含量为15亿～20亿/克)，拌湿土70千克，在大葱移栽时施于沟内。大葱收获时，调查蛴螬防治效果为68%～95%。

1992～1994年，中国农业科学院生物防治研究所等单位，在河北省遵化、江苏省如皋、山东省薛城，进行了300公顷花生地蛴螬的防治，取得了明显的防治效果。施用剂量是：江苏省如皋的为150万亿孢子+1.2千克40%甲基异柳磷乳剂；山东省薛城的为75万亿孢子+1.2千克40%甲基异柳磷乳剂；河北省遵化的为150万亿孢子。三个地方的平均防治效果在70%～80%。

五、防治的主要经验

(一)防治适期的确定

山东省以播种期施菌剂防治大豆蛴螬。在豆田中防治蛴螬，以中耕期施菌剂为佳。不同地区要根据不同蔬菜和蛴螬发生特点确定防治适期，以保证防治效果。

(二)一年施用，多年有效

利用卵孢白僵菌防治田间蛴螬，不仅当年有效，2～3年后仍能保持长效作用。1985年施菌剂的地块，其防治率比自然寄生的提高68%；1986年其防治率又比自然寄生的高

46%,1987 年比自然寄生的提高 62%。说明卵孢白僵菌在田间具有一定长效性。

(三)土壤湿度对菌剂杀虫作用有影响

以水浇条件的大葱田较好。在土壤含水量为 5%～23%的范围内,蛴螬都能生存,卵孢白僵菌也都能感染,尤其是土壤含水量 8%的感染僵死率竟达 100%。含水量 13%的感染僵死率为 80%。但是,土壤长期保持 8%含水量并不好,因为僵死虫未及产生孢子而腐烂。

(四)在养蚕区禁止使用白僵菌制剂

(五)生物防治制剂对多种蛴螬效果不一

应注意筛选对多种金龟子均有效的菌株,以提高防治效果。

(六)因地制宜

在具体操作中,由于各地条件不同,农民耕作习惯差异,因而用卵孢白僵菌防治蛴螬的做法也各有区别。在江苏省,由于水源充足,农民采用了水泼的防治方法;在山东省有中耕习惯,多采用撒毒土方法;而在河北省等北方花生产区,由于推广覆膜高产技术,尽管在播种期施菌的防治效果较差,只有 60%,但是当地农民在没有合适农药的情况下,仍乐于采用将白僵菌随种子一起下的防治措施。

第四节　用绿僵菌防治蛴螬

一、绿僵菌的识别和发生特点

绿僵菌(Metarhizium anisopliae)是一种广谱病原真菌。属丛梗孢科。其形态接近于青霉菌,菌落绒毛状或棉絮状,最初白色,产生孢子时是绿色。菌丝体纤细分隔,分生孢子梗常与菌丝不易区别。有隔或不见隔,每串约 8～30 个孢子,成熟后散落。

液体培养菌丝无隔，48 小时后菌丝上直接形成芽生孢子，亚球形，成熟后脱落，能萌发长出新菌丝。

绿僵菌在 10～30℃的温度范围内都可生长，适宜温度为 24～26℃，适宜相对湿度为 80%～90%，适宜酸碱度为 pH 6.9～7.4。培养 3 天后开始形成分生孢子，7～8 天产生大量孢子。

在菜田中，常可见到绿僵菌寄生于蛴螬和斜纹夜蛾与甘蓝夜蛾等幼虫体内。

二、防治效果

江苏省徐州地区菜田蛴螬种类多，年度间发生程度不同，有时可使蔬菜减产 50%以上，严重发生时造成绝产。

江苏省沛县农业局和浙江省科学院亚热带作物研究所，在 20 世纪 90 年代以来，在豆田、花生田地利用绿僵菌，对华北大黑金龟子、暗黑金龟子、铜绿金龟子的多种蛴螬，进行了田间防治试验，取得了显著效果。

（一）花生蛴螬的田间防治

1993 年 9 月，以绿僵菌（每克含孢量 23 亿～28 亿个）为药剂，采用菌土或菌肥方式防治蛴螬。采用菌土方式，是每 667 平方米（1 亩）用菌剂 2 千克拌湿细土 50 千克，中耕时均匀撒入土中；采用菌肥方式，是每 667 平方米（1 亩）用菌剂 2 千克加有机肥料 100 千克拌匀，中耕期穴施于花生田，然后埋土。

在收获时调查结果表明，花生中耕期每 667 平方米（1 亩）2 千克菌剂以菌肥方式施入的效果最好，挖查残虫量为 1～1.8 条/平方米。其虫口减退率为 35%～82%，防治效果达 64%～66%。菌土方式防治效果稍差，但仍优于化学农药甲胺磷毒土〔甲胺磷 0.25 千克/每 667 平方米(1 亩)〕的防治效果。

(二)豆田蛴螬的田间防治

1994 年 7 月份进行豆田蛴螬防治试验,收获时挖查防治效果。以菌土、菌肥效果较好。每 667 平方米(1 亩)施菌 3 千克的残虫量分别为 1.7 条/平方米和 1.9 条/平方米。不同时期施菌,试验结果以大豆中耕期最好,播种期次之,初花期最差,其虫口减退率分别是 76%、70%和 51%。

第四章　韭蛆的生物防治

第一节　韭蛆的识别、发生和为害特点

一、韭蛆的识别

韭菜迟眼蕈蚊(Bradysia odoriphaga)幼虫是韭蛆,因危害韭菜而得名,属双翅目眼蕈蚊科。

成虫为小型蚊类,雄虫体长 2.6 毫米,褐色。头部褐色,复眼发达,有微毛覆盖,左右相接。触角褐色,丝状,长 1.5 毫米。胸部深褐色,足褐色,翅长 2.1 毫米、宽 0.9 毫米,淡烟色。腹部褐色,圆筒形,基部宽大。雌虫体长 3.4 毫米,丝状,长约 1 毫米,翅长 2.4 毫米,宽约 1 毫米。足褐色,前足胫节有一横排毛列。

卵长 0.24 毫米,乳白色,椭圆形。

幼虫体形细长,约 6～7 毫米,头部黑色光亮、无足。

蛹为裸蛹,初为黄白色,后变为黄褐色,羽化前为灰黑色。

二、发生和为害特点

韭蛆在我国发生较普遍，以北方菜区发生为多而严重。幼虫生活在土壤中，危害韭菜鳞茎，使被害韭菜常整株整墩死亡。发生严重时，被害韭菜成片死亡。

韭菜迟眼蕈蚊在华北露地一年发生4～6代，世代常常重叠，以幼虫态越冬。成虫羽化多在傍晚至翌日上午进行，羽化后爬行于料块、阴湿弱光的环境下。翅未展平便可交尾。上午9～11时为飞翔、交配盛期，下午4时后至夜间栖息于土缝中。交尾后1～2天产卵，卵多成堆产，也有少数是散产，多产于韭菜基部与土壤相接处或土块的缝隙处、叶鞘缝隙及土块下。一只雌虫产卵200余粒，少的几十粒，平均百余粒。成虫喜腐殖质，在25℃的室温下，寿命为5～7天。卵期在20℃时为7～8天。

韭蛆在3月下旬至5月中旬，从越冬处移向离地表1～2厘米处化蛹，4月初至5月中旬羽化为成虫，4～6月份进入为害盛期。幼虫常危害韭菜叶鞘基部和鳞茎的上端，春秋两季主要危害幼茎，引起植株腐烂，使韭叶等枯黄。夏季蛀入鳞茎，重者引起韭菜腐烂，或者成墩、成片死亡，严重时绝收。7～9月份其为害较轻，9月下旬至10月中旬再度严重为害。在保护地，韭蛆可全年发生，冬季随韭根带入温室继续为害。12月份至翌年2月份，是温室韭蛆的为害盛期。幼虫期随温度不同而异，在18～24℃下，幼虫期为18～20天。幼虫喜食腐殖质等。

第二节　用线虫防治韭蛆

一、线虫防治韭蛆的应用技术

试验在3厘米×4厘米的小烧杯中进行，每杯放入三至四龄健康的韭蛆5头，加满含水7%的细沙，然后加入等量的不同线虫液，约0.2毫升，3次重复。

（一）不同线虫对韭蛆的寄生率不同

试验时每杯放线虫700头，对照滴入等量清水，3次重复，放置在23℃的恒温箱中，3天后检查效果。通过不同线虫对韭蛆寄生效果的比较，试验发现小卷蛾线虫和异小杆线虫寄生率都较高，分别达到80%和93.3%。而芜菁夜蛾线虫北京品系仅为73.3%。

（二）线虫用量的试验

以同样的方法在烧杯中放入韭蛆和细沙，然后分别加入寄生率较高的两种线虫做用量试验。加入线虫的数量依次为50条、100条、300条、400条，其益害比分别为10∶1，20∶1，60∶1，80∶1。用量试验寄生效果表明，小卷蛾线虫与韭蛆之比为60∶1，寄生效果较好，5天后可达86.7%；而异小杆线虫与韭蛆之比则是80∶1，寄生效果也较好，3天后，寄生率可达93.3%。

（三）温度对两种线虫寄生率的影响

以同样方法试验，线虫用量为每平方厘米100条，分别置于12℃、16℃、18℃、23℃和30℃温度下。试验结果表明，小卷蛾线虫在16℃开始出现寄生现象，寄生率为13.3%；从18℃开始，寄生率上升，5天后达60%，7天后达80%；23～30℃时寄生率较高，达86.7%～93.3%。而异小杆线虫从16℃开始，7天后出现寄生现象，寄生率为7%；从18℃开始，寄生率上升，5天后为73.3%，7天后达到93.3%。温度升至23～30℃，在5天后，寄生率高达93.3%。从以上情况可以看到，20～30℃的温度条件，较适宜于这两种线虫的生存和活动，有利于这两种线虫的寄生。

(四)沙中含水量对两种线虫寄生率的影响

用两种线虫做沙中含水量与线虫寄生率关系的试验。供试细沙的含水量分别为5%、7%、10%和15%。试验结果表明,细沙中含水量为5%,其寄生率均极低;当沙中含水量为7%时,寄生率明显增加,两种线虫的寄生率均在80%以上。随着沙中含水量的增加,寄生于韭蛆的时间缩短。沙中含水量为10%时,小卷蛾线虫在3天后的寄生率即可达到86%,而异小杆线虫在3天后即可达93.3%。细沙中含水量达15%时,韭蛆自然死亡率也明显增加,5天后为7%,7天后为13.3%。

二、防治效果

据天津市1989年报道,用小卷蛾线虫和异小杆线虫两个品系进行田间侵染试验,试验地面积为30平方米(15米×2米),小区面积为3平方米,小区之间设隔离区1平方米。施用线虫前,每小区用5点取样方法,每点取样100平方厘米,检查每株韭菜的韭蛆数作为虫源基数。施线虫时先把韭菜割掉,然后将线虫悬浮液喷洒在韭菜根的表土,每个处理的线虫用量为每平方米100万条,而对照区浇等量清水,5天后检查效果。防治结果表明,应用昆虫病原线虫(小卷蛾线虫和异小杆线虫)在田间防治韭蛆,效果可达到67.8%～69.3%。

第五章　菜蚜的生物防治

第一节　菜蚜的识别、发生和为害特点

一、菜蚜的种类及其识别

蔬菜蚜虫属同翅目蚜科。简称菜蚜，是危害十字花科蔬菜蚜虫的统称，俗称腻虫、蜜虫，为我国蔬菜的重要害虫之一。蚜虫的成虫、若虫均吸食寄主植物的汁液。除直接的危害外，还能传播大椒、番茄、黄瓜、白菜等多种蔬菜的病毒病。因此，开展对菜蚜的生物防治具有重要的意义。

危害十字花科蔬菜上的蚜虫主要有三种：菜缢管蚜(Rhopalosiphum pseudobrassicae，又称萝卜蚜)、桃蚜(Myzus persicae，又称烟蚜)、甘蓝蚜(Brevicoryne brassicae，又称菜蚜)。三种蚜虫都是世界性害虫，国内分布亦广泛。

三种蚜虫的形态特征：有翅胎生雌蚜体长1.6～2.2毫米。无翅胎生雌蚜，其中萝卜蚜体长1.6～1.8毫米，体成卵形，全身黄绿色或覆以少量白色蜡粉，体背各节有浓绿的横纹。腹管短，末端达尾片基部，尾片有2对侧毛。桃蚜，体长1.8～2.1毫米，体绿色，有时为黄色和樱红色。腹管较长，为尾片的2.3倍，尾片绿色，有3对侧毛。甘蓝蚜，体长2.2～2.5毫米。全身暗绿色，覆有大量的白色蜡粉。腹管长于尾片，尾片有2～3对侧毛。

二、发生和为害特点

全国各地都有菜蚜发生，在寄主植物上发生的经常是两种或三种共生，聚集在一起吸食蔬菜的汁液。

萝卜蚜的寄主约 30 种，甘蓝蚜的寄主约 50 多种。这两种蚜虫是以十字花科植物为主的害虫。前者喜食叶面毛多而蜡质少的蔬菜，如白菜、萝卜等；后者偏于危害叶面光滑、蜡质较多的蔬菜，如甘蓝、花椰菜等。桃蚜的寄主多达 352 种，遍及全国各地，除危害十字花科蔬菜外，也危害茄子、马铃薯、菠菜等蔬菜，还可危害桃、李、杏、樱桃等蔷薇科果树。

萝卜蚜在我国北方一年发生 10～20 代，在华南一年可发生 46 代左右。在温暖地区，它以无翅雌蚜在蔬菜心叶等隐蔽处及杂草上越冬；在寒冷地区，如华北，它在秋白菜上产卵越冬；在南京地区，它以卵在田间蔬菜枯叶反面越冬；重庆地区冬季无严寒，在最冷的 1 月份，蔬菜上亦可见到其雌蚜，因而没有显著越冬现象。在华南地区，除 5～7 月份外，整年都可于菜田见到萝卜蚜。一般越冬卵到翌年 3～4 月份孵化为干母，在越冬寄主上繁殖几代后，产生有翅蚜，有翅蚜向其他蔬菜上转移，扩大危害。萝卜蚜一生无转换寄主的习性。到晚秋，萝卜蚜继续胎生繁殖，或产生雌、雄蚜虫后交配产卵越冬。

桃蚜，在华北地区一般一年可发生 10 多代，在南方则一年可多达 30～40 代不等，世代重叠特别严重。桃蚜具有季节性的寄主转移习性。在亚热带地区，终年在第二寄主上行孤雌胎生繁殖；在寒冷地区，如华北，冬季一部分桃蚜可产生雄蚜和雌蚜，交配产卵在蔷薇科果树——第一寄主桃树的腋芽、分杈和枝梢的裂缝里越冬，次年三四月份孵化，繁殖几代后产生有翅蚜，迁飞到蔬菜上为害。另一部分桃蚜可在菜心里产卵越冬。在温室内，桃蚜可连续胎生繁殖，不进行越冬。

甘蓝蚜，一年可发生8～21代。在新疆北部，它主要产卵于晚甘蓝上越冬，其次是球茎甘蓝、冬萝卜和冬白菜上。在温暖地区，甘蓝蚜也可继续行孤雌生殖。越冬卵一般在4月份开始孵化，5月中下旬甘蓝蚜迁移到春菜上为害。

上述三种蚜虫，对黄色、橙色有强烈的趋性，绿色次之，对银灰色有负趋性。利用黄板诱杀是控制蚜虫迁飞、扩散的有效方法。设置银灰色反光条的菜田与不设的菜田比较，蚜量可明显减少。用银灰色塑料薄膜网眼遮盖菜苗，可以躲避蚜害、减少蚜虫传病的机会。

萝卜蚜的繁殖适宜温度为16～26℃，适宜的相对湿度为75%以下。桃蚜在24℃时发育最快；温度高于28℃，则不利其发育。甘蓝蚜最适宜的发育温度为20～25℃。日平均温度与日平均产仔蚜总数的相关情况，是以16～17℃产仔量最多，小于14℃或大于18℃均趋于减少。

降雨除影响大气的温、湿度外，还能降低菜蚜的危害程度。

总的看来，各地菜蚜基本上都是春秋两季大发生。这与菜蚜生存的适宜条件有关。早春温度不高，蚜量增长慢；春末夏初，蚜量迅速上升；夏季后，由于温度过高，其发生受到抑制。到秋季气温渐降，蚜虫又大量繁殖，形成秋季高峰。

菜蚜的成虫、若虫，吸食寄主植物内的汁液。因其繁殖力强，往往是密集在菜叶上，造成菜株严重失水和营养不良，使叶片卷缩、变黄，并导致煤污病，轻则不能正常生长，重则死亡。对留种菜植株，菜蚜亦危害其嫩茎、花梗等，使之畸形，影响结实。此外，菜蚜是多种病毒病的传播者，常引起蔬菜的大量减产，严重时要翻耕重种。为此，要获得蔬菜的高产稳产，其中一项重要的措施是控制蔬菜蚜虫的猖獗为害。

第二节　用食蚜瘿蚊防治菜蚜

一、食蚜瘿蚊的识别

食蚜瘿蚊(Aphidoletes aphidimyza,以下简称瘿蚊),属双翅目瘿蚊科,是蚜虫的常见捕食性天敌。它可捕食萝卜蚜、甘蓝蚜、桃蚜、豆蚜、棉蚜等60余种蚜虫。瘿蚊的成虫、幼虫都善于捕食,在蚜虫密度大时,一条瘿蚊幼虫可以捕食几百只蚜虫。因此,它是控制蚜虫危害的有效天敌。

国外对瘿蚊的大量饲养和应用早有报道。目前芬兰、荷兰、加拿大等国已进入商品化生产和应用,主要用于防治温室蔬菜蚜虫。我国1986年从加拿大引进这种天敌。现对其识别特征、习性、饲养技术及用以防治蔬菜蚜虫的效果试验简介如下:

瘿蚊成虫喜黑暗,在傍晚及夜间活动,微小,形似蚊子。体长约2.3毫米,翅展约4.8毫米。全身密被褐色毛。头部小,复眼黑色,无单眼;口器淡黄色,触角14节,念珠状。雌虫触角比身躯短,各鞭节基部膨大,形似瓶状,无环状毛;雄虫触角比身躯长,向后卷曲成环状。各鞭节有两个膨大部分,球形,基本膨大体略小,生着一圈刚毛。并有环状毛,有两根长刚毛,中部膨大比基部稍大,上着生刚毛和环状毛。两侧各有一根长刚毛。腹部末端有1对抱握器。其卵为长椭圆形,鲜橘红或橘黄色,有光泽,长约0.3毫米,宽约0.1毫米。卵散产,也有几粒,或几十粒产在一起的。其幼虫形如蛆状,前部稍尖,全身橘红或橘黄色。老熟幼虫可透过体壁看到体内白色云状的脂肪体,外表看似白斑。长约2.5毫米,宽约0.60毫米。有体节13节,上颚发达。其蛹在初期为淡黄色,复眼和翅芽明显,后期渐变为黄褐色。长约2.0毫米,宽约0.55毫米。茧为灰褐色,扁形，直径约为2毫米，厚1.5毫米，茧皮较薄，易破。

二、食蚜瘿蚊的发生与习性

据在北京地区田间调查表明，食蚜瘿蚊发生期为4月上旬至10月下旬，以6、7月份和9月份三个月发生量较大，一年发生7～8代。主要发生在黄瓜、甘蓝、花椰菜、杂草以及绿化植物低矮的有蚜虫的部位。一般高度在1米以下，在避风如保护地黄瓜上可高达2米以上。接近或超过30℃的持续高温，对其发育不利。

瘿蚊各虫态的发育历期见表5-1。其从卵至成虫的发育历期，在22℃的恒温室内，平均为21.2天；在25～26℃时，平均为16.7天。

表5-1 食蚜瘿蚊的发育历期 (单位：天)

温度	卵			幼虫			蛹			卵至成虫
(℃)	最短	最长	平均	最短	最长	平均	最短	最长	平均	经历时间
15	4	6	5.1	7	10	8.2	30	35	31.6	44.9
22	3	4	3.4	5	8	6.7	10	14	11.1	21.2
25～26	2	3	2.3	4	6	5.2	8	12	9.2	16.7

注：此表为1986年北京地区食蚜瘿蚊的发育历期情况

成虫羽化时间集中于晚上，以19～22时羽化最多，占羽化总数的75.4%。自然性比为1.7∶1。

羽化后的成虫当夜即行交尾，次日傍晚开始产卵。羽化后第三至四天为产卵高峰期。雌虫搜索能力较强，在空旷地方能找到个别有蚜虫的植株。成虫对产卵部位有一定选择性。一般只产在蚜虫多的叶片背面或有蚜虫的寄主植物上。

在无蚜虫时，需补充蜜水(蜜∶水＝1∶2)作营养食物，可将其涂在吸水的纸片上让成虫取食。每只雌蚊一生平均产卵

46.4 粒，最多可产 90 粒以上。成虫寿命平均为 3.5～6.1 天。其中雄虫一般为 3～5 天，雌虫为 4～9 天。在饲养中，用 5% 的蜂蜜水或清水作补充营养，可以延长其寿命和产卵期。

幼虫一般有三个龄期。一般清晨到上午 9 时前为孵化高峰期，幼虫出壳后即寻找食物，喜背光爬行。初孵出的幼虫多躲在若蚜体下。有时 1 只若蚜的体下，可爬 3～6 头瘿蚊的小幼虫。幼虫将上颚刺入蚜体，然后分泌消化液溶解蚜虫体内组织，加以吸收。由于杀死蚜虫的速度较快，蚜虫的口针常仍插在植物组织内。故在有蚜虫尸体倒挂的植株上常可采到瘿蚊。蚜虫密度大时，瘿蚊能杀死大量蚜虫，而仅取食其中一部分。蚜虫密度小时，以取食为主，杀死蚜量小。有时蚜虫少，找不到新的个体时，仍回原杀死的尸体上吸食。在单管饲养中，每平方厘米叶片有 10 只左右的蚜虫时，每幼虫一生平均可杀死豌豆修尾蚜 48.8 只，其中每管每天平均接蚜 29 只，可杀死 56.7 只；接 25 只时，每头瘿蚊平均杀死蚜虫 49.5 只。幼虫耐饥力强，一生仅 7 只蚜虫就可完成一个世代。幼虫对光和温度均较敏感，需光照 8 小时，温度以 21～22℃为宜。老熟幼虫从植株上弹跳到土表，然后入土化蛹，结成茧，一般入土深度为 1～3 厘米。

三、人工大量繁殖瘿蚊的技术

在生产上利用天敌控制害虫，首要的问题是解决天敌的大量饲养问题。中国农业科学院生物防治研究所于 1986 年从加拿大引进该种天敌后，程宏坤等对瘿蚊的饲养技术进行了研究，现将有关大量繁殖、饲养瘿蚊的技术简介如下：

（一）瘿蚊食物（蚜虫）的生产

蚜虫是瘿蚊的防治对象，也是其最佳饲料。要大量繁殖瘿蚊，首先必须繁殖蚜虫。可以采用蚕豆植株繁殖豌豆修尾蚜或用萝卜植株繁殖桃蚜。

1. 培育清洁苗　可用一间20平方米的温室，作为清洁苗培育室，专门用于培育无病虫的寄主植物。将蚕豆种子浸种催芽。当蚕豆芽长至0.5厘米时，将其播种在直径为15～20厘米的花盆内，每盆播7～10粒，播后覆土1厘米，盆上盖塑料薄膜保湿。齐苗后揭去塑料薄膜。清洁苗培育室温度应保持15～20℃以上，光照时间为一昼夜12～15小时。

2. 接种蚜虫　当蚕豆苗长至3～5厘米或萝卜苗长至4～6片叶时，将清洁苗搬入蚜虫饲养室。每盆蚕豆苗可接豌豆修尾蚜30～50只。6～7天内单盆蚜量可增殖到500～700只。每盆萝卜苗可接入桃蚜100只，10～15天单盆蚜量可达千只。此时即可用于饲养瘿蚊。

(二)瘿蚊的饲养

1. 瘿蚊的饲养条件及工具　瘿蚊饲养室应保持21～22℃的恒温及75%～85%的相对湿度。成虫产卵笼为70厘米×80厘米×70厘米的木结构纱笼，分上下两层，正面上层安装玻璃推拉门，高55厘米，下层为高15厘米的纱门，用尼龙搭扣封口。笼内上下层之间以70厘米×3厘米×0.2厘米的铁板条为间隔，铁板条之间空隙为2厘米，以便瘿蚊成虫上下通过。化蛹羽化瓶可用直径5厘米，高16厘米的塑料瓶，瓶底放2～3厘米厚的棉花为化蛹基质。用塑料瓶盖及纱布盖口。

2. 接种瘿蚊产卵　在成虫产卵笼的下层放入小瓷盘，盘内放2～3层吸水纸或细沙，加入适量清水，以供成虫饮用。在笼的上层放进8～12盆养有蚜虫的蚕豆苗或5～8盆有蚜虫的萝卜苗。然后将少量羽化的瘿蚊蛹瓶按每笼1000只放入笼的下层，以后每3天补充300只。接瘿蚊后的第三天开始换入新的有蚜虫的寄主植物。以后每天更换一次寄主植物。连续饲养一个月左右应更换一次成虫产卵笼,以便保持养虫笼的清洁。另外一种方法,是一次接瘿蚊后,不再补充瘿蚊,可连续更换寄主植物7~10次。

3. *饲养瘿蚊幼虫* 将产有瘿蚊卵的盆栽寄主植物从产卵笼内取出后,放在养虫架上,注意检查卵的孵化情况。在幼虫发育期间,每天应调整一次花盆的位置,以防受光不均匀。同时观察幼虫发育及蚜虫数量。如蚜虫数量不足,应及时补充蚜虫,以保证瘿蚊的正常生活。

4. *瘿蚊幼虫的收集及化蛹* 瘿蚊幼虫的收集有两种方法。一种是水盘收集法。瘿蚊幼虫进入末龄后,将盆栽植株倒放置于盛有清水的瓷盆上面,或将寄主植物剪下,连同蚜虫、瘿蚊放于瓷盘上方,老熟幼虫即会弹跳到水中,次日即可用吸管将幼虫吸入化蛹瓶内。每瓶放入200只左右为宜。瓶口衬上头巾纱,盖紧盖子即可。这种方法适于大量饲养。另外一种是毛笔挑取法。在龄期不一致的情况下,可用毛笔蘸水后,把发育成熟的幼虫挑入化蛹瓶。此法便于掌握蛹的发育整齐度。但这种方法花费人工,所以只适于小规模饲养或保种。

把收集好的幼虫放在瘿蚊饲养盆,当晚即可结茧,约10天后开始羽化成虫。此时可用以扩大繁殖或释放于生产温室来防治蚜虫。

(三)瘿蚊蛹的贮存

1. *短期贮存* 当幼虫结茧后,放入13~15℃的恒温箱内,使其缓慢发育。试验证明,贮存一个月左右,对成虫羽化和产卵均无影响。

2. *长期贮存* 瘿蚊具有兼性滞育的特点,在低温、短日照条件下进入滞育。一旦条件适合,则可发育。因此,将幼虫置于温度为15℃，光照为6小时/日的条件下饲养，按上述方法收集老熟幼虫。待幼虫结茧后进入滞育，放于温度为4℃条件下贮存2～3个月。当需要释放时，将蛹瓶取出，放在温度为22℃和光照为18小时/日的条件下，约15～20天即可羽化。羽化率仍保持在65%以上。

通过实践证明，上述瘿蚊饲养技术，只要掌握得法，千头成虫可获得2万只左右的蛹，一般可供5～10间温室释放。

四、用瘿蚊防治蚜虫的主要技术

我国自引进食蚜瘿蚊以来，中国农业科学院生物防治研究所做了大量试验工作，积累了许多宝贵的经验，主要是：

（一）抓住释放瘿蚊的适期

从理论上说，要调节好瘿蚊释放时间，使之与田间蚜虫发生期相吻合，以最大限度地发挥天敌的治虫作用。但田间蚜虫繁殖快，危害重，稍一放松就会猖獗为害。释放瘿蚊防治蚜虫，一般应比化学防治提早5～6天。

（二）田间蚜虫发生初期就应开始释放

蚜虫密度越大，释放瘿蚊的数量也应越多，生产的成本也越高。在田间蚜虫发生初期，就应开始释放瘿蚊，并合理掌握释放的数量。如单株上蚜虫达20头时，应释放瘿蚊2头，每公顷释放15万头；如每株有蚜200头，就应释放20头瘿蚊，每公顷释放瘿蚊150万头，前后相差10倍。

（三）掌握益害比

为保证释放瘿蚊取得好的防治效果，保持天敌与害虫的合适比例是一个关键。试验表明，以1∶20或1∶30的益害比为宜；而1∶40益害比的防治效果则差，6天后防治效果为47%，12天后也仅70%。考虑到瘿蚊的使用效果和生产成本，在生产上的利用以1∶20～30的益害比较为合适。

五、防治效果

中国农业科学院生物防治研究所曾进行多年的试验，结果表明，在温室、拱棚及钟罩内蔬菜发生蚜虫时，以1∶20～30的益害比释放瘿蚊成虫，可控制辣椒上的桃蚜、黄瓜上的瓜蚜、白菜与甘蓝上的萝卜蚜与甘蓝蚜等，放蜂后9天，防治效果可达70%～90%。具体做法是：

（一）温室内防治

在普通双屋面试验温室种植的白菜和辣椒发生蚜虫时，以1∶20的益害比释放瘿蚊成虫，防治萝卜蚜和桃蚜。9天后，其防治效果分别达65%和77%。在12天后，防治效果分别达88%和90%。

（二）小拱棚内防治

在12平方米的小拱棚内甘蓝和蚕豆苗上，以1∶30的益害比释放瘿蚊成虫防治桃蚜和豌豆修尾蚜。6天后，防治效果为62%，9天后防治效果分别达到81%和90%，12天后防治效果分别达到87%和96%。

（三）对蔬菜主要蚜虫控制作用

以1∶20的益害比释放瘿蚊成虫，对各种主要蚜虫都能发挥其控制作用。对豌豆修尾蚜的控制效果，稍高于对其他蚜虫的控制效果，9天后其防治效果可达到96%。对萝卜蚜、瓜蚜和桃蚜的防治效果，9天后分别为90%、79%和75%，12天后达89%～94%。对豆蚜控制效果较差，12天后为51%。

第三节　用毒力虫霉菌防治菜蚜

一、毒力虫霉菌的发现与识别

毒力虫霉菌，属真菌，为嗜虫寄生菌。在自然界感染昆虫，引起疫病流行的并不少见。

中国农业科学院生物防治研究所程素琴等于1982年秋，从北京萝卜植株上的萝卜蚜生病蚜体上，分离出一株虫霉菌。经过培养，确定为毒力虫霉菌(Entomophthora virulenta)。该菌在液体或固体培养基上均能生长，接种后在24～48℃条件下，3～4天就在培养基斜面上长满菌落。喷菌液于无病蚜虫上，染病死亡蚜虫体上可以再分离出该病原菌。此菌在培养基上生长快，适应性强，在含有蛋黄的培养基上能产生较大数量的休眠孢子。经反复试验，其分生孢子在5～10℃条件下可存活5个月以上。

二、毒力虫霉菌的人工培养方法

(一)培养基的制备

培养基有以下几种：

1. *萨氏培养基*　葡萄糖4%，蛋白胨1%，酵母膏0.32%，琼脂1.8%～2%。

2. *萨氏加蛋黄培养基*　先把鸡蛋用75%的酒精作表面消毒，然后在无菌室内把蛋清和蛋黄分开，置于磁力搅拌器上，把蛋黄打碎混匀，按培养基总量的10%～13%加入萨氏培养基内(约50℃)，加链霉素40单位/毫升。

3. *小麦蛋白胨培养基*　用小麦浸出液3%(即小麦或等量麦麸30克＋水500毫升煮1小时)，蛋白胨2%，酵母膏1%，甘油1%，琼脂1.8%～2%。

(二)接种培养

将该菌接种于培养基后，置于26～28℃的条件下，3～4天后即在斜面或平皿中长满菌落。培养基不同，菌落的特征及发育阶段也有差异。在固体培养基上，菌落近圆形，边缘较整齐，表面有皱褶。在蛋黄培养基上产生大量的休眠孢子，菌层厚。在萨氏加蛋黄培养基上，则是以休眠孢子为主，分生孢子少，菌落表面皱褶较粗似鱼网状，米黄至茶色。萨氏培养基上的菌落为白色，有较粗的放射状皱褶，镜检有菌丝体、休眠孢子及分生孢子。小麦蛋白胨及玉米组合培养基的菌落为白色，菌层薄，主要是菌丝体。

液体培养基在27℃左右，每分钟振荡180～200次，主要产生菌丝体，休眠孢子及分生孢子少。

该菌生长的适宜温度是25～30℃，高于35℃和低于13℃，即停止生长。该菌株生长快，适应性强，人工容易培养。

三、防治菜蚜、瓜蚜的效果

用毒力虫霉菌防治菜蚜、瓜蚜的效果较好。如广西省桂林市蔬菜研究所，1983年以毒力虫霉菌40倍稀释液，喷于田间生有瓜蚜和菜蚜的叶片上，6天后蚜虫死亡率为87%～94%；而清水对照田，其菜苗上的蚜虫增加了1倍以上，这表明毒力虫霉菌杀蚜效果显著。

毒力虫霉菌休眠孢子在一定条件下容易发芽。一般发芽率可达90%以上。从蚜虫致病状况看来，不仅分生孢子、菌丝体可致病，而且经过抽滤的菌液，也有同样的杀虫作用。对毒力虫霉菌进行液体培养的过程中，可产生一种具有腥味的代谢物。这种物质对蚜虫有强的触杀作用。试验中发现，即使是存放5个月、稀释20倍的菌液，杀虫效果仍达80%。代谢产物的杀虫作用，不受湿度限制，在高温干燥条件下，其杀虫效果更好。这一特点比需要高湿条件的菌体本身寄生要优越。试验中还发现，直接致死蚜虫的主要是代谢产物作用的结果。

通过室内和田间试验，表明毒力虫霉菌对蔬菜、棉花、花卉、果树等作物上的多种蚜虫都有杀伤作用，有较高的防治效果。它不杀伤天敌，而且对叶螨、蓟马也有较高的防治效果。这是虫霉菌中少见的优良菌株。该项成果已引起国内外有关人士的重视，值得扩大试验。

第四节 用烟蚜茧蜂防治菜蚜

一、烟蚜茧蜂的发生特点

烟蚜茧蜂（Aphidius gifuensis 简称蚜茧蜂），在我国南方和北方都有分布，是专门寄生于蚜虫的寄生蜂。大豆蚜、桃蚜等都是它的重要寄主。

烟蚜茧蜂的主要寄主桃蚜，在沈阳以卵在桃树上，或以孤雌胎生蚜在窖内十字花科蔬菜上越冬。在温室内则可常年繁殖。烟蚜茧蜂成虫喜在二、三龄蚜虫上寄生，多数蚜虫体内只有一条烟蚜茧蜂幼虫。

烟蚜茧蜂发育所需天数，随着日平均温度的升高而减少。在 10℃、20℃和 25℃的温度条件下，从接种到形成僵蚜，发育天数分别为 16 天、9 天和 7 天；从形成僵蚜至出蜂的发育天数分别约为 11 天、5 天和 4 天。烟蚜出蜂发育完成 1 个世代的有效积温为 308.28 日度。

沈阳农业大学的试验还表明，在 13～23℃范围内，每只雌烟蚜茧蜂寄生桃蚜后所能产生的僵蚜数，随着温度的升高而增加。在 23℃条件下，12 只雌蜂平均能获得 143.89 只僵蚜。但当温度升高到 25℃时，僵蚜数锐减。烟蚜茧蜂经几代连续繁殖，对寄生桃蚜能力并无不良影响。在 13～23℃温度范围内，每只雌蜂获得的僵蚜数有上升趋势。在 25℃时，烟蚜茧蜂寄生能力降低，连续繁殖后影响更大，说明高温对该蜂的活动是不利的。

二、烟蚜茧蜂的饲养繁殖

繁殖好桃蚜是大量繁殖烟蚜茧蜂的关键措施。一般可用盆栽小萝卜，发叶后先扣罩数日，以保证洁净无蚜。然后，每棵萝卜上接桃蚜成虫1头，放在15～30℃下饲养。初步试验表明，桃蚜在12.8～30℃中均能繁殖。在萝卜上繁殖速度以20～26℃的温度范围内为最快。10天内1头雌蚜即能繁殖出蚜虫211～455头。

大量繁殖试验表明，用盆栽萝卜作寄主植物，只要在萝卜茎叶长至6～7厘米高以后即可开始繁殖桃蚜，接上烟蚜茧蜂后，一般可获大量的僵蚜。

据抽样调查10株萝卜的结果表明，每株萝卜最少可获得僵蚜280头，最多的为3856头，平均每株可获僵蚜1296头。

三、防治效果

据沈阳农业大学报告，1985年5月进行释放烟蚜茧蜂防治桃蚜的试验，在塑料大棚内分7次共释放3500头烟蚜茧蜂，到6月中旬，有蚜株率一直控制在3%～15%之间，百株蚜量控制在一头以下。控制有效期长达40天以上。

对黄瓜上的棉蚜，放蜂期间有蚜株率一直控制在5%以下，百株蚜量从6～7头下降至零。只是在停止放蜂后一周，蚜虫才开始上升。

据北京市农林科学院报道，1986～1989年，他们进行保护地释放烟蚜茧蜂防治桃蚜的试验，取得明显的控制作用。他们的做法是：①在春拱棚茄子上释放，防治桃蚜。②在春季(4月末开始)桃蚜高峰初始期就释放，先后放5次。③放蜂量约45000头/公顷。④存在问题：烟蚜茧蜂对桃蚜的控制作用发挥较慢，一般要1个月以上才能使桃蚜数量降下来。

第六章　菜螟的生物防治

第一节　菜螟的识别、发生和为害特点

一、菜螟的识别

菜螟(Helula undalis),又名菜心野螟,俗名钻心虫。属鳞翅目螟蛾科。国内分布较广,以在南方各省危害严重。近年来,在华北地区局部地方危害也加重。

菜螟成虫为灰褐色。体长约7毫米,翅展16～20毫米。前翅灰褐色或黄褐色。前翅外缘线、外横线、内横线和亚基线均为灰白色波浪形,各线两侧颜色较深,所以线条明显。在内、外横线间有灰褐色肾状纹一个,四周灰白色。后翅灰白色,近外缘稍带褐色。卵为椭圆形,扁平。长约0.3毫米。卵壳表面有不规则的网纹,初产时淡黄色,以后渐渐出现浅色斑点,孵化前橙黄色。老熟幼虫体长12～14毫米。头部黑色,胸腹部浅黄色,前胸背板淡黄褐色。背线、亚背线、气门上线均较明显,呈灰褐色带,气门下线灰褐色并不明显。体背面生有许多毛瘤。毛瘤上着生细长刚毛,中、后胸各有6对毛瘤,横排成一行,腹部各节的背面及侧面着生毛瘤两排,前排8个,后排2个。蛹为黄褐色,体长7～9毫米,翅芽长达第四腹节后缘。腹部背面5条纵线隐约可见。腹部末端生有4根刺,中央两根略短,末端稍弯曲。蛹体外有丝茧,椭圆形并带有泥土。

二、发生和为害特点

主要危害白菜、大白菜、萝卜、油菜、芜菁、甘蓝和花椰菜等十字花科蔬菜，尤其是秋播萝卜受害最重，白菜、甘蓝次之。菜螟是一种钻蛀性害虫，危害幼苗的心叶及叶片，受害幼苗因生长点被破坏而停止生长，或萎蔫死亡，造成缺苗毁种，不能结球。还能传播软腐病。

菜螟每年发生世代数，由北往南逐渐增多。在北京、山东地区，一年发生 3～4 代，在河南发生 6 代，在上海、成都地区发生 6～7 代，在武汉地区，发生 7 代，在广西柳州地区，发生 9 代。主要以老熟幼虫在避风、向阳、干燥的菜地田越冬，多栖居于 6～10 厘米深的土内，吐丝缀合土粒和枯叶，结成囊状丝囊。翌年春季，越冬幼虫在土内化蛹。

武汉各地幼虫盛发期为：第一代 4 月下旬至 5 月下旬；第二代 5 月下旬至 6 月下旬；第三代 7 月上旬至 7 月中旬；第四代 7 月下旬至 8 月上旬；第五代 8 月上旬至 8 月下旬；第六代 9 月上旬至 9 月中旬；第七代 9 月下旬至 11 月上旬。

菜螟幼虫为害期为 5～11 月份，多以秋季危害最重。它在各地区的为害时间有先后，如山东济南、河南新乡、江苏南京、浙江杭州、湖北武昌等地，菜螟均以在 8～9 月份危害最重；而在江西南昌、湖南长沙，菜螟在 8 月上旬至 10 月上旬危害最重；在广西柳州，则在 9 月下旬至 10 月上旬危害最重。

菜螟成虫白天潜伏于菜叶下或植株基部，夜间活动，趋光性不强，黑光灯下很少见到成虫。成虫飞翔力不强。成虫多在产卵前期 2 天的夜间羽化，产卵期 3～5 天，长的可达 7 天。每只雌虫一生产卵 80～300 粒，平均为 200 粒左右。卵多散产于心叶主脉附近。产卵有明显的选择性，喜欢在大白菜、萝卜等幼苗上产卵。

菜螟幼虫从卵中孵出后，大多潜入叶片表皮下，啃吃叶肉，残留表皮。二龄后幼虫穿出表皮，在叶上活动。三龄幼虫多穿入菜心，吐丝将心叶结集，藏身其中，食害心叶和生长点，使受害株心叶枯死，不能抽出新叶。四、五龄幼虫向上蛀入叶柄，向下蛀食茎根，形成隧道，蛀孔外有细丝隐蔽，但不附有虫粪。幼虫常转株为害，一头幼虫可加害4～5株。

幼虫共五龄。幼虫老熟后，在菜根附近的土表或土中吐丝结茧化蛹，少数幼虫就在被害菜心里吐丝结茧化蛹。

菜螟的发生一般适宜于高温低湿的环境条件。秋季能否造成猖獗为害与气候条件有关。如果8～9月份降雨量较常年偏高，危害较轻。如果干旱少雨，温度偏高，则危害较重。

新乡农科所报道，蔬菜播种期以及生育期与菜螟发生期的吻合程度也影响其发生。3～5片真叶期着卵最多。如果白菜、萝卜的3～5片真叶期恰好与菜螟的产卵盛期及幼虫盛孵期吻合，是造成受害严重的重要原因。如果前茬是十字花科蔬菜，后茬又连种十字花科蔬菜，受害也较重。

第二节　用赤眼蜂防治菜螟等蔬菜害虫

据张荆等1983年报道，沈阳地区菜螟被自然界赤眼蜂寄生的达33.3%。其中以澳洲赤眼蜂为主，占62%；其次为松毛虫赤眼蜂，占11.96%。利用赤眼蜂防治蔬菜害虫范围广。蔬菜生产中，利用赤眼蜂防治的蔬菜害虫有小地老虎、斜纹夜蛾、银纹夜蛾、棉铃虫、菜青虫、甘蓝夜蛾等。现将有关赤眼蜂的识别、习性、发生特点，以及大量繁殖技术等介绍如下：

一、赤眼蜂的识别和分类

赤眼蜂，属膜翅目赤眼蜂科赤眼蜂属(Trichogramma)。生活史经历四个时期，卵至成虫的过程都是在寄主卵内渡过的。

赤眼蜂成虫体长约 0.8 毫米，黄褐色，具光泽。如在低温或冬季繁殖，则为暗褐色；蛹及成虫的眼为赤红色，故名赤眼蜂。口器咀嚼式，淡黄色。触角一对，黄色，由六节组成。第一节柄节，最长；第二节梗节，椭圆形；第三节为微小的环状节；第四、五节长圆形，其长度约等于梗节；第六节棒状，上有短毛。雄蜂触角前三节合并为一，末节密生长毛。翅膜质透明，翅脉退化，翅面密生十多列放射状排列的细毛，翅缘有缨毛，后翅狭长。足三对，淡黄色。腹部近圆锥形，末端尖锐。雌蜂的产卵器成刺刀状，位于腹部末端腹面，黄褐色，稍伸出于腹端。雄蜂的外生殖器平时收缩于腹端内。

赤眼蜂的卵为长棒形，前端较尖细，后端稍宽大。长约 80 微米，大端宽约 25 微米，小端宽约 9 微米。随着卵内胚胎的发育，卵形也逐渐变为椭圆形。

赤眼蜂幼虫为透明乳白色。开始取食寄主卵内的物质，虫体逐渐增大。幼虫体躯简单，不分节，口器在头端部腹面，是一个简单的开口。

幼虫停止取食后，以简单的一种囊状幼虫进入预蛹期。此时虫体形成头宽而尾尖的蜂蛹体形。成虫的足、翅逐渐形成。直至预蛹后期，足芽、翅芽逐渐向外翻出，进入蛹期后在原有基础上继续发育。头部胸部腹部分界已经明显。单眼 3 个，其颜色变化由淡黄变为淡红，再变为鲜红，直至深红色。蛹体长约 420 微米，宽约 400 微米。成虫在寄主卵内羽化，然后咬破寄主卵壳爬出。

赤眼蜂种类多。在我国生产上大量繁殖和应用的赤眼蜂，主要有螟黄赤眼蜂（Trichogramma chilonis）、松毛虫赤眼蜂（T. dendrolimi）和玉米螟赤眼蜂（T. ostriniae）等。

二、赤眼蜂的习性和发生特点

在自然界，赤眼蜂每年发生的世代数和每个世代历期的长短，随地区和季节的不同而有差异。在广东地区一年可发生30代；在成都地区一年发生18～19代；而在广西的南宁地区，赤眼蜂因当地气候适宜而可终年繁殖。

赤眼蜂由于环境条件和种类的不同，其越冬情况也各异。有的地区是以老熟幼虫或预蛹在寄主的卵内越冬；有的是以蛹态在寄主的卵内越冬。越冬期长短也因地而异。

赤眼蜂成虫的寿命，在温度为20～25℃时一般为3～4天；温度在29℃以上时，只能存活1～2天；温度在15℃以下时，可存活7～10天；如给以补充营养，则可存活10余天。

广东省农业科学院曾以蓖麻蚕卵为寄主，在30℃时，观察赤眼蜂的生长、发育过程。据观察，赤眼蜂从产下卵至成虫羽化，完成一个世代的历期约168个小时（约为7天），各期发育进度如表6-1。

表6-1　不同中间寄主繁殖赤眼蜂的质量比较

寄主种类	每卵羽化蜂数（只）			性　比	仔蜂体长（毫米）	
	最多	最少	平均	雌：雄	雌	雄
米蛾卵	1	1	1	0.85：1	0.36	0.35
蓖麻蚕卵	59	19	28.0	4.9：1	0.46	0.45
马尾松毛虫卵	52	7	23.7	3.8：1	0.51	0.44
落叶松毛虫卵	68	2	19.5	7.3：1	0.53	0.40
柞蚕卵	175	7	59.9	9.7：1	0.63	0.51

赤眼蜂的生殖方式主要为两性生殖，但也有孤雌生殖的。在自然界两性生殖的情况下，仔代的正常性比，通常雌虫占

2/3，雄虫占1/3。据调查，在人工繁殖时，是用大型寄主卵作为寄主的，如蓖麻蚕卵等，营养条件较好，雌蜂比例可达80%～90%，显然有利于赤眼蜂种群的繁殖。在人工大量繁殖时，性比是很重要的质量鉴定标准。如果雄蜂比例大，超出了正常性比很多时，就意味着繁殖质量的低劣，出现了蜂种退化的危险。这时就该及时复壮或更新。

赤眼蜂主要依靠触角上的嗅觉器官寻找寄生卵。鳞翅目害虫卵表面有一种信号物质，即直链碳氢化合物C22～25烷，赤眼蜂就寻找此信号物质。据观察，接蜂时，平均几秒钟赤眼蜂就扑觅到寄主卵上。当找到寄主后，赤眼蜂先用触角点触寄主卵，在卵的四周徘徊一阵，然后爬上寄主卵，用腹部末端的产卵器向寄主卵内深钻，约半小时后排卵。了解赤眼蜂这种习性，对掌握人工接蜂的时间有重要的意义。

赤眼蜂的产卵量与寄主、补充营养、寄主卵的胚胎发育程度有关。松毛虫赤眼蜂每头雌蜂一生产卵14～159粒；玉米螟赤眼蜂一生最多产卵121粒，最少5粒，平均67粒；螟黄赤眼蜂一生平均产卵63粒。产卵历期一般为4～5天。赤眼蜂成虫羽化后的第一、二天产卵最多，三天后虽尚产卵，但所占比例很低。螟黄赤眼蜂第一天产卵量占总产卵量的87.7%，第二天为9.1%，第三天为2.1%，到第四天则只为1.1%了。如果降低温度，虽可延长雌虫寿命和产卵历期，但产卵量集中在前两天的总趋势并没有改变。广赤眼蜂总卵量的40%是产于羽化后第一天的前12小时内。

赤眼蜂雌蜂对寄主的选择性，除寄主卵的种类外，寄主卵的新鲜程度及胚胎发育程度对雌蜂寄生也有一定影响。据观察，松毛虫赤眼蜂对玉米螟初产的新鲜卵最爱寄生。如果胚胎发育已达一定程度，卵面变成棕黄色就不爱寄生了。玉米螟赤眼蜂在蓖麻蚕卵胚胎发育到反转期的中后期，虽也能寄生，但出蜂率仅为71.8%。广赤眼蜂若在蓖麻蚕胚胎发育到反转期寄生，则不能发育。所以，在繁殖利用赤眼蜂时必须注意到这种特点。

赤眼蜂对寄主卵一般都有选择性，但在某一寄主上连续繁殖若干代后，能形成对这种寄主偏好、对其他寄主不大喜爱的习性。这种习性的形成与寄主卵的外形、卵的大小、卵壳性质和卵的胚胎发育程度等都有关系。

温度对赤眼蜂的发育速度、活动情况、繁殖力以及寿命，都有密切关系。赤眼蜂生育的最适宜温度为25～28℃。在此温度下，人工繁殖赤眼蜂最为适宜，所繁殖出来的赤眼蜂，蜂体大，生活力强，寿命长。滞育低温区为5～8℃，在0～2℃的低温下可引起长期滞育，15℃以下为不活动低温区；40～45℃为不活动高温区，50℃以上为致死高温区。30℃以上则发育不良。

田间的气温变化，对赤眼蜂成虫活动影响较大。在20℃以下时，活动方式以爬行为主，活动缓慢；25℃以上时，则以飞翔为主。低温季节赤眼蜂的活动范围小，水平扩散半径一般在7米以内。所以，在低温季节放蜂要注意这一特点。

温度与赤眼蜂成虫的寿命有一定的关系。温度高，它的寿命短；温度低，它的寿命长。在30℃的温度条件下，其成蜂寿命为2～4天；在20℃的温度条件下成蜂可延长8～10天以上。赤眼蜂雌蜂的繁殖力通常与温度有关，温度过高和过低均能降低其繁殖的能力。如广赤眼蜂在26.8℃的温度下，每头雌蜂可产卵81.8粒；在16.64℃下则为21粒；温度上升为33.16℃时产卵22粒；如果温度高达37℃时，雌蜂则不产卵而死亡。

赤眼蜂在相对湿度 60%～90%的范围内，均能正常发育。人工繁殖赤眼蜂最适宜的相对湿度为80%；如低于60%，则发育不良，赤眼蜂的翅膀常不能正常伸展而影响飞翔能力。湿度过高，对成蜂的繁殖也不利。因此，在冬春季繁殖赤眼蜂应注意加湿，使其能正常发育。在雨季繁殖赤眼蜂，则要注意排湿，以免寄主卵发霉。

温度、湿度的综合作用，对赤眼蜂发育速度的影响是明显的。在适宜的温度和湿度范围内，赤眼蜂的发育速度随温湿度的增高而加快(表 6-2)。

表 6-2 不同温度湿度组合对松毛虫赤眼蜂发育的影响

温度(℃)	相对湿度(%)	世代历期(天)	产卵至幼虫(天)	预蛹(天)	蛹(天)	红眼蛹(天)	出蜂(天)
22.8	68	13	6.5	0.5	2.5	3.5	13
25.3	75	10	3.0	1.5	2.0	3.5	10
29.3	79	8	2.8	1.2	1.0	3.0	8

赤眼蜂成蜂有较强的趋光性，在室内或繁殖箱内常向光线强的一面活动。因此，繁殖箱采用自然光接蜂时要经常换动位置，以使蜂在卵卡上均匀地寄生。强光对蜂不利，使其活动剧烈，产卵下降，寿命缩短。因此，繁殖赤眼蜂切忌强光直射。在弱光下雌蜂活动缓慢，利于产卵。在黑暗下，赤眼蜂的活动明显受阻。试验表明，黑暗对赤眼蜂的排卵也有明显的抑制作用，但可延长蜂的寿命。所以，在放蜂时如遇特殊情况，不能如期释放，便可以采取低温黑暗的措施，以暂时保存。

风和气流对赤眼蜂的活动与扩散有直接的影响。成蜂可被气流传带到1 300 米以上的高空。刮三级风时，赤眼蜂还可正常活动；刮四级风时，对它有一定影响；刮五级以上的风时，对它的影响则更大。在放蜂时，风速过大会影响效果。如放蜂时遇到风速为每秒1.1～2.2米的南风或西南风，赤眼蜂受风力影响，因此，在东、东北和北三个方向的寄生率占八个方向的63.8%。所以，放蜂时既要布点合理、均匀，又要在上风头适当增加放蜂点和放蜂量。

在降雨天，赤眼蜂多在玉米叶背面不甚活动。在强风暴雨下，虽然赤眼蜂蛰伏于叶背，但由于玉米叶被风吹得乱摇乱摆，因而不免被雨水冲刷而死亡。据试验表明，放蜂后1～4天内降雨，对寄生效果均有不良影响。降雨量愈大，影响也愈坏。所以，放蜂时应密切注意天气，及时收听气象预报。

三、赤眼蜂的人工繁殖技术

（一）中间寄主的选择

赤眼蜂能寄生于多种昆虫的卵内，但并非所有这些昆虫的卵都是繁殖赤眼蜂的优良寄主。能够作为优良寄主的，需具备以下条件：①易于采集大量个体并且个体产卵量高的昆虫种类。②赤眼蜂易在其上寄生，并能生育出生活力强的优质蜂。③所产虫卵容纳量大，繁殖系数高，卵壳坚固，既能保藏又不易干缩。据各地经验看，我国赤眼蜂常用的寄主，有麦蛾（Sitotroga cerealella）卵、地中海粉斑螟（Ephestia kuehniella）卵、蓖麻蚕（Philosamia cynthia ricini）卵、柞蚕（Antheraea pernyi）卵和米蛾（Corcyra cephalonica）卵。一般说，柞蚕多以剖腹卵来繁殖赤眼蜂，而蓖麻蚕则常用其自然产卵来繁殖赤眼蜂。它们的使用方法见表6-3。

表 6-3　利用蓖麻蚕卵和柞蚕卵繁殖松毛虫赤眼蜂的方法

寄　主	蓖麻蚕卵	柞　蚕　卵
单蛾产卵数(粒)	200～500	25
所用卵的情况	常用自然产卵	多用剖腹产卵
每 500 克卵数量(万粒)	30	5～6
冷藏卵适宜温度(℃)	0～4,干藏	0～4,干藏
冷藏最长时间(天)	干藏,60 天	干藏,60 天左右
接种比例(1)成蜂∶寄主卵	2～3∶1	3～4∶1
(2)寄生物卵∶寄主卵	1∶6～8	1∶10
单卵出蜂数(头)	20	80
每 500 克繁蜂数(万头)	200	200

(二)赤眼蜂的蜂种选择和培养

各地实践证明,赤眼蜂的不同蜂种或不同生态型,对害虫的寄生效果差异很大。即使是同一蜂种,由于来自不同的地方或寄主,对害虫的寄生效果也有一定的差异。一般说,应以选用本地蜂种为主。这主要利用其土生土长、生活力强的优点。本地蜂种的选择也要本着“在哪一种害虫卵上采来的赤眼蜂,应用于哪一种害虫”的原则。

采集的方法应根据害虫种类及其产卵特性而定。通常有直接到田间采集被赤眼蜂寄生的害虫卵,放于密封的瓶内,将其保存;还有用室内蓖麻蚕卵做成卵卡,挂在田间诱集赤眼蜂前来产卵寄生。挂 2～5 天后收回,置于室内培养。

要注意调节害虫卵和赤眼蜂不能吻合的现象。这就要有一个安全、长期贮存的措施。

目前,赤眼蜂的贮存、保藏主要采用低温的方法,因为赤眼蜂在发育起点温度以下停止发育，或者以极缓慢速度发育。成蜂不宜长期保存。赤眼蜂蛹期耐低温能力远不及幼虫期。实践证明，低温贮蜂以中期幼虫为宜。所以，一般在赤眼蜂接蜂后 2～3 天、发育到中期(或后期)幼虫时，将种蜂卡用旧报纸包好，放入冰箱中冷藏。冷藏最适宜温度为 1～2℃，其存活时间最长可达 100 多天。一般保存 90 天左右，羽化率为 70%上下。在种蜂送入冰箱前，最好放在 15～20℃温度下经 6～7 小时预冷处理后，再放入冰箱，这样就可提高存活率。

(三)赤眼蜂产品质量检验

赤眼蜂产品质量的好坏，主要表现在成蜂生活力的强弱上。只有生活力强、活动能力大的赤眼蜂，才能在田间积极搜索寄主，形成高的寄生率。因而在繁蜂过程中自始至终都要坚持高标准，把好质量关。繁殖出一批蜂以后，就要从中抽取部分样品加以质量检验。

检查的主要内容有：寄生率、单卵复寄生数、羽化率、性比、弱蜂率等。现将我国各地常用的赤眼蜂质量检查标准，分述如下，供作参考：寄生率，90%以上；单卵复寄生数，蓖麻蚕卵 20～28 只，柞蚕卵 60 只左右；羽化率，90%以上；雌雄性比，5∶1；蜂体长度，80%以上雌蜂的个体长度在 0.45～6 毫米以上；弱蜂、畸形蜂所占比例应在 5%以下；单卵遗留蜂数，雄蜂不计在内，低于 5%；羽化整齐度，3 天内羽化 80%以上。

产品质量是以蜂治虫的一个关键。赤眼蜂的质量，往往受繁殖过程中温度、湿度、中间寄主、接蜂时间、比例及操作技术的影响，由于这些因素的不同，因而繁育出不同质量的赤眼蜂。为此，在繁殖以后、放蜂之前，一定要对新繁殖的赤眼蜂，分期分批地作一次全面的质量检验，使发现的问题和漏洞，得到及时的解决和修补。

在生产实践的基础上，人们对赤眼蜂产品质量的检验工作引起了重视。全国赤眼蜂协作组，于1982年写出了《中国柞蚕卵繁育松毛虫赤眼蜂技术规程》试行办法。这是开展以蜂治虫保证质量的一个良好措施，从而保证了繁蜂工作的质量。

（四）蜂卡的制作

蜂卡的制作方式主要有两种：一种是先粘卵，后接蜂，如大房间接蜂等使用的蜂卡；另一种是先接蜂，后粘卵，如平面散粒盘式接蜂就属于这种方式。粘卡以小块蜂为佳。在蜂卡制作时应考虑到每个蜂有相同的着卵机会。首先要对寄主卵进行严格的粒选，然后进行粘卵。

在卡纸上抹上对好1/3水的乳白胶稀释液，或者用聚乙烯醇抹在卡纸上，再将寄主卵均匀撒在纸卡上，随后把多余的卵粒抖掉。用硬纸片把纸卡上的寄主卵轻轻压平，整齐。蜂的趋化性很强，都纷纷到卡纸寄主卵上产卵，寄生率几乎达到100%。

随着放蜂治虫实践的发展，又创造使用一种长效蜂卡。其做法是把羽化日期不同的赤眼蜂寄主卵混合后，均匀地粘在一张纸卡上。把此种蜂卡投放到蔬菜田中，在害虫产卵期间，便每天都可有新羽化出来的蜂。这就大大延长了一次放蜂的持续治虫作用，节省劳力，提高效率。

（五）赤眼蜂蜂种的退化和复壮

蜂种在繁殖10余代以后，就会出现退化现象，如寄生率下降，同一批蜂羽化不整齐，羽化率低，蜂体大小不一，有的蜂腹大翅小，翅膀萎缩，飞翔力差，寿命短，雄蜂量大增，雌蜂产卵量小等。

蜂种退化的主要原因是：①在室内恒定温度、湿度条件下繁殖时间过长；②用同一种中间寄主繁殖代数过多；③蜂量与寄主卵量的比例不当，造成过度拥挤、营养物不足等等；④繁蜂中忽视选优去劣工作。

针对上述蜂种退化的原因，在繁蜂过程中应该及时进行蜂种复壮，防止退化。这就要抓好以下几方面的工作：①变温锻炼：在接蜂后2～3天，将蜂卡放到室外通风背光处接受自然条件的锻炼。②定期更新。每年秋季9～10月份，到放蜂地多点回收已有过冬准备的自然蜂种。③室内连续繁蜂不要超过15～20代。④选用优质的中间寄主。⑤要不断选优汰劣，选用优良的赤眼蜂种型和健壮的母蜂作蜂种。可优先选育本地蜂种。要从防治害虫中采集寄生于该种害虫卵内的蜂种，加以选育。

四、赤眼蜂的工厂化生产

人工繁殖赤眼蜂，在我国已有30多年的历史。随着赤眼蜂应用面积的扩大，赤眼蜂的人工大量繁殖方法也不断发展和完善。我国已出现一些每个工日繁殖5 000万只赤眼蜂的工厂。由于不同地区情况差别较大，我国南方北方的繁蜂方法也各具特色，现择要加以介绍。

（一）薄膜式大房间繁蜂法

辽宁省东沟县创建一种速率较高的繁蜂方法——薄膜式繁蜂法。其繁蜂室的面积在10平方米左右，窗户遮黑，在门的对面墙上装配四盏日光灯，上排两盏各为30瓦，下排两盏各为40瓦。距灯60～80厘米处安设一道木方框，在框的四周用钉把一整块塑料布钉成一道塑料墙，把房间隔成大小两间：小间为灯光区，大间为繁蜂区，大间除南侧为光区外，其他三面墙及天花板都涂上黑颜色。通向繁蜂室的门要有过渡间，避免开门时外部光线进入，影响蜂的正常活动。为了便于接蜂和挂卡取卡，在繁蜂区一面拉若干尼龙线，并在其中放几个摆种蜂卡的架子和一张摊放寄主卵卡的桌子。繁蜂室的四周最好钉上塑料薄膜，以便于保温和保湿。

繁蜂时，将一定比例的种蜂卡放在木架上，繁蜂室保持25℃的恒温和80%的相对湿度，并把接蜂的寄主卵卡用夹子依次夹在尼龙线上（这时卵卡距薄膜2～3厘米）。用柞蚕卵繁蜂时，一般掌握种蜂寄生卵与寄主卵的比例为15～20∶1。调节灯光，使成蜂从种蜂卵上起飞后在薄膜上分布均匀。种蜂数量达到一定时，挂卵卡时间不宜过长，一般不超过10分钟，当70%的寄主卵上已着蜂时，即可将卵卡取下，折边对放，即两张卵卡卵对卵放在一起。

在室内经24小时后，即可抖去残蜂，放于适宜条件下继续发育。调节光源时，在小区内应设边门，便于出入。

（二）利用柞蚕卵"大卵"繁蜂法

1. 赤眼蜂工厂化生产要求　赤眼蜂工厂化生产的中心问题，是要解决两个技术关键。一是数量，要求在一定期间内生产达到一定的数量指标，也就是要求在速度上有所突破；二是质量，要在完成生产数量的前提下，要求所生产的产品要符合商品的质量标准。两者均应兼顾，但应把质量放在首位。因为产品达到一定质量，才能取得田间防治害虫的良好效果，在农村市场上才有竞争能力。因此在研究赤眼蜂大量生产时，必须紧紧围绕这两个技术要求进行工厂化生产。

我国自20世纪50年代起，就开始研究人工大量繁殖赤眼蜂的方法和技术。随着赤眼蜂研究的不断深入和应用面积的日趋扩大，人工大量繁殖赤眼蜂的方法和技术也不断改善和提高。从开始的手工式瓶罐或小箱进行的繁蜂，发展到今天的工厂化生产是一个新的发展。经过"六五"（第六个五年计划）和"七五"（第七个五年计划）期间的大力研究，一整套大量繁蜂的方法和技术已经形成,其工厂化生产日趋完善。

在一定的人力、物资和厂房等设备条件下,有计划地进行工厂化大量生产赤眼蜂并不太困难。在多年工作的基础上,总结经验,在“七五”期间的研究中,拟定出赤眼蜂(大卵)工厂化生产的流程,如图所示。

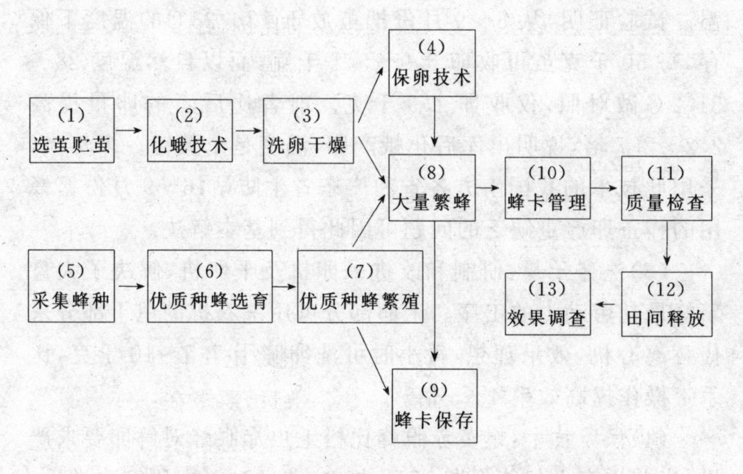

图 6-1 赤眼蜂(大卵)工厂化生产工艺流程

2. 赤眼蜂工厂化生产技术　现以螟黄赤眼蜂的工厂化生产,作为广东等南方地区赤眼蜂工厂化生产的经验,予以介绍。

(1)选茧贮茧:柞蚕茧要从东北购买。广东省每年约需 5 万千克。要求茧是健壮的,雌蛹率达 80%以上,不带病,不受冻害,卵质好。辽宁省的柞蚕茧为二化茧,每年 1～5 月份化蛾整齐,每 50 千克茧平均可收卵 6.1 千克。黑龙江的柞蚕茧为一化茧,耐冷藏,作下半年用较好。于每年 11 月份购进,放于温度为 1～3℃的冷库内,不能高于 7℃,可存至次年 5 月份,化蛾后产卵量稳定。6～8 月份气温高,其产卵量大幅度下降。

(2)化蛾技术：每年1～3月份是广东低温期，可适当加温至20℃。从茧出冷库至化蛾约需20～25天；4～5月份，自然温度在20～26℃时，其化蛾需15～18天；6～8月份，自然温度升至28～32℃，化蛾需13～16天。

经研究发现，6～8月份导致化蛾卵量低的主要原因是高温。试验证明，从6～9月份把茧放于13～23℃的温度下保存，每50千克茧可收卵3.9～5.1千克，而以自然温度28～31.2℃做对照，仅收卵1.9千克。前者比后者的卵量提高2.2～2.7倍，说明出库后化蛾产卵，温度是个关键。多年来，采用此技术的我国南方各省和广东省生防站，6～9月份繁蜂用的柞蚕卵严重缺乏的问题可因此得到基本解决。

(3)洗卵干燥：研制和改进采卵机及干卵机，解决了大量繁蜂最耗劳动力的工序。干卵部分可用洗衣机的甩干部分来代替离心机，效果理想，每小时可洗卵晾干7.5～10千克，比手工操作提高效率4～5倍。

(4)保卵技术：螟黄赤眼蜂比松毛虫赤眼蜂对鲜卵要求严格。当前生产上仅能保卵15天左右。在经过深入研究改进后，把刚洗出来的卵，密封放于温度为1～3℃的冷库内，保存40天后，卵粒寄生率仍可达83.1%～87.9%，卵粒羽化率和鲜卵差异不大；保存85天后，其卵粒寄生率亦接近鲜卵水平。这为保卵初步找出了一条新途径。

(5)蜂种采集：每年采集更新蜂种两次，4～5月份在蔗田采集种蜂一次，人工繁殖供6～9月份放蜂用。9月份采集蜂种一次，冬春期进行人工繁殖，供翌年3～6月份放蜂用。

(6)优势蜂种的选育：经研究后确定，在广东有代表性的蔗田中收集寄生于条螟、螟黄卵的种蜂。制品检查雄蜂1 671只，鉴定其中螟黄赤眼蜂占94.55%，松毛虫赤眼蜂占

4.61%，稻螟赤眼蜂占0.18%，玉米螟赤眼蜂占0.66%，结果证明蔗田寄生于蔗螟卵的优势种为螟黄赤眼蜂。

将螟黄赤眼蜂、松毛虫赤眼蜂和玉米螟赤眼蜂扩繁后，进行田间放蜂防治蔗螟试验，再回收制片检查，放螟黄赤眼蜂区蔗螟卵粒寄生率达95.36%～99.11%，放松毛虫赤眼蜂区的蔗螟卵粒寄生率为18.36%～43.58%，放玉米螟赤眼蜂区的蔗螟卵粒寄生率仅9.85%～66.66%。这进一步说明，人工繁殖选用的蜂种应用从蔗田采回的优势蜂种——螟黄赤眼蜂。

应该说明的是，同一蜂种由于地理型的不同，其繁殖能力、抗病能力是有差异的。

(7)优质种蜂的繁殖：找到优势而生活力强的螟黄赤眼蜂后，即扩大繁蜂，按1张原种蜂繁6～8倍的比例，供应大量繁蜂用种群。

(8)大量繁蜂：大卵(柞蚕卵)繁蜂，要使螟黄赤眼蜂不退化，不断种，需抓好如下措施：一是要控制好柞蚕卵内赤眼蜂的复寄生数。试验证明，在温度25℃、相对湿度0～80%的条件下，用蜂卵比1.5：1，接蜂12小时为最好。卵粒寄生率为77.9%～87.2%，卵粒孵化率为70.1%～72.4%。其次，用蜂卵比2：1，接蜂8小时；用蜂卵比3：1，接蜂4小时，蜂量增加，时间延长，卵粒寄生率虽高，但卵粒孵化率却大量降低。二是螟黄赤眼蜂连续繁殖4～5代后，要转换寄主卵。如用松毛虫卵或人工卵试验，从柞蚕卵转于松毛虫卵内繁殖一代后，再转回柞蚕卵，按卵比1：1接蜂4～8小时，卵粒孵化率比柞蚕卵连续传代提高26.9%～43.1%。续用柞蚕卵繁殖第二代，卵粒孵化率可提高82.4%～148%，到第三代，卵粒孵化率仍可提高80.6%～96.5%。而柞蚕卵连续自繁1～4代，卵粒孵化率仅25.2%～39.4%。

把柞蚕卵螟黄赤眼蜂转接人工卵繁殖一代后，再转接回柞蚕卵中，蜂卵比为1～1.5：1，接蜂6小时，第一代卵粒孵化率偏低，但第二代后逐步提高，可维持6～10代，卵粒孵化率可达50%～75.3%。

（三）利用米蛾卵“小卵”繁蜂法

1. 概述　赤眼蜂已成为直接用于生产、防治害虫对象最多、使用面积最大的一类天敌。赤眼蜂生产的工厂化乃至赤眼蜂的商品化，已成为世界各国防治蔬菜害虫的发展新趋势。

以柞蚕卵繁蜂的工厂虽已形成规模，但是柞蚕茧的涨价，铁路运输的紧张，有些优良的蜂种不能以柞蚕卵为寄主，这些都为这种工厂化的生产带来了困难。因此，必须探索新的生产途径。

中国农业科学院生物防治研究所以米蛾卵（小卵）为寄主的繁蜂工作，始于20世纪70年代。目前世界上都在探索其应用途径。

经过研究探索，表明米蛾卵繁蜂具有以下几个突出的优点：①米蛾卵可繁殖许多优良的赤眼蜂种，如玉米螟赤眼蜂、广赤眼蜂等，而柞蚕卵却不能；②米蛾卵受季节性影响小，利于实现周年繁蜂；③不用长距离运输，给使用者带来很多的方便；④短期的贮藏条件一般都能满足生产上的需要，而大卵繁蜂则要建大库；⑤米蛾卵繁蜂易于控制，田间放蜂效果稳定。

在“七五”（第七个五年计划）攻关项目中分别完成了中试研究及配套技术等多项任务，现择要予以介绍。

2. 米蛾饲养技术

（1）饲养米蛾的适宜温度、湿度条件：研究结果表明，温度对米蛾饲养发育影响极大，20～30℃为米蛾的适宜温度。

为求得最佳发育速率，缩短饲养周期，节省人力物力，饲养米蛾温度以控制在 26～32℃最佳。但有时自然温度降低，为节省能源消耗，降低成本，饲养室宜选用适宜的低温，23℃亦可以取得良好发育状态。

湿度也是一个重要因素。用人工加湿的方法，使饲养环境中的相对湿度保持在 85%左右，可明显地提高米蛾的成蛾率和产卵量。试验表明，在不同温度、湿度条件下，米蛾的成蛾率、产卵量和繁殖倍数差异很大。

在温度为 26℃、相对湿度为 84%的条件下，米蛾的成蛾率、产卵量和群体繁殖倍数最高，成蛾率可达 55%，每一雌蛾的产卵量达 370 粒，群体繁殖倍数则可达 59 倍。

(2)选用适宜饲养器具： 不同材料制作的饲养器具，会影响饲料的通气性能、饲料的湿度及含水量，进而影响米蛾卵、幼虫、蛹的生长发育，最终影响羽化量及收卵量。试验表明，北方宜选木盒作为饲养器具，有条件的地方也可以利用纱网盖的木盒饲养米蛾。

(3)饲养盒体积要合适： 对网盖木盒米蛾饲养器具的体积试验结果表明，工厂化中试饲养盒体积的选择不宜太小，应从车间面积、原料情况、搬动是否方便等方面进行综合考虑。据此，可用 30 厘米×50 厘米带纱网盖的木盒，并根据中试规模需要，设置新的规格为 73 厘米×73 厘米。

(4)饲养室和饲料消毒： 饲养前一定要进行消毒。饲养室消毒可采用一般仓库用磷化铝等药剂熏蒸的方法；饲料消毒方法可以因地制宜。农村可用大蒸锅的蒸汽消毒 20 分钟，杀死麦麸中的杂虫。大规模繁殖米蛾时，可把饲料放在密闭的塑料棚内，撒入磷化铝熏蒸消毒(用量为 2 克/千克米糠)4 天左右即可。

(5)饲料的配制： 不同成分和配比的饲料，含有不同的营养成分，饲养效果也不同。在以麦麸为主的饲料中，加粮食细面10%或加粮食细面和大豆粉各5%，饲养效果良好。出蛾率为59%～62%，雌蛾率为54%～60%，每只雌蛾产卵126～141粒，每千克饲料出蛾1 692～1 880只，得卵13万～14.8万粒。繁殖倍数达43～49倍。

据广东省报道，在饲料中加入适量(3%～5%)的蔗糖，可以提高米蛾的羽化率、雌性化和产卵量。如果在饲料中加入少量面粉和奶粉，对米蛾的生长发育和生殖产卵都有促进作用。蛹重和蛹长也分别提高2.6～3.65毫克和0.4～0.7毫米。

养米蛾的饲料必须含有适当的水分，一般以含水15%左右为宜。如不足此数时，应加以补充。在夏季，定期加水是饲养米蛾、提高产卵量的关键措施之一，应该在实际生产中切实加以重视。

(6)接种方式和密度： 过去在饲料中接种米蛾卵时，曾采用将卵撒在饲料表面的做法。后来，加以改进，接卵后，用少量饲料覆盖，出蛾率从43.8%提高到50.1%。

在一定饲料中接卵量的多少，直接影响到幼虫饲料的分配。接卵太多，会影响幼虫正常生长和发育，减少出蛾率；接卵量太少，则浪费饲料。试验结果表明，以麦麸为主的饲料，每千克接种米蛾卵4 000粒较为合适。如以玉米面作为主要饲料，1千克饲料接卵2 000粒，可收40万粒卵，繁殖倍数近50倍。

(7)冷藏方法： 在赤眼蜂的工厂化生产中，赤眼蜂的冷藏是一个重要问题。为了保存蜂种，将集中的季节繁蜂改为周年繁蜂，使工厂能提供大面积的田间用蜂，就需要成功地运用这一技术。赤眼蜂的冷藏，分短期、中期和长期三种。这三种贮藏，所采用的方法是不同的。

赤眼蜂的短期贮藏。一般指一个月以内的贮藏。这种方法主要针对放蜂期的调整。它的具体做法有两种。一种是把赤眼蜂放在低温下缓慢发育，然后根据需要出蜂的时间随时调整。自卵期至羽化，在20℃的温度下可延至15天；15℃的温度下可达20天，而10℃的温度下可达30天。另一种低温冷藏，温度是在5～7℃以下，赤眼蜂在此温度下不能发育。通常采用的冷藏温度是0℃。在0℃的温度条件下，预蛹期和蛹期的赤眼蜂可贮存1～2个星期。超过2个星期，羽化率就会大大下降。在实际生产中，要认真掌握好短期贮藏的方法。

赤眼蜂的中期贮藏。这是指1～3个月的贮藏，它的用途是在一个生产季节内累计蜂量，调整放蜂期。过去虽然许多人在这方面进行过许多试验，但都不是行之有效的。近年来研究出一套可在实际中应用的方法。这是根据赤眼蜂进行变温处理后更加耐冷藏的原理而提出来的。采用这种方法，首先要对赤眼蜂进行变温锻炼，使它的生理状态逐步适应冷藏的环境，并能在3～8℃的较冷环境中贮藏。具体做法是，将需要冷藏的赤眼蜂，从卵期开始进行变温处理。即将其卵在8℃的温度条件下放置16小时，然后放在25℃的温度条件下发育8小时，每天如此重复，经过10～15天后，再将它放到3～8℃的温度条件下冷藏。其冷藏环境的相对湿度以保持在75%～80%为最佳。冷藏中，应定期查看赤眼蜂存活的情况。采用这种方法，赤眼蜂经2～3个月贮藏，羽化率可达70%～80%，其雌蜂产卵量和成蜂寿命比对照分别减少26%和51%。

赤眼蜂的长期贮藏。赤眼蜂3个月以上的贮藏，属于长期贮藏的范围。长期贮藏技术的应用，会使赤眼蜂的生产发生重大的变化。它可将繁蜂的规模大大缩小，成本大大降低，更加便于集中标准化生产，因而更加有利于实现赤眼蜂的商品化。

要实现长期贮藏赤眼蜂的目的，采用一般冷藏方法是不行的。因此，要充分利用赤眼蜂的滞育特性。赤眼蜂的滞育特性具有三个显著的特点。第一，具有很强的抗低温能力。进入滞育的赤眼蜂在－20℃的条件下可贮藏6个月以上，而未进入滞育的赤眼蜂在－10℃温度条件下，经过2天就会全部死亡。掌握住这一特点，就有可能用很低的低温来贮藏赤眼蜂。这样的低温，能长期有效地降低生物自身的消耗。经过较长期的贮藏，仍能保持其原有的活力。第二，进入滞育的赤眼蜂具有很高的抗高温能力。在揭示赤眼蜂滞育解除条件的研究时发现，滞育的赤眼蜂在22～26℃的温度条件下是不发育的，即高温抑制着滞育的解除。根据这一特点，在高温下即可进行远距离的运输。第三，滞育对赤眼蜂本身是一个特殊的发育阶段和过程，它对赤眼蜂具有复壮的作用。经过滞育的一批赤眼蜂，其雌性比有了提高。赤眼蜂在滞育和冷藏之后，经过了择优汰劣，较好地达到了群体的复壮。

3. 工厂化产品效果评价　1986年，山西省的太原、阳泉、忻州、晋中、沁水等地，采用机具大量繁殖的赤眼蜂，进行了田间放蜂试验。目前，在上述地区累计放蜂面积达3 333公顷以上，防治蔬菜、玉米、果树等农作物上的各种害虫效果显著。

1986～1988年，山西省共繁育出优质赤眼蜂约2亿头，用以防治农作物害虫的面积达2 400多公顷，其中1 333公顷应用了赤眼蜂的田间自然保护。结果赤眼蜂在田间各种害虫卵中的平均寄生率在50%以上，再加上其他生物防治措施，防治效果达76%以上。据3年调查，情况是：防治面积2 433公顷，增产粮食25.1万千克，增产蔬菜31.302万千克，增加产值11.125万元。

田间调查表明，赤眼蜂的利用，对保护田间生态环境起着重要的作用，防治害虫作用明显，效果稳定，带来了良好的经济效益、社会效益和生态效益。

五、赤眼蜂的田间应用技术

在我国北方的蔬菜生产中，甘蓝和白菜是种植面积较大的蔬菜，甘蓝夜蛾、菜青虫和小菜蛾、小地老虎等都是主要害虫，利用赤眼蜂防治这些蔬菜害虫，具有成本低、工效高、无残毒和无其他副作用等优点，在创造"无公害蔬菜"中发挥了积极作用，受到群众欢迎。然而，多年来的实践表明，要获得大面积的以释放赤眼蜂防治蔬菜害虫的很好效果，的确是一项技术性较强的工作，必须认真做好；稍有疏忽，就会导致失败。现将防治蔬菜害虫的赤眼蜂田间应用技术介绍如下：

（一）做好蔬菜害虫的预测预报工作

准确掌握防治对象的发生动态，是利用赤眼蜂防治蔬菜害虫的一个关键。依据害虫卵出现的盛期，安排繁蜂和适期放蜂时间，以保证放蜂时间与害虫卵的高峰期相遇，达到防治的目的。既要调查田间蔬菜害虫的发育、羽化进度，同时要做好田间害虫卵量的调查。在此基础上，参照过去害虫发生情况和当年气候状况，进行综合分析，做出准确的预报。

（二）放蜂时间、次数

放蜂时应注意天气变化，选择晴天上午 8～9 点，露水已干，日照不烈时进行。放蜂的次数和数量，应依害虫种类、发生密度、自然寄生率的高低等情况而确定。一般在发生代数重叠、产卵期长、数量大的情况下，放蜂次数要多，蜂量要大。通常每代放蜂 3 次。第一次可在始蛾期开始，数量为总蜂量的 20%左右；第二次在产卵盛期进行，数量为总蜂量的 70%左右；第三次可在产卵末期，释放总蜂量的 10%左右。每次间隔 3～5 天。

（三）释放蜂量

菜田间的放蜂量，常因害虫种类、发生数量和田间气候等情况不同而有差别。过去各地区的释放量，按每公顷计，有15万头、22.5万头、30万头和45万头等四种标准。对此，各地都有不少的经验，可因地制宜地确定。

（四）放蜂方法

最常用的放蜂方法有两种，即成蜂释放法和卵箔释放法，有的还将成蜂和卵箔相结合释放。这些方法各有特点。如释放成蜂，具体操作较为烦琐，除了要把蜂卡加温外，还要解决装蜂、运输，以及如何在田间释放的问题。其优点是受环境的影响较小，不会因气候的干旱而影响出蜂。因此，放蜂后的效果比较有保证。卵箔释放的具体操作简便，但有时由于气候变化，会影响羽化出蜂，因此治虫效果不稳定。采用成蜂和卵箔相结合的方法释放赤眼蜂，是吸取了上述两种释放方法的优点，同时还发挥了赤眼蜂控制害虫的作用，总的效果较好。

至于每公顷设置的放蜂点数，则因时因地而异。一般北方第一次放蜂时，田间温度低，蜂的飞翔扩散能力较弱。因此每公顷设点要多一些，以120～150个点为宜。第二、三次放蜂时，田间温度升高，赤眼蜂的飞翔活动能力较强。因此，每公顷设60～75个放蜂点即可。释放时应注意风向，在上风处放蜂点加密一些，蜂量也可适当多一点。风速太大时则不宜放蜂。气温高时，放蜂点可减少一些。

六、防治效果

利用赤眼蜂防治蔬菜害虫，总的效果都比较好。实践证明，这是一个提高蔬菜产量、防止蔬菜被污染的好方法。吉林通化地区在20世纪70年代中期，应用松毛虫赤眼蜂防治甘蓝夜蛾，平均寄生率可达65%以上。山西运城地区5～9月份连续释放松毛虫赤眼蜂防治蔬菜害虫，每667平方米(1亩)放1万头。第一次防治菜青虫，卵寄生率为32.3%；第二次防治菜青虫、棉铃虫、小地老虎、烟青虫和小菜蛾，平均卵寄生率为65.6%；第三次防治棉铃虫、烟青虫和小菜蛾，卵寄生率可达79%。北京密云县用松毛虫赤眼蜂防治菜椒棉铃虫，其寄生率达90%。

第七章　菜粉蝶的生物防治

第一节　菜粉蝶的识别、发生和为害特点

一、菜粉蝶的种类和分布

危害十字花科蔬菜的粉蝶，在我国主要有五种，即菜粉蝶(Pieris rapae)、大菜粉蝶、东方粉蝶、褐脉粉蝶和斑粉蝶，都属于鳞翅目粉蝶科。

菜粉蝶又名菜白蝶、白粉蝶，幼虫称菜青虫，是十字花科蔬菜的重要害虫。它尤喜食甘蓝、花椰菜、球茎甘蓝，还危害芜菁、白菜、青菜、萝卜、油菜和芥菜等。有些地区的板蓝根受它危害也很重。

菜粉蝶在全国各省、自治区和市均有发生，但以华东、华南、华中、西南、华北地区以及西北的南部受害较重。大菜粉蝶分布于西藏南部、云南、四川和新疆等地，新疆以此种虫危害最重。东方粉蝶遍布于南方；斑粉蝶遍布于北方。这两种害虫常与菜粉蝶混合发生。褐脉粉蝶分布于华北、华中和华东等地，但发生不多。

二、菜粉蝶的识别

菜粉蝶成虫是中等大的蝶类。体长12～20毫米，翅展开时有45～55毫米，均为粉白色。雌蝶前翅前缘和基部大部分为灰黑色，顶角有三角形黑斑，在翅的中外方有两个黑色圆斑。后翅基部灰黑色，在翅的前缘近外方处有一黑斑，展翅后，前后翅三圆斑在一直线上。雄蝶翅基部灰黑色，在翅的前缘近外方处有一黑斑，展翅后，前后翅三圆斑在一直线上。雄蝶翅色较白，基部黑色部分较小，翅上圆斑小而不明显。一般雌蝶比雄蝶大。

菜粉蝶的卵为瓶状，基部宽，顶端略尖，长约1毫米。初产出时为淡黄色，后变成橙黄色。卵的表面有许多纵列及横列的脊纹，形成长方形的块格。卵期3～8天。

菜粉蝶的幼虫，共5龄，幼虫期约15～20天。老熟幼虫体长28～35毫米，青绿色，背中央的背线淡黄色，体表上有密密的细小黑色毛瘤，上生细毛。沿气门线有黄色斑点一列。

菜粉蝶的蛹为纺锤形，两端尖细，中间膨大而有棱角状突起。长约18～20毫米。

三、菜粉蝶的发生和为害特点

菜粉蝶为一年多世代的害虫。在我国由北往南，其一年的发生世代数逐渐增加。菜粉蝶在黑龙江一年发生3～4代，在南京一年发生7～8代，在杭州一年发生8代。它在田间世代重叠的现象很普遍。幼虫生长在温度为16～30℃、相对湿度为76%的条件下较为适宜。若气温超过30℃、湿度低于60%以下，幼虫即会大量死亡。

成虫只在白天活动，晚上栖息在植物上。在早晨露水干了后开始活动，尤其是晴天中午，它的活动达到高峰。无风晴朗天气，菜粉蝶常飞翔空中，吸食花蜜，交尾产卵。雌虫最喜在甘蓝上产卵，产卵时期，常持续飞行于甘蓝上空，每停一次，即将卵产在甘蓝上，产后又接着飞行。如此重复。每只雌虫一般产卵100～200粒。卵为散产，直立于叶片上，夏季多产在叶片背面，秋季多产在叶片正面，亦有少数产在叶柄上。

菜粉蝶幼虫取食的植物有35种，主要危害十字花科，如甘蓝、花椰菜、白菜、萝卜、芥菜、油菜等。

菜粉蝶的一、二龄幼虫啃食叶肉，在叶片上留下一层薄而透明的表皮。三龄以上的幼虫食量显著增加，能将叶子咬出孔洞，或将叶子边缘吃成缺刻。发生严重时，常将植株的全部叶片吃光，只剩下叶脉和叶柄。其对幼苗的危害，重则使之整株死亡，轻则影响包心。如幼虫在包心时被包进叶球里，它就在其内取食，加上排粪，便污染了菜心，以致严重地影响了菜的产量和质量。更为严重的是，由于幼虫啃食，使菜造成伤口，易于被软腐病菌侵入，以致往往造成软腐病的大发生。

菜粉蝶的一、二龄幼虫有吐丝下坠习性，大龄幼虫则有卷缩虫体坠落地面习性。幼虫行动迟缓，但老熟幼虫能爬至远处寻找化蛹场所。

幼虫多在叶背或叶心为害。幼龄幼虫(一至三龄)的食量不大。所食叶片占幼虫食叶面积的3%，第四龄幼虫食量增大，占13%，第五龄幼虫食量暴增，约占85%。炎热时，白天往往不取食。秋季幼虫多集中到叶片正面取食。幼虫期约11～22天。幼虫多在化蛹前吐丝，将尾足缠结于菜叶或附着物上，再吐丝缠绕腹部第一节而化蛹。

菜粉蝶的蛹色常因化蛹地点而异。一般有绿色、黄绿色、黄色、褐色等。蛹期5～7天。由于菜粉蝶越冬蛹是分散的，可在墙壁、风障、砖石、杂草等处越冬。所以，春天越冬蛹羽化期先后不一，造成越冬代成虫出现期很长，持续一个月之久。这是田间世代重叠的主要原因，给防治工作带来一定困难。

第二节　用苏云金杆菌防治菜粉蝶

有人估计，自然界昆虫种群各世代的死亡率一般在80%～90%之间，其中有不少是死于微生物感染的疾病。苏云金杆菌（Bacillus thuringiensis 简称，B.t. 乳剂）就是一种细菌性的病原微生物。它对鳞翅目幼虫有明显的毒效。

北京、山东、浙江、河北、吉林、辽宁等地，都在大面积应用上肯定了利用苏云金杆菌防治菜青虫的效果。近年来，我国部分城市，如上海市利用苏云金杆菌防治菜青虫的面积占应防治面积的 50%，兰州市最高的年份达 90%，显示了 B.t. 乳剂在我国有良好的应用前景。

一、苏云金杆菌的形态和生物学特点

苏云金杆菌的个体形态简单，生活过程中有三个发育阶段：一是营养体。这是一个杆状，两端钝圆，较为粗壮，产生芽孢的杆状菌，大小为 1.2～1.8 微米×3.0～5.0 微米。二是芽孢囊呈卵圆形，比营养体粗壮，芽孢和伴孢晶体即出现其两端。三是芽孢和伴孢晶体的释放。芽孢遇到适宜条件，可萌发成新的营养体。伴孢晶体为蛋白质毒素，是杀虫的主要有效物质，能破坏害虫肠道。

苏云金杆菌能在多种培养基上生长。培养温度在 12～40℃的范围内均可生长，但以 27～32℃较为适宜。苏云金杆菌是一种好气性细菌，需要充足空气才能生长良好，所要求的酸碱度是中性或稍偏碱性，即酸碱度在 pH 7～7.2 最适宜。

在适宜的条件下，苏云金杆菌发育的过程大致如下：2～4 小时芽孢萌发呈营养体，随后即行裂殖，6～10 小时分裂旺

盛,14～16 小时形成孢子囊,18～20 小时即可采收。

近年来发现苏云金杆菌中存在许多变种(品系)。这些变种对害虫的致病力是不同的。我国目前常用作杀虫菌剂的,主要有青虫菌、140 杀虫菌、7216 杀虫菌等。

青虫菌即蜡螟杆菌三号(Bacillus thuringiensis galleriae),是好气性蜡状芽孢杆菌群,菌体两端钝圆。培养 12～16 小时,菌体即形成芽孢和伴孢晶体,青虫菌为革兰氏阳性菌。

140 杀虫菌,为我国湖北省微生物研究所于 1969 年从棉小造桥虫中分离出来的。它的性状和特征与青虫菌相似,但无鞭毛,不运动,后定名为武汉杆菌(B. thuringiensis Var. wuhanensis)。

7216 杀虫菌,是我国湖北省天门市微生物试验站于 1972 年从越冬红铃虫分离筛选出来的。经分析鉴定,它属于苏云金杆菌中 H 3 型中的一个新变种,现命名为天门杆菌(B. thuringiensis Var. tienmensis)。

苏云金杆菌以其对人畜的安全,不污染环境,不伤害天敌,不导致害虫产生抗药性等特点,防治蔬菜害虫效益显著,其生产规模逐渐扩大。B.t. 乳剂年产量的 20%,用于防治菜青虫蛾等菜虫。全国各地的用量不断增加,在保护菜田生态环境和提高蔬菜质量方面,发挥了巨大的作用。

二、苏云金杆菌的致病作用

苏云金杆菌主要经过害虫的口侵入虫体。它可由菌体本身的活动而导致害虫的死亡。导致害虫死亡的原因,主要是菌体所产生的毒素,毒素可使害虫在短时间内中毒死亡。苏云金杆菌主要的防治对象以鳞翅目幼虫为主,它们的胃液是碱性的,酸碱度与苏云金杆菌生长繁殖的酸碱度很相近。

苏云金杆菌的感染，对许多鳞翅目幼虫所引起的症状是很相似的。菜青虫感染苏云金杆菌后，首先出现的症状是食欲减退，对来自外部的刺激反应不灵敏；肛门附近的几个体节有排泄物污染；有些幼虫吐水，偶尔在幼虫体上面或体侧出现黑点或者黑斑；死亡后虫体往往伸展呈现腐烂状。这时体内充满了乳糜状的液状物质，不久虫体由绿色变为棕黑或黑色。有的鳞翅目幼虫得病症状与此却不相同。如地中海粉蝶螟在染病初期，其外观上几乎与健康个体并无太大差别，仅可见到它不能安静，到处爬动；此时病情实际发展很快，不久即可见病虫以后足或臀足抓住物体，头向下倒挂而死。

苏云金杆菌毒素对鳞翅目幼虫的毒杀作用，其反应是不同的，概括起来分为三种类型：一是食入毒素的几分钟内，引起中肠麻痹，但肠的内含物不漏入体腔，体内血液酸碱度不变，无瘫痪症状，经 2～4 天后死亡，多数鳞翅目幼虫属于这种类型。二是幼虫食入毒素后，2～4 天死亡，无全身瘫痪症状，如舞毒蛾幼虫。三是幼虫不感受晶体毒素或对毒素不敏感，如甘蓝夜蛾幼虫。

苏云金杆菌毒杀害虫，一般是伴孢晶体先起作用，使害虫中毒死亡。但在许多情况下，败血病也随之发生，并且成为害虫致死的原因。像苏云金杆菌的晶体，本来有足够毒力杀死害虫，菌体是可有可无的。但菌体存在，血毒症就会伴发败血症。

三、苏云金杆菌的生产技术

苏云金杆菌的生产方法有液体深层发酵和固体发酵两种。

（一）液体深层发酵

工业生产多采用液体深层发酵，生产量大，产品质量较稳定，生产率高，但需要较复杂的设备和动力。其工艺方法见图 7-1。

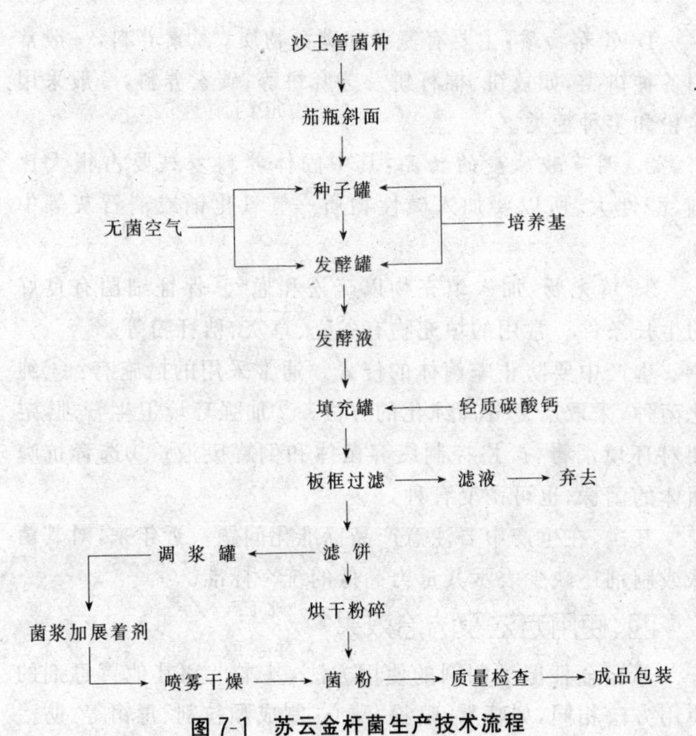

图 7-1　苏云金杆菌生产技术流程

种子罐培养基的配方：黄豆饼粉 1.0%，蛋白胨 0.2%，糊精 0.4%，磷酸氢二钾（K_2HPO_4）0.1%，碳酸钙（$CaCO_3$）0.4%，硫酸镁（$MgSO_4$）0.3%，硫酸铵［$(NH_4)_2SO_4$］0.3%，豆油 0.2%。

发酵罐培养基的基本配方：花生饼粉 2.0%，玉米浆 0.9%，糊精 0.8%，蛋白胨 0.1%，碳酸钙（$CaCO_3$）0.2%，硫酸镁（$MgSO_4$）0.075%，磷酸氢二钾（K_2HPO_4）0.07%，硫酸铵［$(NH_4)_2SO_4$］0.2%，饴糖 0.5%，豆油 0.2%。

（二）固体发酵

在发酵中，菌体生长。培养物主要由三类物质组成：

1. 营养物质:主要有氮源和碳源物质。氮素养料,一般常用各种饼类,如豆饼、棉籽饼及芝麻饼等;碳素养料,一般采用淀粉和多种糖类。

2. 调节酸碱度的物品:其中固体养料麦麸要占很大比例,酸性大,所以要加入碱性物质—氢氧化钠或消石灰等中和。

3. 填充物:加入填充物以疏松和通气,保证细菌有良好的生长条件。常用的填充物有谷壳、草灰、秸秆粉等。

生产中要防止噬菌体的侵入。通常采用的措施有:①纯化菌种,采取反复分离纯化的方法;②加强环境卫生管理,定期对环境消毒,严格控制废弃菌体和倒罐废液;③选育抗噬菌体的菌株,也可诱变育种。

其次,在生产中要注意产品标准化问题。近年来,对其菌株或制剂还缺少表示其毒力高低的统一标准。

四、使用方法及防治效果

苏云金杆菌类制剂的使用方法,基本上和其他胃毒剂的使用方法相同,如喷雾,喷粉,灌心,制成颗粒剂、毒饵等。防治菜青虫可用 100 亿芽孢/克苏云金杆菌粉,用量为每 667 平方米(1 亩)100～300 克制剂。

具体使用方法是:①杀螟杆菌菌粉,每克中有 100 亿芽孢的可湿性粉剂,稀释为 300～500 倍液喷洒。②青虫菌菌粉,每克中有 100 亿芽孢的菌粉,稀释为 300～500 倍液喷洒。③在喷洒青虫菌的菜地里,把被青虫菌杀死的害虫尸体收集起来,用布包好,放在水中揉挤,50 克死虫尸体滤出液,加水 50 升,进行喷雾,防治效果也很好。

20 世纪 80 年代以来,利用苏云金杆菌进行菜粉蝶幼虫大面积防治取得良好效果。河北省曾用该菌防治了 1.33 万公顷(20 万亩)菜地的菜粉蝶幼虫,防治效果达 75%~90%。

五、注意事项

第一,苏云金杆菌制剂杀虫的速效性较差,使用时应较化学农药提早 2~3 天。要在菜青虫卵盛期施药。最好隔 6~7 天再喷第二次。

第二,苏云金杆菌杀虫剂,不能与内吸性有机磷农药或杀菌剂混合使用。

第三,苏云金杆菌对家蚕毒力很强,在养蚕地区使用时要特别注意防止家蚕中毒死亡。

第四,苏云金杆菌制剂应保存于干燥阴凉的仓库,防止暴晒和受湿,以免变质。

第三节　保护和利用菜粉蝶天敌

各地调查结果表明,菜粉蝶的天敌种类很多,已知有 69 种,其中对菜粉蝶起较大抑制作用的有 10 余种。在华东地区的黄绒茧蜂(Apanteles glomeratus),对其幼虫的寄生率可高达 50%以上。对菜粉蝶蛹的寄生蜂有粉蝶大腿小蜂(Brachymeria femorata)等,寄生率也高。因此,保护天敌对菜青虫数量的控制是十分重要的。利用菜粉蝶的一些天敌,可以把菜粉蝶长期控制在一个低水平,不引起经济上的损失,不造成危害的状态。下面对三种分布较广、防治菜粉蝶效果较好的天敌寄生蜂予以介绍。

一、凤蝶金小蜂的保护和利用

(一)习性及生物学特性

凤蝶金小蜂(Pteromalus poparum)是菜粉蝶蛹期的寄生性天敌,在我国河北、广东、江苏、浙江、上海和北京等地均有分布。

凤蝶金小蜂在菜粉蝶蛹内孵化后，幼虫在寄主蛹内营寄生生活，到幼虫老熟时食空了寄主体内的全部营养物，使其仅余下蛹壳，随即开始化蛹，然后羽化。一般一个寄主蛹可容纳该蜂 40～50 只，多则近百只。

成蜂白天活动，夜晚静伏。对灯光反应迟钝，有假死现象。成蜂寿命，雌蜂平均为 12.7 天，雄蜂平均为 7.1 天。雌蜂不论交尾与否，都能到处寻找寄主产卵。据观察，该蜂以两性生殖为主。同一雌蜂可一次或多次在同一寄主的蛹上反复产卵。一只雌蜂能在 2～5 个寄主蛹上产卵，多则可寄生 10 个以上的寄主蛹。凤蝶金小蜂只产卵在寄主蛹内，不能产在寄主幼虫体内。不论在室内，还是在田间，凤蝶金小蜂喜欢静候在老熟幼虫，尤其是预蛹的一旁。有时也爬到寄主的幼虫体上静息，或进行非产卵的试探性动作。

(二)发生特点

据调查并结合室内饲养表明，凤蝶金小蜂在贵阳市一年能繁殖 11 代。非越冬代历期为 15～30 天。6 月下旬后，春、夏甘蓝陆续采收，菜粉蝶的幼虫和蛹的虫口密度均因收割而迅速下降，凤蝶金小蜂数量也随之下落，7 月中下旬至 8 月中旬在田间几乎采不到凤蝶金小蜂。8 月下旬，其田间寄生率在 30%以下。冬季有相当一部分被蜘蛛吃掉，虫口有所波动。据北京调查，1982 年越冬代 菜粉蝶蛹寄生率达 40%，每蛹平均含蜂 69 只，羽化率达 90%。

一个蛹内的容蜂量与菜粉蝶发育情况有密切关系。寄主营养条件好，发育正常，被寄生后，含蜂量多，出蜂量也高，雌蜂比例大。反之，雌蜂比例则少。

（三）保护利用的效果

1983年，在杭州市郊菜地经过连续两年的试验后表明，大量保护散放凤蝶金小蜂可明显提高寄生率。

1978～1980年，杭州10万只以上菜粉蝶越冬蛹，其各年的寄生率分别为55.8%，61.7%及61.6%，3年平均为59.7%。

在安徽，据宣城、芜湖、合肥、马鞍山等地调查，菜粉蝶越冬代寄生率平均也达51.5%。

据浙江农业大学报道，1979年，杭州将采集的凤蝶金小蜂蛹释放菜田，经三次放蜂后调查，寄生率有明显提高。花椰菜地菜粉蝶蛹的寄生率由对照区的21.99%提高到63.61%，甘蓝地的由12.17%提高到29.42%。在1980年放蜂后，花椰菜地菜粉蝶蛹的平均寄生率，由对照区的38.23%提高到68.41%。

上海市奉贤县蔬菜病虫测报站报道，在田间保护利用该蜂来控制菜粉蝶效果较好，减少了农药的使用，平均每667平方米（1亩）减少支出4元多。

（四）保护利用的方法

1. 做好越冬保护工作　在初冬，将越冬菜粉蝶蛹采回室内，放在自然室温下贮存。贮存工具可用水果瓶等容器，瓶口套盖纱布。翌年4月下旬至5月上旬，再将凤蝶金小蜂放到田间羽化。

2. 田间保护工作　在蔬菜生长季节，尽量少用或不用化学农药。7月前如果菜粉蝶幼虫密度大，必须防治时，可用杀螟杆菌等生物农药进行防治。

3. 田间释放　主要是解决凤蝶金小蜂因受夏季高温影响造成数量下降，而秋季恢复又缓慢的问题。对此，可在6～7

月份将田间菜粉蝶幼虫采回饲养，让其化蛹后接种凤蝶金小蜂。当小蜂处于幼虫期时，放入冰箱内贮存。9月上旬，将其取出，放在室温下化蛹，羽化后进行田间释放，补充自然界天敌数量，可提高田间寄生率。

贵州省1980年开展人工饲养、释放凤蝶金小蜂工作。在室内以菜粉蝶作为寄主，用瓶或大型试管饲养。用10%左右的多种糖水，为凤蝶金小蜂补充营养。6～10月份，每月放蜂1～2次，让其自然繁殖。于八九月份调查，放蜂区寄生率分别为51%～68.8%和29.2%，而对照区分别为17.8%～21.9%和4.6%～7.4%，可见有明显的效果。

二、微红绒茧蜂的保护和利用

（一）习性及生物学特点

微红绒茧蜂(Apanteles rubecula)，是菜粉蝶幼虫期的寄生性天敌。已知它在国内分布于黑龙江、吉林、辽宁、内蒙古、河北及河南等地。此蜂自然寄生率较高。1979年6～11月份，北京西山农场菜粉蝶幼虫的寄生率达6.1%～42.6%；1980年6～10月份，在北京田间调查，寄生率达47%～53%，高的可达71%～73%；1980年9月份，在吉林通化市鸭园公社调查，最高寄生率达64%。

微红绒茧蜂的发育历期随温度而变化，在20℃温度下，完成一个世代，需要28天。随着温度的升高，其发育历期缩短。在温度为25～26℃，相对湿度为5%～78%的条件下，成虫寿命，雌蜂为3.5～7天，雄蜂为2～3天。

补充营养对成蜂的影响试验表明，如果喂以30%的蜂蜜水，可延长成蜂寿命并提高产卵量，饲养雌虫的平均寿命为10天；而喂清水的只有2.6天，不喂清水和蜜水的蜂仅1.2天。每头雌蜂平均产卵80.4粒。一般每天产卵13～15粒。前

8天累计产卵数占总卵量的89.5%。

微红绒茧蜂成虫善飞翔，有一定的趋光性，喜欢凉爽湿润的气候条件。成虫羽化时间多在10～18时，15～16时最盛。在田间，多喜选择甘蓝和大白菜叶背部嫩叶片上的菜粉蝶幼虫寄生。每只雌蜂能产卵寄生2～3条菜青虫。被寄生的菜青虫食量明显减少，呈现病态，一周后就可透过体壁见到微红绒茧蜂的幼虫。经过15～16天，发育成老熟幼虫，在寄主体壁咬一小孔钻出，做茧化蛹，寄主死亡。

（二）发生特点

在北京，微红绒茧蜂于10月下旬完全进入滞育。从进入滞育到翌年3月下旬，其茧内虫态均为预蛹。3月25日以后，逐渐出现蛹，4月中旬开始羽化。这时正值田间第一代菜粉蝶幼虫开始发生。微红绒茧蜂羽化高峰出现在4月下旬，羽化率为96.2%。5月上旬羽化完毕。北京地区的微红绒茧蜂和它的寄主菜粉蝶，基本上是同步发生的。北京的春花椰菜和圆白菜，在3月下旬至4月上旬定植，当4月中旬微红绒茧蜂开始羽化时，田间菜粉蝶的第一代幼虫也开始发生。10月下旬，十字花科蔬菜基本收获完毕，菜粉蝶和微红绒茧蜂也都进入越冬阶段。

在菜粉蝶各龄幼虫同时存在时接蜂，其一龄虫寄生率为54.4%，二龄虫为16.6%，三龄虫为1.1%。这说明微红绒茧蜂对菜粉蝶幼虫龄期大小具有明显的选择性。寄生率一般都是很高的，高的可达50%左右。据1980年对微红绒茧蜂的调查，第一代寄生率为3.1%（郑州）～15.3%（通化），第二代为19%，第三代为51%，第四代为51.6%，第五代为40%。从时间上看，6～8月份寄生率迅速增加，寄生高峰出现在8～9月份。9月份以后则开始明显下降。其下降的主要原因是受到重寄生的干扰。

微红绒茧蜂的重寄生现象比较严重。在通化地区，重寄生蜂中主要的是一种啮小蜂。在微红绒茧蜂幼虫老熟而尚未离开寄主前，啮小蜂用产卵器刺穿菜粉蝶幼虫体壁，将卵产在微红绒茧蜂幼虫体内，所孵化出的啮小蜂，便在微红绒茧蜂蛹体内成长，经 20 天左右便发育成蜂。每茧可出啮小蜂 70～80 头。其寄生率很高，第四、五代微红绒茧蜂的被寄生率常高达 60％。

（三）饲养方法

人工饲养繁殖微红绒茧蜂，主要是利用菜粉蝶的幼虫为寄主来饲养该蜂。因此，要人工繁殖微红绒茧蜂，就首先要饲养菜粉蝶幼虫。

饲养菜粉蝶幼虫的方法，是将新羽化的菜粉蝶放入 27℃温室中的饲养笼内；笼内放置盆栽或水培油菜供其成虫产卵，每天更换新鲜油菜。用挂试管盛 30％蜂蜜水的方法，为成虫提供补充营养。有时，还采用人工制作的纸花招引。据 1981 年试验，菜粉蝶羽化后 3 天，在不同大小的笼内（其规格分别为 100 厘米×100 厘米×100 厘米；72 厘米×64 厘米×84 厘米，30 厘米×30 厘米×40 厘米）交尾率均在 75％以上，在每头雌蝶产出的卵中，正常的占 91％以上。饲养在小、中、大笼中的雌蝶，平均产卵量分别为 231.5 粒，244.4 粒和 235.2 粒，平均寿命在 6.1～7.4 天，差异均不显著。

饲养微红绒茧蜂时，用马灯罩盖上纱绢，在其内放置海绵，每日滴入 30％蜂蜜水供成蜂取食。繁蜂时，首先接入适量寄主到植株上。继尔接蜂，将新羽化的成蜂分不同性别接入灯罩内。接蜂后，将幼虫取出，移入盆栽的植株上。当叶片或饲养用具上出现微红绒茧蜂的茧时，就可以每天收茧一次。

收茧后集中统一冷藏，以便使室内人工繁殖的小蜂，能与田间寄主同步生长发育。实验表明，在11℃温度下，小蜂蛹能正常发育，但蛹期却延长为25.2天。温度为19℃时，该蜂的蛹期为11.5天。相比之下，前者的蛹期比后者延长了一倍多。

（四）防治效果

1. 微红绒茧蜂防治甘蓝、甜菜粉蝶的效果　据山西省榆次市1982年在菜粉蝶三、四代发生期间，释放快羽化出蜂茧的试验，结果表明，放蜂后菜粉蝶被寄生率为58%～66%，远比对照区自然寄生率（一般为10.5%～15.5%，平均为13%）高。

2. 微红绒茧蜂防治大白菜菜粉蝶效果　山西榆次市对此问题做了一次试验。当时在第四代菜粉蝶发生的大白菜田里释放微红绒茧蜂的茧，释放后让其自然羽化。试验表明，放蜂区寄生率为34.4%～59.0%，平均为46.7%；而对照区自然寄生率为12.9%～18.5%，平均为15.7%。

从以上初步试验看出，释放微红绒茧蜂，对菜粉蝶三、四龄幼虫的防治有良好的效果，在生产上具有利用的价值。

三、广赤眼蜂的保护和利用

广赤眼蜂（Trichogramma evanescens）为当地蔬菜害虫的主要天敌。据陕西省咸阳地区报告，寄生于当地一些菜田菜粉蝶卵的赤眼蜂，经调查鉴定，在自然情况下，广赤眼蜂在陕西于3月底至4月中旬羽化；6月份调查，其田间数量仍然很少，菜粉蝶的被寄生率最高也仅有13%；7～9月份是寄生率最高的时期，若不施药，寄生率可高达83%；然后寄生率逐渐下降，于10月底进入越冬期。广赤眼蜂可终年寄生在菜粉蝶卵中。菜粉蝶于3月底开始产卵，直至11月份越冬，世代多重叠发生，与广赤眼蜂发生期基本上吻合。所以，应积极保护利用田间自然情况下发生的广赤眼蜂。特别是菜地应少喷或不喷化学农药，以减少对广赤眼蜂的杀伤。

第四节　用菜粉蝶颗粒体病毒防治菜粉蝶

一、菜粉蝶幼虫的感病症状

菜粉蝶颗粒体病毒(GV)在我国南北菜区都有发现。自然感染菜粉蝶颗粒体病毒而死亡的幼虫，在田间时有可见。在广州地区每年4～5月份，田间菜青虫自然感染的发病率较高，达20%～30%。因为，这时平均气温在20～30℃，又是阴雨天多，湿度大，田间虫口密度较高，有利于菜粉蝶颗粒体病毒的流行。

菜粉蝶幼虫取食带有颗粒体病毒的菜叶后，初期症状不明显，能正常生长发育和蜕皮。随后，逐渐表现出患病症状，体色由青绿色减褪为微黄绿色，最后变成黄白色。病症出现后，幼虫不再蜕皮，体节肿胀，食欲不振，最后停食致死。病虫尸体内组织分解、液化，体壁易被触破，流出黄白色无臭味体液。病死幼虫在叶片上常是倒吊或成“∧”字形悬挂，也有贴附在叶片上的。

菜粉蝶一至四龄幼虫对颗粒体病毒感染极为敏感，几乎100%死亡。五龄幼虫初期对病毒也很敏感，只有部分五龄幼虫感病后化蛹。这对利用该病毒防治菜青虫很有利。据室内试验，用1∶20 000倍浓度的颗粒体病毒液感染各龄幼虫，致死的时间随龄期的增加而延长。一龄幼虫为3.7天，三龄为4.2天，五龄为5.3天。不同病毒浓度对同一龄期幼虫的致死时间，随浓度的降低而延长。用一龄幼虫试验，2 000倍液为2.8天，20 000倍液为3.3天，200 000倍液为3.4天，

2 000 000倍液为 3.5 天。

防治中发现,患病毒病的各龄幼虫,其食量均比健虫增加。其主要的一个原因是患病虫死亡时间的延长。如五龄幼虫,健虫历期为 2.9 天,取食量为 6 124 毫米^2,患病虫历期(致死)为 5.3 天,取食量为 7 478 毫米^2,由于患病虫的食量增加,体重也比健虫有所增加,如五龄病虫死亡时平均重量每条为 0.322 克,而健虫平均每条重量为 0.214 克。

二、应用技术

(一)防治方法

每 667 平方米(1 亩)用 10~30 条五龄病虫尸体,约 3~5 克,捣烂加水 37~50 升喷雾。喷药要在蔬菜叶的正反面都均匀喷到。

病毒可与农药混合使用。当菜粉蝶和其他蔬菜害虫同时发生时,则需要将病毒与化学农药混合使用,以克服病毒专一性强的缺点,提高防治效果。

防治次数。不同蔬菜品种,防治次数不同。一般白菜从定植至收获喷施 1~2 次,椰菜、芥蓝从定植至收获喷 3~4 次,每次间隔 10~15 天。

(二)防治适期

要做好田间虫情调查工作,掌握菜粉蝶发育进度,确定防治适期。幼虫 1~3 龄发育高峰期施用病毒防治效果好。同时要根据菜苗情况确定防治适期。菜青虫的危害与蔬菜种类和生育期有密切关系。对生长期短的作物和苗期,防治要抓早,在卵盛孵期后,虫口密度达每百株 10~50 头,即进行防治。生长期较长的(如椰菜等)和中等生长期的蔬菜,虫口密度在每百株 50~100 头,即进行防治。

（三）病毒的生产

1. *菜粉蝶颗粒体病毒生产技术流程* 首先饲养菜粉蝶幼虫，然后选出适龄健康幼虫，让它取食有病毒的菜叶，使幼虫感染，发病的幼虫 2～3 天后死亡，病死幼虫即可用于大田。

2. *菜青虫的饲养和繁殖* 菜粉蝶颗粒体病毒的繁殖，需要其活的幼虫。因此，用不同的方法获得三至四龄的幼虫，是生产技术的一个关键。在田间设置活动的简易白色尼龙网室，规格为 5 米×3 米×2 米，到田间捕捉菜粉蝶 100 对，让它们在网室内产卵繁殖。网室内种有十字花科蔬菜供其产卵。幼虫从卵中孵出后即可在蔬菜上取食生长、发育。

3. *病毒的生产方法* 在田间网室内幼虫长至三至四龄，喷施病毒在蔬菜上，然后回收病虫。在室内生产的方法是收集三至四龄幼虫，在菜叶上喷洒 1∶5 000 倍病毒液后饲喂，以后每天加入新鲜菜叶，3～4 天后收集出现病状的虫体。制作时，将病虫放入器皿中，加入甘油，与一定比例的农药混合捣烂即成。

4. *各龄幼虫尸体病毒的产量计算* 菜青虫各龄幼虫取食病毒后死亡，将其尸体风干后，计算病毒数量，每毫克病毒包含体有多少。经计算二、三、四、五龄幼虫，平均每一龄虫颗粒体病毒数分别是 1.576×10^8、2.52×10^8、8.68×10^8、9.296×10^8。说明随着虫龄的增加，体重增大。然而随着虫龄的加大，体壁所占的比重也加大。以各龄 1 毫克死虫体为例，其内颗粒体病毒个数分别是 1.608×10^8、8.129×10^7、6.835×10^7、1.744×10^7。结果表明，随体重的增加而病毒包含体相对数量有下降的趋势，故以 3～4 龄幼虫产量高。

5. *病毒的贮存方法* 菜粉蝶颗粒体病毒液，应存放于阴凉、避光的地方。如放于冰箱（温度控制在 7℃左右）内保存更好。存放一年后，毒力仍不下降。

三、防治效果

据广州市菜区各点用菜粉蝶颗粒体病毒在十字花科蔬菜进行大面积防治菜青虫的示范试验，结果表明，病毒治虫是菜虫综合防治的一种好方法。它主要有以下三条优点：

（一）防治效果好

菜粉蝶颗粒体病毒对各龄菜青虫都有较强的毒力，施用后3～5天，防治效果可达90%左右。如对花椰菜田防治效果达85%～95%；对白菜田防治效果达到90%～92%；对芥蓝田防治效果达86%～100%。

（二）成本低

用菜粉蝶颗粒体病毒虫体3～5克（相当于10～20头大龄病虫尸体），捣烂后冲水37～50升即可防治667平方米（1亩）菜田，费用相当于使用农药的1/3。如果从田间采回病虫来应用，费用更低。

（三）专一性强，保护蔬菜效果好

菜粉蝶颗粒体病毒只侵染菜青虫或其近缘种（东方粉蝶的幼虫），对其他虫都不侵染，对人畜、天敌都是安全的。由于病毒有效期可达15天以上，在田间条件合适时可引起流行，反复感染，所以保护蔬菜效果与农药相当或优于农药的防治。

第八章　甘蓝夜蛾的生物防治

第一节　甘蓝夜蛾的识别、发生和为害特点

一、甘蓝夜蛾的识别

甘蓝夜蛾〔Mamestra (Barathra) brassicae〕,又名甘蓝夜盗虫,属鳞翅目夜蛾科。全国各地均有发生。

甘蓝夜蛾成虫为灰褐色,体长15～25毫米,翅展30～35毫米。前翅从前缘向后缘有许多不规则的黑色曲纹,亚外缘线白色,单条。内横线和亚基线黑色,双线,均为波状。肾状纹和环形纹接近,两者黑线轮廓内部都有淡色细环,肾状纹外缘白色。楔状纹圆而大,在环状纹内下方,近翅顶前缘有三个小白点。后翅灰色,无斑纹。

甘蓝夜蛾的卵为半球形,底径0.6～0.7毫米,上有放射状3序纵棱,棱间有一系列下陷横带,隔成方块。初产出时呈黄白色,以后中央和四周上部出现褐色斑纹,孵化前变成紫黑色。

甘蓝夜蛾幼虫的体色随龄期而变化。初孵出时体色稍黑,全体有粗毛,体长约2毫米。二龄虫体长8～9毫米,全体绿色。一般有六龄,少数是五龄。老熟幼虫体长40毫米左右,头部黄褐色,胸腹部背面黑褐色,散布灰黄色细点;腹面淡灰褐色,前胸背板黄褐色,近似梯形,背线及亚背线为白色点状细线。各节背面中央两侧沿亚背线内侧有黑色条纹,似倒"八"字

形。气门线暗褐色,气门下线为一条白色宽带。臀板黄褐色,椭圆形。

甘蓝夜蛾的蛹为赤褐色至浓褐色,长约20毫米。腹部背面从第一节至体末中央有1条深褐色纵带。腹部第五、六、七节的近前缘刻点较密且粗,每刻点的前半部凹陷较深,后半部较浅。腹部第四、五、六节的后缘及第五、六、七节的前缘色较深。所以粗看时,在背面有三条深褐色横带。臀棘较长,末端着生两根长刺,刺的末端膨大成球,似大头针。

二、发生和为害特点

甘蓝夜蛾在全国各地均有发生,以东北、华北、西北等地区危害较重。甘蓝夜蛾是多食性害虫。据报道,它的寄主有45科107种植物。其中重要的寄主有甘蓝、白菜、萝卜、油菜、烟草、苜蓿、菠菜、胡萝卜、甜菜及豆类。亦能危害茄子、马铃薯、瓜类等蔬菜。在甘蓝、甜菜产区也可猖獗为害。

初孵幼虫群集叶背取食叶肉,被害叶片残留表皮,呈纱网状。二至三龄时,将叶片咬成孔洞或缺刻。四龄以后表现“夜盗”习性,白天躲藏,夜间出来暴食,叶子被害后仅留叶脉及叶柄。较大的幼虫还可以蛀入甘蓝、白菜的叶球内为害,并排泄大量粪便,引起菜球内部腐烂,严重影响了蔬菜的品质及产量。在大发生时,甘蓝夜蛾的幼虫吃完一片地块的菜株后,即成群迁移到邻近田块为害,因此要注意监测。

甘蓝夜蛾每年发生世代数因地而异。黑龙江哈尔滨地区每年发生2代;辽宁兴城2～3代;北京、内蒙古、宁夏2～3代;陕西泾惠地区4代;重庆3～4代。不管世代数多少,甘蓝夜蛾在各地均以蛹在土中越冬,有明显的滞育现象,属短日照滞育型。其临界虫期为第五龄及第六龄初的幼虫期,临界光周期约为12小时。温度对滞育虽有影响,但在少于12小时光照时，即使温度升至28℃（恒温条件），也不能阻止滞育。此外，在东北及重庆的夏季，有部分以蛹态滞育越夏的记载。重庆每年的第一代甘蓝夜蛾幼虫在5月上中旬化蛹后，仅一部分蛹在6月份羽化为成虫，这一部分发生4代；另一部分则以蛹在土中越夏，滞育到秋季羽化，这一部分只发生3代。在一年2代地区，越冬代蛹大致在5月份羽化；3代区在4月份羽化；4代区在3月份羽化。

成虫白天潜伏在菜叶背面或阴暗处，日落后开始出来活动。成虫有趋光性，但不强，而对含糖量较高的糖醋液有较强的趋化性。成虫羽化后1～2日即可交配，交配后2～3天产卵。产卵时，喜将卵产在生长高而密的植株上，如北京5月间成虫发生时，田间以留种菠菜长得最高，最密，这就成为它们产卵集中的场所。卵多产在叶背，成块，但不重叠。每头雌蛾平均产4～5个卵块。每块卵的数量不等，少的只有10多粒，多的可达500多粒，一般150粒左右。每头雌蛾的总产卵量在500～1 000粒之间，最多的可达3 000粒。成虫的寿命和产卵量与成虫能否得到补充营养有密切关系。例如，用清水饲养雌蛾，其寿命仅4～5天，每头雌蛾产卵不过312粒；用糖水饲养的则寿命为6～16天，可产卵672～1 028粒。成虫产卵的适宜温度在21.8～25.2℃，过高或过低其产卵量均会下降。

幼虫共六龄，少数为五龄。初孵幼虫群集为害。三龄以后开始分散为害。幼虫密度不同，有明显的“色型变异”。幼虫密度加大，体色加深，幼虫发育加速，蛹体变小，重量减轻，蛹期延长，滞育率高，成虫成熟期和产卵期都延长，飞行能力加强。同时幼虫密度大时，还有自相残杀的现象。幼虫发育的最适温度为20～24.5℃，这时全部幼虫可在26～30天内完成发育并化蛹。幼虫不耐低温，在－10℃的温度条件下，经48小时即全部死亡。

老熟幼虫入土做粗茧化蛹，入土的深度在 6～7 厘米左右，入土愈深，成虫羽化率愈低。蛹的发育适温为 20～24℃。蛹期一般 10 天左右，越夏蛹期约 2 个月，越冬蛹期可延至半年以上。

甘蓝夜蛾的发生，受到温度、湿度、食物等的影响。温暖和偏高的湿度对甘蓝夜蛾最适宜。在平均气温为 18～25℃、相对湿度为 70%～80%时，对该虫生长发育最为有利；如果温度低于 15℃或高于 30℃，相对湿度低于 68%或高于 85%，即有不利影响。同时，土壤温度湿度能直接影响成虫的羽化率。高温和低湿会形成大量翅膀发育不正常的蛾子。在成虫发生期前旬降雨量在 30～60 毫米，而且降雨时期较为均衡时，有利于成虫的发生。发生前旬降雨量在 20 毫米以下，则会减少成虫发生数量。因此，在春秋雨季雨水较多的年份，其发生就较重，而干旱少雨年份则发生轻微。

第二节　用螟黄赤眼蜂防治甘蓝夜蛾

一、赤眼蜂种类的确定

蔬菜上甘蓝夜蛾卵的寄生蜂，据吉林省农科院近几年的调查结果表明，有两种赤眼蜂，即螟黄赤眼蜂和松毛虫赤眼蜂。其中螟黄赤眼蜂是甘蓝夜蛾卵寄生的主要种类，常占赤眼蜂自然发生总量的 90%以上。多年来，在大面积释放后的调查结果表明，螟黄赤眼蜂寄生率上升迅速，能很快建立起种群，并且在田间延续几个世代后，仍然能维持相当高的寄生率，田间蜂群兴盛不衰。黑龙江省在 1973～1978 年间利用赤眼蜂防治甘蓝夜蛾，无论是在小面积上的试验，还是大面积上的防治，都效果明显，1977 年防治面积 12.5 公顷(187 亩)，防治效果达 90%～91%。

二、田间放蜂的方法

(一)放蜂期

甘蓝夜蛾在吉林省一年发生两代。第一代于 5 月间羽化为成虫,此时主要集中在采种菜地产卵为害。有些年份甜菜生长良好时亦遭受其第一代幼虫的危害;第二代于 7 月下旬开始羽化为成虫。在甜菜田的产卵时间,一般 8 月初为产卵初期,中旬为盛期,产卵一直可延续到 8 月末,甚至到 9 月初。根据这一情况,每年可以预计甘蓝夜蛾卵期出现的早晚,确切地掌握虫情,调整每年具体的放蜂日期。如在吉林省,甘蓝夜蛾的卵期总是在 8 月 3～10 日之间波动。

(二)释放方法与释放量

田间甘蓝夜蛾产卵初期,按每 667 平方米(1 亩)3～5 个放蜂点,放蜂量为 1.5 万头的标准,将有预定蜂量的小块蜂卡,夹放在放蜂点附近的菜心叶间即可。根据几年来应用结果表明,这样的放蜂方法,由于菜心叶间具有较好的湿度,蜂卡羽化率一般都在 70%以上,可以取得较好的卵寄生效果。

另外一条重要的经验,是在田间甘蓝夜蛾卵量较大的情况下,即百株甜菜有甘蓝夜蛾卵 30 块以上时,于产卵初期一次释放即可。释放后,螟黄赤眼蜂立即在田间建立起种群,有效地控制了全期的甘蓝夜蛾卵,获得较为理想的防治效果。反之,如果一般发生年份,田间百株甜菜落卵不到 5 块时,为了要控制住 6 月中旬盛期的虫卵,就应在 8 月 13～15 日之间,根据田间发蛾落卵情况,还需补放一次,这样才能取得较好效果。

三、防治效果

吉林省农安县建立了防治甘蓝夜蛾的基点，并逐步扩大到前郭尔罗斯和德惠两旗、县的甜菜产区。1983 年首次在农安县三宝乡 100 公顷土地上释放了赤眼蜂，其中螟黄赤眼蜂释放区的田间卵粒寄生率为 78%～85.4%；松毛虫赤眼蜂释放区的田间卵粒寄生率为 67.2%；未放蜂对照区田间卵粒寄生率为 5.7%。

1984 年，在农安县的高家店和哈里川两个乡的 533.3 公顷土地上释放螟黄赤眼蜂，田间卵粒寄生率为 75.1%、78.6%和 84.8%。当年放蜂后不再施化学农药，基本上控制住了甘蓝夜蛾的危害。而未释放的对照区田间卵粒寄生率为 4.8%，当地农民进行化学农药防治，才控制住了甘蓝夜蛾的危害。

1985 年，分别在农安、前郭尔罗斯和德惠三旗、县，释放赤眼蜂的土地共有 2 333.3 公顷。当年虽然多雨，但调查结果表明，田间卵粒寄生率仍达 78.6%～80%。在农安县开安镇的调查过程中，发现释放区效果明显，而一些未释放赤眼蜂甜菜田植株叶子被害后呈现网状。

1986 年，在农安县开安镇 533.3 公顷的土地上释放了赤眼蜂，调查结果是，田间甘蓝夜蛾卵粒寄生率达 90%以上。

1987 年，在农安县又在 500 公顷的土地上释放了赤眼蜂。当年是甘蓝夜蛾大发生年，百株甜菜落卵 30～40 块，于 8 月上旬按每 667 平方米(1 亩)1.5 万只螟黄赤眼蜂释放。8 月下旬的调查结果表明，释放区田间蛾卵寄生率迅速上升，卵块寄生率达 95%，调查 2 653 粒卵，其中有 85.5%的卵粒被寄生，有效地控制住了甘蓝夜蛾的危害；而未释放赤眼蜂的对照区，田间蛾卵寄生率仅为 8.7%，作物受到危害，不少田块遭到严重的危害，有的地块作物的叶子全部被吃光，仅剩下叶柄。

通过以上简单的介绍，前后七年，初步总结出了螟黄赤眼蜂人工大量繁殖的技术方法、田间应用的技术和方法。此项技术，经受了甘蓝夜蛾的大发生和中等发生年的考验，证明只要准确掌握甘蓝夜蛾的田间发生期、田间产卵初期、适当放蜂量，并在放蜂适期释放，就能够有效地控制住甘蓝夜蛾对甜菜的危害，尤其是遇到甘蓝夜蛾的大发生年，其控制效果尤为显著。

第三节 用甘蓝夜蛾核型多角体病毒防治甘蓝夜蛾

甘蓝夜蛾核型多角体病毒(MbNPV)，对甘蓝夜蛾幼虫致病力强，在我国各地都发生不同程度的自然感染率。有时在局部地区自然感染率高，能在自然界造成流行病，是甘蓝夜蛾的主要病原性天敌。

山东省泰安地区农科所于 1979 年 6 月，从自然患病死亡的甘蓝夜蛾幼虫中分离得到核型多角体病毒。在四年多的时间内，他们对患病幼虫症状、集中感染和田间防治等问题的研究和解决，做了许多有意义的工作。

一、甘蓝夜蛾核型多角体病毒病症状

甘蓝夜蛾幼虫在感病初期，并无明显异常，三天后表现出食欲减退，行动反应较迟钝，然后体节出现肿胀。低龄幼虫体色发生变化，由绿色渐渐变为黄白色。四龄后的幼虫体背褐色的斑纹变浅，有的模糊不清，腹部颜色变化更明显，出现黄白至乳白色，不透明。感染后 5～7 天，甘蓝夜蛾幼虫出现大量死亡。死前病虫多爬至高处，以腹足附着于枝叶或器壁上，呈

"∧"形吊悬。死虫体壁脆弱，轻触即易破口，流出黄白或乳白色体液，新死虫并无腐臭味。

二、防治试验

1979～1982年，泰安农科所进行了室内和室外集体饲养幼虫的防治试验，结果表明，以1.33×10^7多角体/毫升悬液侵染卵粒，初孵幼虫在4天内可全部死亡；用浸泡过此液的菜叶喂食一至三龄幼虫，感染病毒后的死亡率均达95%以上，潜伏期为3～4天，死亡高峰出现在第六至第七天；感染四龄和五龄初幼虫，死亡率也较高，在80%左右，但潜伏期和死亡高峰要推迟2～3天。

以不同剂量的病毒感染甘蓝夜蛾三龄幼虫，结果表明，病毒浓度越高，幼虫死亡率也越高。

另外，以133×10^7多角体/毫升、1.33×10^6多角体/毫升和1.33×10^5多角体/毫升三种浓度的病毒液，做沾湿感染二至五龄幼虫试验。其结果是，在感染第十二天，二、三龄幼虫累计死亡率均为100%；四龄幼虫的累计死亡率依次为100%、100%和93.3%；五龄幼虫的累计死亡率依次为63%、50%和33%。试验还证明，虫龄越小，对病毒越敏感，虫龄越大，感染死亡率越低。

三、防治效果

1980年，在泰安市泰山公社选择甘蓝夜蛾发生较重的地块，进行用甘蓝夜蛾核型多角体病毒对甘蓝夜蛾进行田间防治效果的比较试验，将核型多角体病毒(浓度为1.33×10^7多角体/毫升)、马拉硫磷1 000倍稀释液及多角体病毒与马拉硫磷(保护单施浓度)混合液的田间防治效果，与空白对照的情况进行比较。

结果表明，在田间施用后三天，病毒单施区的甘蓝夜蛾虫口增加 18.5%，化学农药区虫口下降 58.5%，混施区下降 56%，空白区虫口增加 23%，病毒初效差，与化学农药混用的初期效果较病毒单施明显提高。施药后 10 天，调查甘蓝夜蛾幼虫下降率，病毒单施区为 87%；化学农药区为 46%；混施区为 93%；空白对照为 10.8%，被害严重。试验表明，病毒和马拉硫磷农药随混随用，可以收到取长补短、长短期相结合的效果。

第九章　甜菜夜蛾的生物防治

第一节　甜菜夜蛾的识别、发生和为害特点

一、甜菜夜蛾的识别

甜菜夜蛾(Laphygma exigua)，又名白菜褐夜蛾、玉米叶夜蛾。属鳞翅目夜蛾科。其在国内分布广泛，但以河北、河南及陕西关中地区为主要危害区，在局部地区还猖獗为害，近年来有逐步发展成为重要害虫的趋势。

甜菜夜蛾成虫体为灰褐色，少数为深灰褐色。体长 10～14 毫米，翅展 25～33 毫米。前翅内横线、亚外缘线均为灰白色，亚外缘线较细，外缘有一列黑色的三角形小斑。前翅中央近前缘外方有肾形纹一个，内方有环形纹一个，均为黄褐色，有黑色轮廓线。后翅银白色，略带粉红色，翅缘灰褐色。

其卵为淡黄色到淡青色。卵粒呈馒头形，直径为 0.2～

0.4 毫米，重叠成卵块，有土黄色绒毛覆盖。

甜菜夜蛾老熟幼虫体长 20～30 毫米，体色有很大的变化，有绿色、暗绿色、黄褐色、褐色至黑褐色。三龄前的幼虫多为绿色，三龄后的幼虫头后方有两个黑色斑纹。不同体色幼虫胴部有不同颜色的背线，也有无背线的。明显的特征是气门下线为黄白色纵带，有时带粉红色，纵带的末端直达腹末，不弯到臀足上去。这与甘蓝夜蛾幼虫明显不同。每节气门后上方各有一个明显的白斑。

甜菜夜蛾的蛹为黄褐色，长约 10 毫米。其中胸气门深褐色，显著向外突出，从腹面可清楚地看到外突部分。臀棘上有刚毛两根，臀棘腹面的基部也有两根短刚毛。

二、发生和为害特点

甜菜夜蛾食性很杂，危害甘蓝、甜菜、白菜、萝卜、菠菜、花椰菜、冬油菜、芹菜、葱和苋菜等蔬菜，可将叶片咬食，严重时将叶片吃成网状，或蛀食甜椒、番茄的果实。此外，还危害许多大田作物、药用植物和牧草等。

该虫在北京、山东及陕西关中地区，一年发生 4～5 代；在长江中下游地区一般发生 4～5 代；在热带及亚热带地区，可周年连续发生，无越冬现象。在山西、陕西、山东、江苏等地，以蛹在土室内越冬。全年主要发生在 5～9 月份。

成虫白天隐藏在杂草、土块、土缝和枯枝落叶等处，受惊时可作短距离飞行。一天中以 20～23 时活动最活跃，进行取食、交尾和产卵。成虫对黑光灯有较强的趋光性。卵多产于植物背面或叶的背面。卵块成单层或双层，其上盖着白色鳞片。成虫产卵前期为 1～2 天，产卵期为 3～4 天。每头雌虫产卵 100～600 粒，最多时可达 1 700 粒。卵期为 3～5 天。

幼虫共五龄。初孵幼虫在叶背群集结网，啃食叶肉，只留表皮，食量小，危害不大。三龄以后分散为害，将叶片食成孔洞或缺刻，严重时食成网状，被害处干枯成孔。五龄幼虫食量大增，其食量占全幼虫期食量的88%～92%。此时幼虫昼伏夜出，有假死性。幼虫不仅取食作物顶部，造成嫩尖枯萎，还可潜入表土危害根部。白菜、萝卜苗期受害可造成大批幼苗死亡，形成田间缺苗断垄，甚至毁种。室内饲养时，虫口密度过大又缺乏食料时，有相互残杀现象。幼虫期为15～39天不等。三龄后幼虫抗药性明显增强。幼虫老熟后入土化蛹。如土层坚硬，则可在表土化蛹。蛹期7～10天。

甜菜夜蛾是一种间歇性大发生的害虫，不同年份间的发生量差异很大。一年内不同时间的虫口数量也不同，常易局部暴发成灾。甜菜夜蛾各虫态对高温的抵抗力较强。卵在46℃下30秒钟，其孵化率受影响不大。在43.3℃下，对幼虫发育和成虫寿命无明显影响。对低温亦有较强的抵抗力，蛹在－12℃的低温下，可忍受数日，但不能长期处在低温下。而幼虫在2℃的温度下经历数日，即可大量死亡。成虫在0℃下，经历数天甚至数小时即可死亡。所以，冬季长期低温对其越冬不利。

第二节　用赤眼蜂防治甜菜夜蛾

一、蜂种的选择

甜菜是主要的糖料作物，其叶和糖渣可作饲料。变种叶用甜菜称牛皮菜，是常见蔬菜之一。吉林省的甜菜种植面积达6.667万公顷。历年来，遭受甜菜夜蛾的危害，严重时减产25%～35%，含糖量减少1～1.2度。吉林省农业科学院植物保护研究所于1982年试用释放赤眼蜂，进行甜菜夜蛾的防治试验。释放后的效果调查表明，放蜂治虫取得了寄生率在

80%以上的良好效果。1983 年又扩大了防治面积。其防治经验，对于被甜菜夜蛾危害的蔬菜有参考价值。

吉林省农业科学院植物保护研究所所用的供试蜂种，主要是拟澳洲赤眼蜂和松毛虫赤眼蜂。

二、释放的时间和方法

放蜂时间的选定是放蜂治虫的一个关键问题。经多年实践表明，赤眼蜂应在甜菜夜蛾产卵的初期释放。吉林省农安县 1983 年的放蜂日期为 8 月 2 日和 3 日，在 67 公顷(1 000 余亩)甜菜地中释放了赤眼蜂。田间每 667 平方米(1 亩)设立 5 个放蜂点，成梅花形摆开。将有预定蜂量的蜂卡小块夹在放蜂点的甜菜心叶上。放蜂量每 667 平方米(1 亩)为 1.5 万头。放蜂后一周，按各释放区选地块进行调查、采卵，随时将各地块的卵块连同叶片分别放入广口玻璃瓶，并加盖存放。定期检查寄生率，统计防治效果。

三、防治效果

经定期检查田间甜菜夜蛾卵的寄生率，结果表明，在松毛虫赤眼蜂释放区，其卵粒寄生率为 67.2%；拟澳洲赤眼蜂释放区，其卵粒寄生率为 78.5%～85.4%；而未放蜂的甜菜地，甜菜夜蛾卵的寄生率仅为 5.7%。

第三节　用灭幼脲防治甜菜夜蛾

灭幼脲是一种破坏昆虫表皮层几丁质的形成，从而影响昆虫正常蜕皮而致死的一种新生物农药。浙江省金华市农科所 1989 年报道，用灭幼脲来防治甜菜夜蛾有一定的效果。该所用唐山市化工所生产的 20%灭幼脲 1 号胶悬剂，每 667 平方米(1 亩)用量为 20 毫升，施药后第三天和第五天，防治效果分别为74.5%和74.8%。甜菜夜蛾抗药性能较强，故要掌握防治适期。施药应在幼龄幼虫时进行，一旦进入三龄防效就差，而对于三龄以上的幼虫几乎无效。

又据武汉市蔬菜研究所报道，用20%灭幼脲1号胶悬剂200 ppm和25%灭幼脲3号胶悬剂200 ppm等量混合液，在13公顷多(200余亩)的大白菜上喷洒，4天后防治效果为92.27%。

第四节　用生物、化学农药防治甜菜夜蛾

江苏省海安县和南通市蔬菜研究所，于1994年甜菜夜蛾大发生之际，用生物农药B.t.乳剂与化学药剂进行混喷防治。结果表明，以B.t.乳剂(山东济南科贝尔公司生产)300倍液，加80%敌敌畏乳油(南通农药厂生产)2 000倍液，防治甜菜夜蛾的效果较好。施药后36小时，防治效果达90%，72小时达96.42%，喷药后3天害虫即达死亡高峰。而以B.t.乳剂300倍液加50%辛硫磷乳剂2 000倍液防治，其效果较差，施药后36～72小时，防治效果均在72%左右。

第十章　小菜蛾的生物防治

第一节　小菜蛾的识别、发生和为害特点

一、小菜蛾的识别

小菜蛾[Plutella xylostella (maculipennis)]，又名菜蛾、

小青虫。属鳞翅目菜蛾科，国内各省、自治区都有分布。过去发生时危害并不严重，但是近10年来，在化学农药的施用中，它已产生了不同程度的抗药性，成为我国十字花科蔬菜的重要害虫。

小菜蛾成虫体长6～7毫米，翅展12～15毫米。头部黄白色，胸腹部灰褐色。复眼球形，黑色。触角丝形，褐色，有白纹。前、后翅细长，有很长缘毛；前翅前半部有浅褐色小点，后半部从翅基至外缘有一条三度弯曲的波状带，雄蛾的波状带黄白色明显，雌蛾的波状带色泽则较灰暗，静止时两翅合拢处有3个连串的黄褐色斜形方块，翅尖常翘起。雌蛾产的卵为椭圆形，稍扁平，直径约0.5毫米。初产出时淡黄色，具闪光。卵壳表面光滑。

小菜蛾的幼虫呈纺锤形。初时孵幼虫深褐色，以后变为绿色。成熟幼虫体长10毫米。头部黄褐色，胸腹部绿色。前胸背板上有淡褐色小点组成两个"U"形纹。臀足向后伸长，超过腹部末端。腹足趾钩为单序缺环。

小菜蛾的蛹长5～8毫米。初为水绿色，渐转淡黄绿色，最后变灰褐色。近羽化时复眼变黑，背面出现褐色纵纹。第二至第七腹节背面两侧，各有一个小突起，腹部末节腹面有三对钩刺。茧纺锤形，灰白色丝质，薄如网，可透见茧中蛹体。

二、发生和为害特点

小菜蛾一年发生的世代数因地而异。在黑龙江，一年发生3～4代；在新疆，一年发生4代左右；在山东、河北，一年发生5～6代；在江苏南京，一年发生10～14代；在上海、武汉，一年发生10～13代；在广州、桂林，一年平均发生17代；在台湾台北，一年发生的代数则达18～19代；而在海南省，一年可发生22代。我国北方的小菜蛾均以蛹在寄主秆及田间残留物上越冬；而在长江流域及其以南地区，其各虫态终年都可见，没有越冬现象。在海南省，小菜蛾周年危害白菜、甘蓝、萝卜、芥菜、芥蓝等。

小菜蛾全年发生及其危害情况，各地不同，长江中下游地区一年有两个危害高峰期，4～6月份形成一个春害高峰；8月下旬至11月秋播蔬菜收获时，形成秋害高峰，一般秋害程度重于春害。南方以9～10月份发生数量最多，是全年危害最重时期。北方以春季为主，每年的4～6月份为严重危害期，比秋天8～9月份危害要重。

近十多年来，小菜蛾已发展成为重要的蔬菜害虫。有的地区连年发生，蔓延猖獗，对蔬菜生产威胁极大。近年在海南各地主要菜区，因小菜蛾的危害，造成的蔬菜产量损失超过15%，品质下降的损失更甚。

寄主植物为各种十字花科植物，其中以甘蓝、花椰菜和大白菜等受害最重。还偶尔危害马铃薯、葱、洋葱、姜、番茄和一些温室植物，也能危害药用植物板蓝根等。

成虫昼夜都能羽化，羽化后当天交尾，以傍晚前后最盛。雌雄蛾均有多次交尾现象。雌蛾交尾后即可产卵，当天可达产卵高峰。一般多在夜间产卵，晚上10时至次日凌晨1时为产卵高峰，可占全天产卵量的61%。成虫飞翔力弱，在田间观测其飞翔高度仅2米左右，但能随风作远距离迁飞。夏、秋季昼伏夜出，白天潜伏于菜株和杂草间，只有在受惊时才在植株间作短距离的飞行。黄昏后外出活动。在初春和冬季夜伏昼出，白天气温升高时可在植株间飞翔活动。成虫对黑光灯趋性强，从黄昏至天明都能扑灯，以晚上7～9时为扑灯高峰。每当日平均温度在10℃以上，不下雨，不刮风时，成虫就会扑灯。雌雄蛾全年扑灯数量比例为1∶1.4。成虫产卵有选择性，对甘蓝、大白菜等有病菌，也都较强的趋性。产卵一般单产，有少数一处 2～4 粒，偶见 5～11 粒成堆。多产在叶背近叶脉处，在叶面则多产在凹陷处，叶柄上极少，冬季则多产在叶基部、叶球和外叶的柄上。

据浙江省报道，在日平均温度为 12.16℃、18.27℃、21.16℃、23.96～25.32℃、27.90～30.30℃时，平均卵期分别为 13.5 天、5 天、5.85 天、3 天和 2 天。

小菜蛾的产卵量与蜜源和温度有关。同一温度下，用 3% 糖水饲养的蛾子产卵量比清水饲养的显著多。如在 16℃、20℃、29℃温度条件下，用糖水饲养的雌蛾，平均每头的产卵量分别是 124 粒、170 粒和 80 粒，清水饲养的则分别为 35 粒、36 粒和 50 粒。

小菜蛾幼虫食害菜叶，幼龄幼虫取食叶肉后，留下的表皮呈透明小斑点。成熟幼虫食叶呈小孔洞和缺刻，严重时菜叶被吃成网状。在甘蓝、大白菜苗期，常集中食害心叶，影响包心。还可危害嫩茎和籽荚，影响油菜和留种菜的留种。

幼虫共四龄。第一龄幼虫孵出后不久，即潜入叶组织内取食叶肉，至第一龄末或第二龄即开始从叶组织内钻出，多数在叶背为害，取食下表皮和叶肉，仅留上表皮。第三、四龄幼虫高温时一般在早晚活动，中午躲在阴凉处停息，受惊后则激烈扭动、倒退甚至吐丝下垂。天气寒冷时，幼虫早晚躲在菜心里或贴在地面的叶背面，中午气温升高时活动取食。老熟后在被害叶片背面或老叶上吐丝，结网状茧化蛹，也可在叶柄、叶腋及枯草上化蛹。

温度是影响小菜蛾发生的重要因素。据武汉市观察报道，小菜蛾能耐 42℃高温和 0℃低温，适宜温度为 20～30℃，温暖而不旱的气候条件有利其发生。在 35℃时，成虫的产卵量只有 25℃时的 15%，卵的死亡率达 95%，而在 20～30℃时，仅有 1%。可见，高温对其发生是不利的。但在高温季节各虫态历期短，发生代数增加，如结合其他有利条件，有时也会猖獗为害。

降雨对小菜蛾的发生有抑制作用。湿度大时幼虫易得病死亡，而且暴雨和大雨对初龄幼虫有冲刷作用，又能击死成虫。所以，小菜蛾在多雨年份发生量少。

蔬菜的栽培制度是影响小菜蛾发生的主要条件之一。江苏省扬州市，近几年甘蓝型蔬菜(结球甘蓝)、花椰菜种植面积扩大，造成了小菜蛾为害的加重。小菜蛾幼虫一般只取食十字花科蔬菜，所以在十字花科蔬菜周年种植，复种指数高，相互间作套种，野生十字花科植物多的地方，小菜蛾因食物丰富，能连续繁衍，就可能大发生。如海南省海口市白龙乡，由于长期连作、套种十字花科蔬菜，结果造成该虫发生严重，平均每 667 平方米(1 亩)的虫口密度达 9.75 万头，叶片被害率达 30%以上。1985 年大发生时，菜地成片的地块无收。

第二节　用细菌杀虫剂防治小菜蛾

一、用苏云金杆菌防治小菜蛾

我国在 20 世纪 50 年代开始应用苏云金杆菌(B. t.)防治害虫。近年来已成为蔬菜上应用广、发展快的微生物杀虫剂。它是具有胃毒作用的杀虫剂，对小菜蛾属中度敏感。

(一)制剂与剂量

制剂主要有以下两种：100 亿活芽孢/克或 150 亿活芽孢/克苏云金杆菌可湿性粉剂；100 亿活芽孢/毫升苏云金杆菌悬浮剂。

剂量以 100 亿活芽孢/克苏云金杆菌可湿性粉剂，每 667

平方米(1 亩)用 100～300 克喷雾;以 150 亿活芽孢/克苏云金杆菌可湿性粉剂,每 667 平方米(1 亩)用 100～150 克喷雾;以 100 亿活芽孢/毫升苏云金杆菌悬浮剂,每 667 平方米(1 亩)用 100～150 毫升喷雾。

(二)防治效果明显

在 20 世纪 80 年代末,我国湖南省一些地区的小菜蛾产生严重抗药性。于是许多地区采用每 667 平方米(1 亩)B. t. 乳剂(100 亿活芽孢/毫升)100～500 毫升,稀释 500～1 000 倍液,当气温在 20℃以上时于 3 龄前幼虫盛期施用,3 天后对小菜蛾防治效果可达 80%。每茬甘蓝通常用药 3 次。事实还表明,这样做经济效益也好。湖南长沙等 7 个城市3 580公顷(53 700亩)蔬菜地,使用 B. t. 乳剂之后,少用了化学农药,经济开支大减,在增加产量的同时,平均每公顷增值 2 100 元。

广东省农业科学院发现药剂防治菜青虫和小菜蛾,单一连续使用一种化学药剂很容易产生抗性,尤其是小菜蛾幼虫更为明显,因此应用 B. t. 乳剂具有较好的防治效果。1985 年广州市西洋菜田大面积发生小菜蛾,在用 50%巴丹防治时,另外用了 B. t. 乳剂,每 667 平方米(1 亩)用药量为 150 毫升,防治 2 天后,虫口下降率为 56%,7 天后虫口下降率达到 72%。

江苏省农学院等单位 1990 年在扬州郊区,用江苏扬州生物实验厂生产的苏云金杆菌制剂——灭蛾灵悬浮剂,在平头苞菜和萝卜地使用,稀释浓度为 500～1 000 倍。施药后 2 天,小菜蛾虫口减退率达 75%以上,4 天和 6 天后,虫口减退率分别为 85%和 90%以上。

二、用 HD-1 防治小菜蛾

HD-1 是苏云金杆菌的一个变种,即库尔斯泰克(B. t.

Var. Kurstaki)制剂。该制剂含活孢子数为每克129亿,芽孢与晶体比例为1.15∶1。

小菜蛾在湖南长沙地区一年发生9～13代,世代重叠,1～3代集中危害春甘蓝,9～13代集中危害秋冬十字花科蔬菜。湖南省微生物研究所应用HD-1防治小菜蛾,72小时后效果达90%以上,高于常用化学农药,而防治费用又低于化学农药防治的费用。HD-1制剂防治小菜蛾的有关技术方法如下:

(一)HD-1防治小菜蛾的有效浓度

在室内以不同浓度的HD-1制剂对小菜蛾进行毒力测定,结果表明:HD-1浓度增高其毒力随之增强;作用时间增长,毒力也随之增高。

田间应用HD-1制剂1∶500、1∶1 000、1∶2 000和1∶3 000倍菌液,每667平方米(1亩)喷施75升防治小菜蛾,在平均温度25℃下,48小时防治后效果分别达到95%、90%、74%和59%。经显著性测验,其1∶500和1∶1 000倍液的效果差异不显著;1∶1 000和1∶2 000倍液的效果差异显著。根据室内和田间试验结果,田间防治小菜蛾的经济有效的HD-1使用浓度,以1∶800～1 000倍菌液为合适。

(二)HD-1的不同施药量

在平均温度18℃左右,用WD-0.55型单管口喷雾器每667平方米(1亩)喷施1∶800倍HD-1菌液50千克、75千克、100千克和150千克防治小菜蛾,72小时后喷施75千克、100千克和150千克的防治效果,分别为78%、76%和81%,经显著性测验差异不显著。而喷施50千克的,由于药量的不足,在蔬菜植株叶背面喷药较少,有些小菜蛾吃食不到菌液,HD-1也难以起作用情况下,防治效果只有55%。因此,在一般情况下，以每 667 平方米（1 亩）喷施 75～100 千克菌液为宜。

（三）HD-1 对小菜蛾不同龄期幼虫的影响

HD-1 制剂对初孵出的小菜蛾幼龄幼虫有较高的致死作用。用浓度为 1∶800～1 600 倍的 HD-1 菌液处理小菜蛾卵，能使初孵幼虫存活率下降至 1%～3%，而对照组初孵幼虫存活率为 69.8%。

HD-1 制剂对小菜蛾老熟幼虫有明显影响。应用 1∶1 000 倍菌液处理后，化蛹率比对照组下降了 40%，而且对其化蛹后的羽化率也仍然有影响，可比对照组的羽化率下降 87%。

（四）HD-1 制剂的残效作用

用 1∶800 倍 HD-1 菌液喷施于甘蓝，以考察 HD-1 制剂在蔬菜叶片上的存留情况及对小菜蛾的毒杀作用。并试验以雨势基本相似、相当于小雨程度的人工雨水冲刷不同时间后的毒杀作用。结果是，在冲刷 5～60 分钟的时间内，HD-1 制剂能滞留叶片上，并对小菜蛾仍有较高的毒杀作用；冲刷 24 小时，小菜蛾二、三龄幼虫死亡率为 27%～63%，48 小时为 97%～100%。

室外盆栽防治也说明，在甘蓝喷施 1∶800 倍 HD-1 菌液后，在不同时间内采叶饲喂小菜蛾三、四龄的幼虫，24 小时后改换为新鲜无毒叶片饲喂。其结果是喷施 HD-1 制剂后 0～120 小时内所采取的叶片，对小菜蛾仍有不同程度的毒杀作用；但施药 168 小时后所采叶片，对小菜蛾几乎无效。这是由于菌液在阳光的照射和露水的洗淋冲刷下，导致了毒素部分丧失而毒力下降的结果。

在田间以 1∶800 倍菌液防治小菜蛾一至四龄幼虫，按每 667 平方米（1 亩）75 千克的用量标准，均匀喷于大田甘蓝叶子的正反两面，结果是，施药后7天(168小时)田间小菜蛾虫口数量才开始上升。田间试验残效时间，HD-1制剂残效作用持续时间很长，达到7天左右。远比化学农药的残效期长。

(五)对天敌昆虫动物影响的比较

选择具有代表性蔬菜地1.33公顷(20亩)左右，考虑植被、地形、坡度和蔬菜品种布局常年搭配均衡，使用HD-1防治蔬菜害虫。选择离生防区较远，而其他条件与生防区类似的相同面积的蔬菜地做化学农药防治区。实施防治后，定时调查生防区和化防区的有益动物瓢虫、隐翅虫、草蛉、广大腿蜂、凤蝶金小蜂、蚜茧蜂、绒茧蜂以及蜘蛛、青蛙等的数量。结果表明，生防区与化防区天敌昆虫有明显差别，生防区内天敌昆虫比化防区明显多。

对应用HD-1与多种化学农药对蜘蛛产生的影响进行比较，可以得出与以上相同的结论。用浓度1∶800倍的马拉硫磷、亚胺硫磷、乐果、敌敌畏、鱼藤精五种农药处理，对草间小黑蛛、八斑球腹蛛、狼蛛、蛸蛛等四种蜘蛛48小时的死亡率，分别是53%～93%、70%～96%、40%～93%、73%～100%、53%～100%。而用1∶800倍HD-1处理的同样的四种蜘蛛则无一死亡。结果证明了HD-1对蜘蛛无害，而供试的常用五种农药对蜘蛛则有不同程度的影响。

更有意思的是，应用HD-1和化学农药对田间菜蚜僵蚜(已被天敌蚜茧蜂寄生的)进行喷杀防治，结果是用HD-1处理的僵蚜，蚜茧蜂(Diarretiella rapae)的羽化率与对照相同，为98%，而用5种化学农药处理的僵蚜，其蚜茧蜂的羽化率在0～8%。这个结果说明HD-1对蚜茧蜂羽化无不良影响，而化学农药则影响很大。

（六）防治策略

HD-1 制剂对小菜蛾各龄幼虫都有很好的防治效果。对小菜蛾二、三、四龄幼虫 50%的致死浓度分别为 0.025、0.035 和 0.12（亿孢子/毫升）。各龄幼虫的取食量分别占整个幼虫期取食量的百分率为：一龄虫为 1.3%，二龄虫为 2.5%，三龄虫为 10.6%，四龄虫为 85.5%。所以，从防治策略上考虑，防治小菜蛾的施药适期以低龄即三龄前为宜。大田防治时，可查小菜蛾发育进程确定防治适期。一般在卵盛期后 7～15 天，即孵化盛期到一、二龄幼虫高峰期施药。

从长沙地区看，春甘蓝一般受到第一、二、三代小菜蛾的危害，而春甘蓝在结球前又正是第一、二代发生的时期，此时气温逐渐上升，至 4 月中、下旬可达 20℃。由于 HD-1 制剂的残效期可达 7 天左右。因此，田间可隔 10 天左右喷药一次，即能够有效地防治并控制小菜蛾的危害，起到防治小菜蛾的第一代，压低第二代虫口基数的目的。至于秋季、冬季蔬菜，常受到小菜蛾第九至第十三代的危害。此时，也应该每隔 10 天左右喷药一次。因为 HD-1 制剂对人畜安全，所以在蔬菜整个生长期间喷药次数不需加以限制，必要时即可施用。

三、注意事项

第一，微生物农药，苏云金杆菌和 HD-1，田间使用时应较化学农药提前 2～3 天，即以在田间小菜蛾卵盛期施药为适期。

第二，该药主要是胃毒作用，经口进入肠道。因此，药液必须喷洒均匀，才能提高防虫效果。

第三，苏云金杆菌对家蚕毒力很强，所以，在养蚕区使用时，务必特别当心。一定要保持距离，以免使蚕中毒。

第三节　用性诱剂防治小菜蛾

一、我国小菜蛾性诱剂的应用情况

（一）活虫性信息素的应用

广州市郊区生产上因多年采用化学杀虫剂，所以防治小菜蛾效果都很差。为了更好地消灭虫害，1978年9月广州市蔬菜综防基点组开展了用活的雌性小菜蛾诱杀的防治工作。结果证明：①小菜蛾确有性信息素存在。用一个尼龙纱缝制成直径1.5～2厘米，长8～10厘米的圆筒纱笼，在1.5个月中，每晚平均诱得10多头雄小菜蛾，多的可诱得100～200头，也有诱集到569头的记录。②有直接诱杀成虫的作用。在53.3公顷（800亩）西洋菜、芥蓝和花椰菜等的田块，放置诱捕器4 500笼次，虫口密度大大降低。

（二）人工合成性信息素

中国科学院成都有机化学研究所，于1997年开始人工合成小菜蛾性信息素的工作，并在田间进行了测试。1979～1982年，在成都市菜地进行防治试验，明确把性诱素用于生产上，作为综合防治手段之一。先后共设性诱盆8 162盆次，诱蛾959 615头，从而降低了虫口密度，减轻了危害和损失。重庆市农业局等单位于1980～1981年春秋季在蔬菜田测试，设42钵“水盆型”诱捕器，共诱蛾44 747头。这不仅直接杀灭害虫，也在客观上反映了小菜蛾种群田间数量消长规律，及时指导了防治。

（三）性诱剂的应用

中国科学院动物研究所等单位，于1982～1983年应用小菜蛾性诱剂，在苏州甘蓝菜地和北京大白菜田中进行了诱集小菜蛾雄虫的防治。结果表明，性诱剂有良好的活性，用它制成的诱芯在苏州和北京的春季或秋季均可测出蛾高峰。其诱芯通过江苏省南通市蔬菜研究所于1983～1985年应用于蔬菜田中，尽管小菜蛾在当地发生量较少，但用性诱剂诱蛾的效果仍然十分明显。同时，此法受低温和阴雨天气的影响较小。

广东省昆虫研究所等于1983～1985年，在广州市郊的西洋菜、芥蓝、花椰菜等蔬菜地，设了三个水盆诱捕器。结果表明，小菜蛾性诱剂有很强的诱引雄蛾的作用，大发生时诱捕量很大。如1984年11月29日，一个水盆（直径30厘米）即诱捕雄蛾2 968头。1985年4月27日，一个水盆诱捕雄蛾6 074头。且以小菜蛾性诱剂诱蛾进行测报，其高峰明显，峰值突出，能适时指导防治，远胜于灯诱。

广东省农业科学院植保所等单位，于1990年10～12月份，在深圳33.33公顷（500多亩）菜田进行以性诱剂诱捕小菜蛾的防治工作。当时主要种植的蔬菜有西蓝花、芥蓝和菜心等作物。结果表明，利用性诱剂可有效控制小菜蛾田间种群，诱杀效果达到57%，再次肯定性诱剂在蔬菜上的应用，是小菜蛾综合防治体系中一项重要措施。

二、小菜蛾性诱剂的应用技术

（一）诱芯、捕虫器与诱捕方法

利用小菜蛾性信息素诱捕小菜蛾害虫，其诱捕器由诱芯和捕虫器两部分组成。诱芯即性诱剂的载体。诱芯有三种：第一种以未交配过的活雌虫放在小笼子里，让其释放性信息素。第二种是将成熟的未交配过的雌虫整体或腹末端局部研碎，用乙醚、丙酮等溶剂浸泡，并进行提取，得到性信息素的“粗提物”，然后把“粗提物”滴在滤纸、棉团等载体上制成诱芯。但由于“粗提物”中性信息素的含量少，有效期较短，需经常更换，不方便。第三种诱芯是含有人工合成性诱剂的小橡皮塞、硅橡胶片或聚乙烯塑料管等。这样的诱芯活性好，效力高，有效期长，使用方便，而且受外界因素的影响小。小菜蛾性诱剂的化学成分是顺-11-十六碳烯醛和顺-11-十六碳烯乙酸酯，及增效成分顺-11-十六碳烯醇。这种人工合成的小菜蛾性信息素是被吸附在瓶塞状的红橡皮头制成的诱芯中。将诱芯放到菜田间，性信息素便缓慢挥发扩散，诱集附近和飞动的小菜蛾雄虫。

捕虫器的种类很多。有一种是粘胶捕虫器。将粘性好、不易干的粘胶，涂在浸过蜡的硬纸板上。粘胶捕虫器形式多样，有船形、菱形、筒形和杯形等多种形式。粘胶捕虫器使用方便，但费用高。目前国内用得最多的是水碗、水盆或水桶等捕虫器，这种捕虫器的口径越大，效果越好。

诱捕方法一般用铁丝横穿诱芯，平放在水盆上，盆内水面离诱芯 1 厘米，并加少量洗衣粉。水盆平放在菜田中，盆应高于作物约 30～40 厘米，并随作物的生长而加高。诱芯每天傍晚放出，早晨收回，20～30 天更换一次。每天上午数虫，数后把虫除去，并补充适量水分。

（二）小菜蛾性诱剂的配比与剂量

在田间应用三种诱芯，进行诱蛾效果比较。诱芯 Ⅰ 是顺-11-十六碳烯醛、顺-11-十六碳烯乙酸酯和顺-11-十六碳烯醇，配比为 5∶5∶0.1。诱芯 Ⅱ 是诱芯 Ⅰ 中各含 1.5％的反式异构体。诱芯 Ⅲ 是顺-11-十六碳烯醛和顺-11-十六碳烯乙酸酯，配比为 1∶1。经三次重复、六天试验，结果是诱芯 Ⅰ 的诱蛾效果大大增加，比诱芯 Ⅲ 增效 6～10 倍。在三种成分中，以各含 1.5％的反式异构体的诱芯 Ⅱ 诱蛾活性明显下降，但仍比诱芯 Ⅲ 为高。

继而在大白菜田间用诱芯 Ⅰ，按四种不同载量，即 10 微克、50 微克、100 微克和 200 微克，用水盆诱捕器进行 30 天的诱蛾试验。结果是 50 微克载量的诱蛾效果最高，其次是 10 微克和 100 微克的，而 200 微克的诱蛾效果较低。在前 9 天内，第一天 10 微克的诱蛾量最高，随后每天的诱蛾量都是 50 微克的最高，尤其第七天高峰期最为突出。从综合高效和持效性两方面考虑，50 微克对小菜蛾是适宜的载量。

（三）盆数与诱蛾的关系

在三个地区，选用条件一致的菜田做防治试验。每个地区每 667 平方米（1 亩）分设小菜蛾性诱素 3 盆、5 盆、10 盆，并重复 3 次，共计 6 000 平方米（9 亩），54 盆。盆的口径为 20 厘米，剂量用胶塞，30 微克。结果三个点诱蛾盆的比例规律一致，3 盆的、5 盆的、10 盆的，其各盆的诱蛾均数比为 1∶1.5∶2.6。可见在性诱素相同的情况下，盆数多少与诱蛾量成正比。这与 3 盆、5 盆、10 盆本身的比值，即 3∶5∶10＝1∶1.6∶3.3，也是一致的。盆多比值大，盆少比值小，仍然是正比。这再一次证明性信息素具有防治作用。

（四）性诱有效距离的测试

选择管理一样，栽培期相同的菜心和西蓝花各三块地，每块地面积为 6 666.7 平方米（10 亩）左右，置诱芯 14 天后调查不同距离虫口密度，同时，试验期间每天调查各诱芯的诱蛾数。以 25 米、30 米处的虫口密度差异不显著，但均高于 2 米、10 米、15 米、20 米处，因而确定性诱有效距离为 20～25 米。

（五）性诱剂诱杀效果与虫口密度的关系

据广东省农业科学院等单位 1990 年在深圳进行测试，供试的三块菜心田的小菜蛾种群密度不同，可分高、中、低三种。菜心地Ⅰ由于试前虫口密度较低，置诱芯 14 天后诱杀效果达 57%；而在菜心地Ⅱ和Ⅲ，由于试前虫口密度较高，诱杀效果仅分别为29%和25%。这表明在小菜蛾种群密度中等或较高的情况下，性诱效果不理想；而在低密度下，性诱剂对小菜蛾种群有较好的控制效果。

（六）小菜蛾性诱剂可监测雄蛾田间动态

田间设置诱集器，以2小时为时间间距，调查小菜蛾雄蛾一天中不同时间被诱集的数量。其结果是，一天当中，夜间（18:00～次日6:00）诱蛾占88%，而上半夜（18:00～24:00）的诱蛾量是一天的72%，其中18:00～20:00时占35%。客观表明小菜蛾性活动夜间多，主要在18:00～24:00这段时间，而18:00～20:00时活动最频繁。

1983～1985年，南通市蔬菜研究所将小菜蛾诱芯较好地应用于测报，结果是其诱蛾量的消长和田间幼虫量的消长基本一致。1983年和1984年，每年均有一个明显的高峰和一个低谷。1985年则只有春峰，而无秋峰。

1984年，他们对用黑光灯诱蛾和用性诱剂诱蛾方式进行比较。以春蛾量相比，用性诱剂诱蛾的分别于4月中旬、6月上旬和7月上旬出现三个高峰，而且一个高峰比一个高峰的蛾量大。后两个高峰和田间的两个幼虫高峰相吻合。而用黑光灯诱蛾的仅在4月下旬出现一次小高峰，比用性诱剂的第一个蛾高峰推迟了10天。到6月中旬用黑光灯已诱不到蛾了。

他们的测试还表明，用性诱剂诱蛾比用黑光灯见蛾期早，蛾量大。1984年和1985年用性诱剂诱蛾，见蛾期分别为3月25日和3月18日；而用黑光灯诱蛾的见蛾期分别为4月23日和5月6日，要迟1～2个月。1984年南通市郊区病虫测报站报道，从3月25日至7月17日，用性诱剂有89天诱到蛾，占该期内总诱蛾天数的82%，平均每个诱芯累计诱蛾1 813

头，在诱蛾高峰期的6月6日至10日，平均每个诱芯每天诱蛾86～200头。而用黑光灯只有23天诱到蛾，仅占总诱蛾天数的21%，累计诱蛾量仅有46头，约为性诱剂诱蛾量的1/40。

南通市蔬菜研究所通过三年对小菜蛾性诱剂的诱蛾测报，结果表明，性诱剂诱集小菜蛾比黑光灯诱蛾见蛾期早，诱蛾量高，蛾高峰明显，能比较准确地反映田间小菜蛾种群的数量动态，具有准确、简便、安全的优点。

第四节　用小菜蛾绒茧蜂防治小菜蛾

小菜蛾绒茧蜂(Apanteles pluttellae)，属膜翅目茧蜂科，是小菜蛾幼虫的重要天敌之一，对于控制小菜蛾自然种群有积极作用。

一、小菜蛾绒茧蜂的识别

小菜蛾绒茧蜂成虫体为黑色。雌蜂体长2.0～3.0毫米，前足基本上是赤褐色，翅基片暗红色，翅透明，翅痣和翅脉为褐色。头横形，有细细的皱纹，脸凹陷。单眼成正三角形排列。触角长度不足体长的2倍。中胸背板光滑，具斑纹。小盾片光滑，胸腹节有粗糙的皱纹，中央有凹陷的纵室和脊。翅的经脉折成角度，第一段与肘间脉近等长，痣后脉与翅痣等长。后足基节有皱纹，胫节长度为基跗节的一半。腹部的第一节背板基部有凹陷，中部膨起，具短的纵脊，背面密生粗皱纹；第二节背板宽横，背面均有粗皱纹；后面各节背板通常也有较细的皱纹。雄蜂体长1.8～2.5毫米。足大部分为黑色。触角较长，约为体长的3倍。腹节背板上的皱纹及其密度比雌蜂更明显。小菜蛾绒茧蜂的卵为乳白色，约0.5～0.55毫米，长椭圆形，稍有弯曲。产出20小时以后一端膨大。

小菜蛾绒茧蜂的一龄幼虫，体长约0.7～0.75毫米，头部膨大，末端窄小，有一长尾突。体表多刚毛，上颚细而尖。二龄幼虫体长约1.5～2.0毫米，圆筒形，尾突较短小，体表无刚毛，末端有一圆形大臀泡，上颚粗短而钝。三龄幼虫体长2.5～3.5毫米，蛆形，尾突消失，臀泡小。上颚细长，有细齿。老熟幼虫化蛹前做淡米黄色绒茧，单粒，茧长约3～4毫米，宽1～1.5毫米。茧内的蛹为黄白色，长约2.5～3.0毫米。

二、发生和寄生特点

小菜蛾绒茧蜂是小菜蛾幼虫的重要寄生蜂，对小菜蛾自然种群控制显著。20世纪70年代在杭州调查中发现，有的萝卜地的最高寄生率达59%，一般情况下寄生率很低，仅在1.3%～18.4%之间。在福建省的秋季，其自然寄生率可高达40%。

小菜蛾绒茧蜂在福建省一年可繁殖16代，田间在8月下旬至10月中旬种群数量最大。在温度为27℃左右、相对湿度为60%～85%时，其完成一个世代需11.1天。卵期平均1.6天。一龄幼虫1.5天，二龄幼虫3天，三龄幼虫1天，预蛹期1天，蛹期3天。雌蜂可活25天左右，最长的可达70天。雄蜂约活14～15天。冬季在福建省田间仍可见成蜂活动，无生理滞育现象。室内温度18～27℃下，可终年用小菜蛾繁蜂。羽化成蜂当天即可交尾、产卵。除潜蛀在菜叶组织内的一龄幼虫不被产卵寄生外，其他各龄幼虫均可被寄生。小菜蛾绒茧蜂最喜产卵于小菜蛾的二龄末和三龄初的幼虫体中，但以三至四龄幼虫被寄生的多。四龄后期幼虫虽仍可被寄生，但有的不能正常化蛹，或化蛹后不能羽化。在小菜蛾幼虫数量不多时，雌蜂可在同一头幼虫体上多次产卵，然而，最终只能有一头幼虫能正常发育。

成蜂产卵期可达20天左右，第十天寄生率可达51%。一只雌蜂产的卵可寄生90～172头幼虫，平均可寄生112头。每只雌蜂平均每天可寄生11.8头幼虫。平均成茧率可达36%。雌蜂还能以产卵器刺伤小菜蛾的幼虫，造成机械伤亡。成蜂冬季在温度为0～5℃的早晚，均静伏菜株叶背、心叶及向阳、避风的杂草丛中。在13℃以下活动迟缓。在15℃以上时开始活动，正常交尾产卵。光线对成蜂活动有明显的影响，在强光下，成蜂活动剧烈，常常飞翔；在弱光下，均以爬行产卵；在黑暗条件下，静伏不动。

三、小菜蛾绒茧蜂的繁殖技术

（一）寄主的繁殖

目前室内仍用小菜蛾作为繁殖小菜蛾绒茧蜂的寄主。首先要收集小菜蛾的卵。将从田间采到的小菜蛾蛹或室内饲养的蛹，放到木箱中，让其羽化。在箱一端的收蛾孔插一玻璃管，收集成虫。收集到的成虫，先喂以补充营养，然后置于蛾的产卵筒中。产卵筒用厚纸制成，筒的内壁衬以皱纹纸（卫生纸也可），使小菜蛾在皱纹纸上产卵。每24小时更换一次皱纹纸。然后将有卵的纸即卵箔纸放入温度为23℃左右、相对湿度为65%～75%的培养箱中孵化。

饲养幼虫，可用发芽的萝卜或油菜作饲料，在半无菌下开放饲养幼虫。做法是：用500毫升的罐头瓶或30厘米×20厘米×2.0厘米瓷盘饲养。如用前者，则在塑料瓶盖正中挖一圆孔，内衬40目尼龙纱。如用后者，则在盘上盖40目尼龙纱，再盖上玻璃板。先将菜籽洗净，浸泡5～6小时，在容器底铺层吸水纸。每瓶放5克菜籽，每盘放40克，置25～28℃下饲养至化蛹。老熟幼虫大部分在上面的尼龙纱网上结茧化蛹。然后将此纱网放入成虫羽化箱内，待羽化后收蛾，再继续繁殖，经

10代左右，再从田间换虫种以防退化。

（二）蜂种的饲养

从田间采回小菜蛾绒茧蜂茧40只，分别放入5个长8厘米，直径2厘米的指形管中，羽化后按雌雄比2∶1移放入15厘米×10厘米×5厘米的长方形玻璃匣繁殖箱，让其交配。为了形成有利于交配的条件，可在繁殖箱的两面贴上白色油光纸。在白天室内自然光照下，箱中会形成弱散射光。进箱后24小时，可将蜂引出，遮光保存备用。

（三）繁蜂方法

一种是灯管繁蜂法。灯管长21厘米，直径为3厘米。用毛笔将三龄初小菜蛾幼虫移入灯管内，按一头雌蜂30条小菜蛾幼虫的比例，让蜂产卵寄生。经4小时左右后，将蜂引出，保存蜂种。再用毛笔将被寄生的幼虫移到菜苗上饲养，直到绒茧蜂咬破寄主体壁结茧为止。然后将蜂茧收集在指形管中，冷藏贮存备用。

另一种是大棚繁蜂法。用120目铁丝网做一个长2米、宽1.5米、高1.8米的大棚，棚顶和四周用黑布遮盖，棚内安装8瓦日光灯2盏，然后把盆栽的菜苗接上二、三龄小菜蛾幼虫，放在木架上。同时将交配过的雌雄蜂一同放入棚内让其寄生。

在以上两种繁蜂法中，以灯管繁蜂率高，平均为74%，最高寄生率可达95%，最低亦达61%。这表明灯管范围小，蜂易接触幼虫，所以寄生率高。但是，灯管繁蜂较费工，不能大量繁殖蜂种。大棚繁蜂寄生率低，平均仅为35%。

（四）成蜂的饲养

小菜蛾绒茧蜂成蜂的生存需要补充营养。补充营养对成蜂的寿命和产卵有密切的关系。在20℃下，饲以30%的蜜水作补充营养，可存活25天。如果不补充营养，它只能存活3～

4 天。在野外，不难看到绒茧蜂成蜂吮吸花蜜、露或菜叶的汁液。所以在蜂种的饲养或繁蜂的各个环节，只要有成蜂存在，都应提供 30%蜜水的补充营养。可以用棉花团浸 30%蜜水，或者将 30%蜜水直接喷洒在菜叶上让其取食。

(五)蜂茧的冷藏与贮存

为了积累大量的小菜蛾绒茧蜂供田间释放，应将每批绒茧蜂置于低温下保存。为了寻找冷藏的适宜温度，有人曾把蜂茧放在－4～－6℃、5℃和 8℃ 三种不同温度下贮藏。冷藏试验结果表明，8℃时贮藏 15 天左右较适合，羽化率为 86%，23 天后，羽化率为 79%。而在 5℃下贮藏 13 天羽化率为 75%，贮藏 41 天，羽化率仅 22%。在－4～－6℃下贮藏 15 天，羽化率为零。

冷存时期以绒茧蜂结茧 2 天内，处于预蛹期为宜。冷存中应注意湿度，不可过干或积水。成虫也可短期保存，方法是先给补充营养，然后置于 10～13℃下，并遮光，可延长寿命 30～40 天，而不影响产卵寄生。

四、小菜蛾绒茧蜂的应用技术

在小菜蛾危害的田间，释放一定数量的绒茧蜂，增加田间种群数量，可发挥天敌控制的效果。其具体应用技术如下：

(一)放蜂适期

通过田间多次释放绒茧蜂的试验，表明田间放蜂应控制在小菜蛾孵化高峰期后的 2～3 天，即以小菜蛾三龄初幼虫为适宜的防治虫期，此时寄生率才会高。

(二)放蜂量

放蜂量多少，视田间小菜蛾幼虫密度而定，一般以蜂与小菜蛾幼虫比例为 1∶50～80 为宜。福建省三明市在 0.1 公顷包菜田放 4 100 头，寄生率为 44%，如果放蜂量增加达 1.2 万头，寄生率会进一步提高。

（三）放蜂方式

可把绒茧蜂放在竹筒内，置于菜田中。也可以在傍晚光线稍弱下释放成蜂。

（四）放蜂应与药剂防治相协调

若田间小菜蛾幼虫数量较大，可先喷苏云金杆菌制剂，过三天后再放蜂为宜。也可以性诱剂进行诱捕。

成蜂对敌敌畏、溴硫磷等化学农药均极敏感，放蜂时间与施农药时间的间隔切忌太短。放蜂后如果菜田虫情处于非施药不可时，应检查被寄生幼虫，等到寄主体内绒茧蜂发育到三龄后期，或已结茧化蛹，抗药性较强时再喷药。

合理使用农药是非常重要的。如使用苏云金杆菌 HD-1 防治小菜蛾幼虫，每 667 平方米（1 亩）用 0.1～0.15 千克加水 75～100 升，防治效果可达 90%左右，对天敌亦无影响。不可用敌敌畏等农药，否则会造成大批蜂茧不能羽化。

第十一章　斜纹夜蛾的生物防治

第一节　斜纹夜蛾的识别、发生和为害特点

一、斜纹夜蛾的识别

斜纹夜蛾（Prodenia litura），又称莲纹夜蛾，属鳞翅目夜蛾科，是世界性害虫。它在我国分布普遍，从南方到北方，各地都有发生。

斜纹夜蛾成虫为深褐色。体长14～20毫米，翅展35～40毫米。胸部背面有白色丛毛；腹部前数节背面中央具有褐色丛毛。前翅灰褐色，斑纹较复杂，内、外横线均为灰白色，波浪形，中间有白色条纹，环状纹不明显，肾状纹前部白色，后部黑色。环状纹和肾状纹间，由前缘至后缘，其外方有三条白色斜纹，故名斜纹夜蛾。

斜纹夜蛾卵呈扁半球形，直径约0.4～0.5毫米。初产出时为黄白色，后变为淡绿色，将孵出幼虫时顶部呈现黑点，并变为紫黑色。卵粒集中成块，卵块由3～4层粒组成，并有灰黄色疏松的绒毛覆盖。

斜纹夜蛾的老熟幼虫体长35～47毫米，头部黑褐色。体色常因寄主和密度的不同而有变化。初孵出的幼虫为绿色，以后各龄颜色渐深，土黄色、青黄色、灰褐色和暗绿色均为常见色泽。体躯有许多不明显的白色斑点，从中胸至第九腹节在亚背线内侧有近似三角形的黑斑一对。胸足近黑色。

斜纹夜蛾的蛹，长约15～20毫米，赤褐色至暗褐色。腹部背面第四至第七节各有一小刻点；末端有一对短而弯曲的刺，刺的基部是分开的。

二、发生和为害特点

斜纹夜蛾是一种食性很杂的暴食性害虫。寄主植物有近300种，其中较喜取食的约90余种。在蔬菜中，它主要危害白菜、甘蓝、辣椒、番茄、瓜类、菠菜、马铃薯、茄子、苋菜、葱和韭菜等。其中受害最重的，是水生蔬菜、十字花科蔬菜与茄科蔬菜。

斜纹夜蛾以幼虫危害叶片、花蕾、花及果实。大发生时能将全地块作物吃成光杆，以至要补种或毁种。1958年全国大发生，不少地区损失严重。对大白菜、甘蓝等叶菜类蔬菜，它常钻入菜心部，把内部吃空，造成腐烂和污染，使之失去食用价值。

斜纹夜蛾是无滞育现象的害虫，条件合适可全年发生。在华北地区一年发生4～5代，长江流域一年发生5～6代，福建一年发生6～9代，广东、台湾等地可全年繁殖。

成虫昼伏夜出，栖息在植株茂密处、落叶下、叶背、杂草丛中甚至土块缝隙中，傍晚出来活动，取食，交尾，产卵。飞翔时有群集性，常集在开花植物上。有趋光性，对酸、甜、酒等及发酵物都有趋性。每头雌蛾平均产卵3～5块，每块有卵粒100～200粒。成虫需补充营养，取食糖蜜水的平均产卵580粒，最多可达2 000粒以上。产卵期一般为6～15天，卵多产在植株高大、茂密、浓绿的边缘作物上，以中部居多。

幼虫共六龄。初孵出的幼虫就在卵块附近取食，三龄前食叶肉，留下叶片表皮和叶脉，呈现纱孔状斑块，后变成黄色，极易识别。一龄幼虫日夜取食，惊扰后四处爬散或吐丝下垂，或假死落地。二龄后开始分散，四龄以后进入暴食期，五、六龄时的食量占其总食量的80%左右。晴天在阴暗处或土缝中栖息，多在傍晚出来寻食为害。老熟幼虫入土在1～3厘米处筑土室化蛹。土壤板结时，可在枯叶下化蛹。其发育适温较高，为28～30℃，蛹期为8～11天，平均9天。

斜纹夜蛾是一种间歇性猖獗为害的害虫。目前对它猖獗为害的特点还有许多问题不甚了解，如年份间呈间歇性大发生的虫源问题。有人曾提出，斜纹夜蛾有些似粘虫和稻纵卷叶螟那样，是南北迁飞的害虫。

第二节 用核型多角体病毒防治斜纹夜蛾

斜纹夜蛾核型多角体病毒对斜纹夜蛾有较好的防治效果。这种病毒是1960年在广州地区发现并开始研究的。1964年又在河北、南昌等地找到了感染核型多角体病毒的斜纹夜蛾。

一、斜纹夜蛾核型多角体病毒病症状

幼虫感染斜纹夜蛾核型多角体病毒病的最大特点是发育缓慢,感染后的第一次蜕皮时间,与正常幼虫相近,以后即不再蜕皮或时间拉得很长。在种群中,病虫较正常的幼虫显著为小,整个发病过程中,病虫较正常健康幼虫要落后1～2个龄期。病虫体色变化较大。正常幼虫腹面为深绿色,在温度为30℃的条件下,感染后2～3天,病虫腹面即出现粉红色,以后红色逐渐加深。体色较深的幼虫尤为明显,体色浅的病虫多是暗灰白色,但在腹足间或腹侧多可见到粉红色。

幼虫发病的后期,行动迟钝,食欲减退,死亡前半天至1天停止取食,粪便变稀。病虫还有相互残杀现象,这在正常种群中极少发生。在同一养虫缸出现死虫时,若不及时取出,其他垂死的病虫便很快将死虫吃光。在自然条件下,濒临死亡的幼虫常爬向植株上部,以腹足抓住小枝,虫体倒挂下垂或附着于枝叶上死亡。幼虫死后并无恶臭,表皮极脆弱易破,有些病虫在死亡以前其腹背后端即已破裂,流出乳白色液体。有时,这种液体亦带粉红色。

显微镜下观察表明,斜纹夜蛾核型多角体病毒的形状是不规则多角形。从它的立体图象可以看到,多角形各个面的形状和大小是不一样的。因此,它不是那种固定形状的正多角

体。有的多角体表面是台阶状，有的多角体表面无明显的角，近似球形的样子。多角体直径为1.2～3.4微米。多角体具有强折光性，在显微镜下观察很透亮。质硬而脆，受压后，可由中心向外碎裂成若干个小块。多角体含有许多杆状病毒粒子。

斜纹夜蛾核型多角体病毒的粒子呈杆状，常常成束存在。每束含的病毒数量为2～10个，也有单个存在的。病毒粒子长270～400纳米。

二、核型多角体病毒的繁殖技术

（一）病毒毒株采集

斜纹夜蛾核型多角体病毒可由蔬菜地的病虫中分离而得到。

（二）病毒繁殖

将每毫升约含100万个左右多角体病毒的死虫组织液过滤后，涂抹在菜叶上，稍干后即用以饲喂养虫室内三、四龄的斜纹夜蛾幼虫。1～2天后改用清洁叶片，并经常检查发病情况，随死随收，以免死虫腐烂无法收集。同时要防止活虫吃死虫。

（三）病毒保存

可以采用以下多种方法保存病毒：

第一，可将病死幼虫直接装入洗净的旧青霉素小瓶，盖好放于4℃冰箱中保存。

第二，将病死幼虫或虫尸的捣碎液装入小瓶中，加甘油和少量青霉素，放于4℃冰箱中保存。

第三，将病死幼虫经离心获得粗提纯的病毒，分装于安培瓶内，经约2小时冰冻干燥，在真空下将安培瓶封口，放于4℃冰箱中保存。

三、核型多角体病毒的应用技术

（一）病毒的专化性强，不能广泛应用

斜纹夜蛾核型多角体病毒有专一性，只能感染斜纹夜蛾幼虫。经试验，用斜纹夜蛾核型多角体病毒，对小地老虎、黄地老虎、粘虫和家蚕等进行感染试验，结果表明，四种昆虫对斜纹夜蛾核型多角体病毒都不敏感，说明这种病毒的专化性是比较强的。在生产实践中，它只能用以防治斜纹夜蛾。

（二）病毒对不同龄期幼虫的侵染

斜纹夜蛾核型多角体病毒，是一种毒力较强的病原微生物，在一定条件下，能引起斜纹夜蛾幼虫大量死亡。实验表明，病毒对一至五龄幼虫均有侵染力，化蛹后亦有相当数量在蛹期死亡。以一至三龄最为敏感，四至六龄幼虫在较低温度下，得病率较低。在温度27℃及相对湿度70％～90％的条件下，病毒对二龄幼虫致死的浓度为2.3×10^{6}多角体/毫升。不同虫龄对病毒的敏感性显然是不相同的。因此，在大田防治中应当选择在幼虫低龄时期，即在三龄前进行，而在人工感染幼虫、进行病毒制剂生产时，则可采用虫龄较大的幼虫，这样病毒的收获量可以大大提高。

（三）不同病毒剂量对幼虫的作用

各种病毒对幼虫的感染力是不同的，这是病毒制剂的重要特性之一。另外，病毒对幼虫的感染力，还与病毒的应用量有密切关联。试验用1×10^{5}、1×10^{6}、1×10^{7}、1×10^{8}和1×10^{9}多角体病毒/毫升五种浓度的悬液，在25℃的恒温下，对三龄幼虫进行了测定，每种浓度一次试虫100头，重复2次。结果在测定的浓度范围内，幼虫感病死亡率为46％～100％，死亡率随多角体病毒浓度的增高而增加，致死的浓度为1×10^{5}多角体病毒/毫升。

感染后不同时间的幼虫率曲线图表明，多角体病毒浓度低则曲线往后移，说明死亡时间随病毒浓度的降低而延长，幼虫死亡时间与多角体病毒浓度成负相关。另一试验亦表明，在使用每毫升稀释液含多角体病毒 $2\times10^{7}\sim10^{8}$ 的范围内，一至二龄幼虫最敏感，尤以二龄幼虫敏感度最大，死亡速度最快，通常的死亡率均达 100%。三、四龄幼虫次之，死亡率在 80%～90%之间，五、六龄幼虫抗性最强，五龄幼虫死亡率为 57.14%～66%，而六龄幼虫死亡率仅达 34.79%～36.84%。

(四)幼虫取食不同饲料与病毒产量的关系

试验用斜纹夜蛾取食的慈姑叶和芋叶为饲料，喂养 4～6 龄幼虫，经人工感染后从各组死虫中取样检查，将虫尸先行称重后，磨碎稀释成一定倍数的悬浮液，用血球计数器测数后，换算为每克死虫含多角体病毒数，再加以比较。结果表明，不同饲料对核型多角体病毒的产量没有明显的关系。如果以每头虫含多角体病毒的平均数率比较，那么，以芋叶作饲料的病毒产量高。每克死虫含核型多角体病毒的数量，有随虫龄增大而减少的趋势。这可能是由于高龄幼虫死亡后体内尚含有较多的饲料、排泄物及水分的原因。

(五)温度、阳光与病毒感染的关系

温度的高低与病毒感染潜伏期的长短有关。在一定幅度内，温度低则潜伏期长；温度高则潜伏期短。同一浓度与龄期，温度高，死亡速度快，死亡率高；温度低，死亡速度慢，死亡率低。以致死时间计，在 22℃下为 9.3 天；30℃下为 5 天。在 22℃条件下，感病 10 天后只有 60%死亡，而在 24℃、27℃和 30℃情况下，则分别在第十天、第九天、第八天 100% 死亡。

阳光下，一般病毒在数日内即会大部分丧失感染力。为了明确斜纹夜蛾在田间植株上感染力能维持多久，曾进行了两组试验。第一组用较高浓度 5×10^8 多角体病毒/毫升，喷洒叶面、叶背，叶与叶间有时可被遮荫；另一组浓度较低，为5×10^7多角体病毒/毫升，只喷叶面，同时仅选取上层的一些叶片，可终日受阳光照射。喷后按一定时间间隔采叶喂虫，24 小时以后换无病毒鲜叶喂虫。结果表明，第一组试验中，由于叶背没有受到阳光照射或照射时间较短，而且浓度较高，因此在 7 天内仍能保持很高的感染力，至第九天以后，感染力才迅速下降。第二组试验条件与上组相似，但在阳光的直接照射下，感染力损失很快，两天后降低了 50%左右，9 天后感染力全部丧失。这主要是由于阳光中所含紫外线的灭菌作用的结果。

（六）病毒与苏云金杆菌的混合感染效应

用两种微生物同时感染昆虫时，有时产生一种微生物促进另一种微生物的感染，有时则没有这种作用。一般斜纹夜蛾幼虫对苏云金杆菌类不敏感，但是在病毒感染后能否促进该种幼虫对苏云金杆菌敏感，或者苏云金杆菌促进病毒病的发生呢？为了解决这个问题，便将苏云金杆菌（1 亿孢子/毫升）和病毒（5×10^7 多角体病毒/毫升）进行了混合感染。结果说明，病毒感染未能促使幼虫对苏云金杆菌敏感，苏云金杆菌的感染亦未能增加病毒病的死亡率或加速幼虫的死亡。

四、防治效果

在广东地区，以浓度为 1×10^7 多角体病毒/毫升防治菜地三龄斜纹夜蛾幼虫，喷病毒后每日检查。4 天后在防治区内开始收集到感病死虫，6 天后防治效果达到 72%。后来，又在菜地进行了罩笼试验。以浓度为 1×10^8 多角体病毒/毫升防治斜纹夜蛾幼虫，防治效果为 98%，植株无受害。喷 1×10^7 多角体病毒/毫升的笼内防治效果为 92%，植株受害较轻。其他无病毒防治的邻近田间，植株几乎全被吃光。

第十二章　银纹夜蛾的生物防治

第一节　银纹夜蛾的识别、发生和为害特点

一、银纹夜蛾的识别

银纹夜蛾(Argyrogramma agnata)，又名菜步曲，属鳞翅目夜蛾科，是分布于全国各地菜区的杂食性害虫。主要危害甘蓝、萝卜、芜菁、白菜等十字花科蔬菜，还能危害豆类、茄类等。

银纹夜蛾成虫体为灰褐色。体长12～17毫米，翅展30～33毫米。前翅深褐色，有两条银色横线纹。翅中央有一条"U"形的银色斑纹和一个近三角形的银色斑点。后翅暗褐色，有金属光泽。它的卵为淡黄绿色，馒头形，直径0.5毫米左右。幼虫为淡绿色，长约30毫米，体躯前端较细，后端较粗。背线白色，双线，亚背线白色，气门线黑色，气门黄色。第一、二对腹足退化，行走时体背拱曲，故常称为菜步曲。

初化的蛹体背为褐色，腹面为绿色。将羽化时全体变为黑褐色。体长18毫米左右。体外常有稀疏的白丝茧。

二、发生和为害特点

银纹夜蛾为夜蛾科杂食性害虫，危害豆、茄、莴苣、生菜和多种十字花科蔬菜。以幼虫咬食叶片，将叶片咬成孔洞、缺刻。如防治不及时，会造成严重减产。1996年，甘肃省定西县0.6

万公顷豌豆田发生银纹夜蛾，占豌豆种植面积的60%，结果减产10%～20%，损失豌豆130万千克。

我国各蔬菜、大豆、花生产区，均有银纹夜蛾分布，以黄河、淮河、长江流域各地区发生较多。在湖南，银纹夜蛾一年发生6代，以蛹越冬，在4～12月份为害，春季一般较重。在福建则以9月份为危害盛期，10月下旬开始化蛹越冬。在浙江杭州一年发生4代左右，4～5月份始发蛾，11月下旬无蛾，8月下旬为发蛾高峰，7月初危害大豆严重，8月下旬到9月上旬为幼虫盛发期，主要危害豆科和十字花科蔬菜。在山东一年发生2～3代，主要危害大豆，是大豆的暴食性害虫。

银纹夜蛾成虫在傍晚活动。对黑光灯趋性强，白天静止在植株丛中，受惊后作短距离的飞行，成虫趋向于茂密的豆田产卵，卵散产在豆株的上、中部位的叶背，卵期3～6天。初孵出的幼虫吐丝下垂，转移取食，在叶背食叶肉，受害叶片成为纱网状；三龄后幼虫主要危害上部嫩叶，造成孔洞；四、五龄幼虫进入暴食期。幼虫有避光的习性，白天强光下活动较弱，早晨或傍晚为害最盛，阴天时幼虫则整天为害。老熟幼虫在叶背结茧化蛹，蛹期7～11天。

第二节　用SD-5菌剂防治银纹夜蛾

一、用SD-5菌剂防治银纹夜蛾幼虫的技术

苏云金杆菌SD-5菌株，是山东师范大学等单位从霜天蛾（Psilogramma menephron）虫尸体中筛选获得的，属血清型H3a3b。

SD-5中试产品是山东定陶生物化工厂中试生产的悬浮剂。

（一）SD-5 孢晶混合物对银纹夜蛾幼虫的毒力

测定结果表明，银纹夜蛾幼虫的死亡率，随孢晶浓度的增加而提高。SD-5 孢晶感染三龄幼虫 48 小时的 50%致死浓度为 6.13×10^6 个孢晶/毫升，感染 72 小时的 50%致死浓度为 3.85×10^6 个孢晶/毫升。

（二）SD-5 菌剂对不同龄期幼虫的作用

幼虫按一、二、三、四龄（及以上）分成四个组，处理分 0.5 亿孢晶/毫升和 0.1 亿孢晶/毫升。统计结果是，银纹夜蛾幼虫龄期越大，对 SD-5 越不敏感，这种趋势不因施药浓度而有所改变。在施药浓度为 0.5 亿孢晶/毫升的情况下，四龄以上幼虫达到 90%以上死亡率的时间需 72 小时，而一龄幼虫仅需 24 小时，二、三龄幼虫需 48 小时。

（三）SD-5 菌剂对银纹夜蛾化蛹及羽化的影响

通过 SD-5 添食感染的银纹夜蛾幼虫，化蛹受到较大影响，0.05 亿孢晶/毫升处理组出现不正常的畸蛹率为 30%，0.01 亿孢晶/毫升处理组的畸蛹率为 21%。

（四）SD-5 菌剂在田间的残效期

随着 SD-5 菌剂喷后时间的延长，对银纹夜蛾幼虫的残毒作用逐渐降低。至第四天，杀虫效果降至原来的 50%。至第八天，毒效只有 10.3%。

（五）SD-5 菌剂对天敌昆虫的种类和数量的影响

施 SD-5 菌剂 8 天后，进行了田间的系统调查，结果表明，SD-5 菌剂防治区天敌的种类和数量，都显著比化防区高。其中如寄生蝇多 4 倍，寄生蜂多近 2 倍，食虫虻多近 3 倍，螳螂多 4 倍。这说明 SD-5 菌剂对天敌昆虫无不良影响。

二、防治效果

田间小区防治结果表明，喷施 SD-5 菌剂 1 亿孢晶/毫升、0.5亿孢晶/毫升、0.2亿孢晶/毫升悬液，4天后，防治效果分别达到94%、94%和87%；6天后，防治效果分别达到98%、97%和90%。喷施1亿孢晶/毫升和0.5亿孢晶/毫升两种浓度SD-5菌剂的防治效果无明显差异。喷施0.2亿孢晶/毫升浓度的SD-5菌剂，6天后的防治效果，与1 500倍杀灭菊酯近似，喷施SD-5菌剂0.5亿孢晶/毫升浓度与1亿孢晶/毫升浓度的防治效果，均高于1 500倍杀灭菊酯。

1992～1993年，山东省郓城、定陶、章丘三县市以SD-5菌剂防治菜田银纹夜蛾，共示范3.68公顷，推广应用120公顷，平均防治效果为92%，比化防（40%久效磷800倍）的89%的防治效果提高了许多。

第三节 用核型多角体病毒防治银纹夜蛾

一、我国有银纹夜蛾核型多角体病毒资源

据调查表明，在保定和成都等地区有银纹夜蛾核型多角体病毒的存在。20世纪70年代末，四川大学生物系在成都地区菜地的银纹夜蛾病虫中，获得了银纹夜蛾核型多角体病毒成都株系，代号为PaNPVCD1-79。中国科学院动物研究所1980年，在河北保定地区采集到银纹夜蛾的卵块，卵块孵化的幼虫发病死亡。他们即从中发现了该虫的核型多角体病毒NPV。多角体病毒呈四边或五边形，大小为1.11～2.1微米，平均为1.6微米。病毒粒子成束为多粒包埋。

二、用核型多角体病毒防治银纹夜蛾的技术

(一)病毒侵染幼虫的有效龄期

试验用浓度为1×10^6多角体病毒/毫升的病毒溶液，分

别对二、三、四、五龄幼虫进行室内和田间侵染试验。结果表明，此病毒对银纹夜蛾的五龄期前幼虫均有较强的侵染力，防治效果一般都能达到95%左右。

(二)阳光对病毒防效的影响

阳光中的紫外线对病毒的活力具有一定的减弱作用。不同株系病毒的活力受阳光减弱的程度是不一样的，有的十分严重，有的较轻，甚至不明显。据室内和田间试验表明，日照时间在4小时之内，对银纹夜蛾核型多角体病毒的活力无影响；日照8小时后，其活力才出现降低的趋势。由此可见，该病毒抗阳光的作用较强，在生产实践应用中可以不必考虑附加防护剂。

(三)病毒侵染的有效温度

该病毒侵染幼虫的程度与温度有密切关系。根据银纹夜蛾幼虫发生期的气候特点，在室内进行了从20℃到35℃的不同温度条件下的侵染试验，同时又在不同时期进行了田间防治试验，结果表明，在20～35℃条件下，病毒对害虫均具侵染力，尤以25～30℃左右防治效果为佳。

(四)病毒安全性的检测

为了了解银纹夜蛾核型多角体病毒的安全性，进行了它对脊椎动物和有益昆虫的安全性检测试验。参试动物有小白鼠、家兔、鸡、鹅、山羊、猪、青蛙、鲫鱼等八种有代表性的脊椎动物和中华草蛉、七星瓢虫等两种昆虫。用口服、滴鼻、点眼和腹腔注射四种方法侵染。病毒的接种量为每千克动物体重5亿多角体病毒。检测结果表明，银纹夜蛾核型多角体病毒对于脊椎动物和有益昆虫均安全无害。

三、防治效果

经过室内、田间小区防治试验的对比，结果表明，此病毒对银纹夜蛾毒力较强。在大面积防治中用浓度为1×10^5多角体病毒/毫升的病毒溶液，其防治效果均在90%以上。

四、几点防治经验

（一）经济有效的病毒溶液的浓度

考虑到大田防治银纹夜蛾幼虫生态的复杂性，应将试验用病毒溶液浓度用量增加一个数量级，即1×10^6多角体病毒/毫升，以确保田间防治效果。按此浓度，每667平方米(1亩)需银纹夜蛾病死虫体10克所提取的病毒才够使用。

（二）防治适龄幼虫

室内和田间侵染试验，已表明病毒对银纹夜蛾五龄前幼虫均有较强侵染力，防治效果达95%左右。但在生产中应以幼龄幼虫为宜，最好在一、二龄期防治。若超过三龄幼虫期，因害虫食量大增，即使防治后害虫全都死亡，蔬菜作物也会受到一定的损失。

（三）病毒可混合使用

昆虫病毒，有严格的专化性。为了防治两种在田间混合发生的菜粉蝶幼虫和银纹夜蛾幼虫，可以把两种病毒混合施用。这必须考虑到昆虫病毒互相间的增效和拮抗作用。

将菜粉蝶颗粒体病毒(PrGVCD7801)与银纹夜蛾核型多角体病毒(PaNPVCD1-79)混合，在室内0.667公顷(10亩)小区和6.667公顷(100亩)大面积上，分别进行了试验和防治。结果表明，两种病毒混合使用，可以同时防治两种害虫，防治效果均高达99%，而且害虫死亡时间比单独使用有所缩短，表现出明显的增效作用。

第十三章　温室白粉虱的生物防治

第一节　温室白粉虱的识别、发生和为害特点

一、温室白粉虱的分布

温室白粉虱(Trialeurodes vaporariorum),俗名小白蛾,简称粉虱,属同翅目粉虱科,是蔬菜、花卉等多种作物的重要害虫。植物寄主范围广,约有900余种。粉虱原产于北美的西南部,后传入欧洲,现在几乎遍及全世界,已成为一种世界性的蔬菜害虫。

我国从20世纪70年代开始,随着蔬菜保护地、温室、塑料大棚等栽培的发展,粉虱的发生和危害逐年加重。1976年仅北京、天津两地大发生,此后不断蔓延,已成为我国北方的主要害虫之一,对瓜类、茄果类、豆类等多种蔬菜生产构成了严重威胁。现已遍及河北、河南、山东、山西、江苏、云南、贵州、辽宁、吉林、黑龙江、青海、甘肃、宁夏、新疆、内蒙古等22个省、自治区、市,尚有继续扩展的趋势。

二、温室白粉虱的识别

粉虱有成虫、卵、若虫和伪蛹四个生长发育阶段。其成虫的虫体和翅均为白色。体长约为1.5毫米,有翅两对。翅面覆盖有白色蜡粉,不亲水。喜在嫩叶背面群居,触动叶片时,成虫迅速飞起,喜黄色、绿色,有负趋光性。触角鞭状,7节,末端有

刚毛。口器为刺吸式,复眼暗红色。雌虫腹部肥大,雄虫腹部较细小。雌、雄成虫的生殖器外形明显不同。成虫常飞至叶片背面成对聚集、交尾。雌蛾在叶片背面产卵。产卵前期为1~3天。

粉虱的生殖方式有雌、雄两性生殖和雌虫不与雄虫交尾亦可繁殖的孤雌生殖两种。每头雌虫一生可产卵200~300粒。成虫适宜温度为25~30℃,寿命一般为15~17天。成虫喜在菜豆叶背取食产卵,其次为番茄,再次为黄瓜等。卵为长椭圆形,顶端略尖,竖立在叶背,卵长约0.22~0.26毫米,有卵柄,约0.02毫米,插在叶子组织里。卵初产时为略淡黄色(白卵),近孵化时变黑色,略具光泽。卵期5~7天。

粉虱的若虫(幼虫期)分四个龄期。一龄若虫,为长卵圆形,体围有纤毛,体长0.29毫米,有一对眼点,一对触须,一对尾须明显可见。有足,可缓慢爬动。从若虫孵化后到固定取食,徘徊数小时,最多延至2~3天,活动范围一般不大。此龄虫体扁平,略带淡黄色,历期3~4天。二龄若虫,即一龄若虫蜕皮后的若虫。这种若虫在一龄蜕皮后失去触须和尾须,胸足退化成肉瘤状,固定虫体以便吸食植物液汁,虫体初期扁平,后变肥厚,淡黄色,体长0.38毫米,历期3~4天。三龄若虫,即二龄若虫蜕皮后的若虫。此时虫体明显增大,体长0.52毫米,约为一龄若虫的两倍。虫体为黄绿色,透明,初扁平,后变肥厚,体表构造较易观察。历期3~4天,可分泌蜜露,危害加重。四龄若虫,有人称其为"伪蛹",也常称"蛹"或"黑蛹",实际是同物异名。黑色,长约0.8毫米,椭圆形。蛹体明显增厚,有立体围边,黄色不透明。体外有刚毛状突起。伪蛹体大小与四龄若虫相似,但较肥厚。伪蛹期3天。如环境条件不适,可以延长,推迟羽化。如采集伪蛹期叶片保存在冰箱中(0~4℃),可存活

30 天以上。羽化时，成虫从伪蛹壳背部呈丁字形裂开处直立钻出。成虫钻出伪蛹壳时，尚未完全展开的翅膀迅速伸展，羽化过程约20～25 分钟。初羽化的成虫行动敏捷，迅速取食，但不飞翔，至第二天即可正常飞行。

三、发生和为害特点

在北京的加温温室和露地蔬菜生产的条件下，白粉虱一年可完成 6～11 代，约 1～2 个月可完成一代。由于成虫期和产卵期较长，造成了白粉虱世代严重的重叠现象。

白粉虱在我国北方冬季露地条件下不能存活，主要在加温温室蔬菜等寄主上繁殖和为害，无滞育或休眠现象。秋季温室内白粉虱的来源有三个主要途径：①温室内混栽的蔬菜和残存杂草上寄生有白粉虱；②露地寄主植物上的白粉虱成虫通过通风口和门窗进入温室；③露地育苗时，幼苗受白粉虱侵染，移栽时传入温室。翌年春天和初夏，通过移栽菜苗时传带以及成虫迁飞而出外，成为大棚或露地蔬菜的虫源。在江苏省徐州地区，少量成虫和伪蛹均可在背风向阳处的寄主植物上越冬。

在一般情况下，白粉虱在春季到初夏，秋季到初冬有两次发生高峰。夏季高温和雨季高湿能抑制粉虱繁殖。在北方冬季寒冷和寄主植物枯死的情况下不能存活。除寒冷地区外，其卵、老熟若虫和蛹耐高温、耐干旱的能力很强。在干枯的叶片上生活，老熟若虫仍能化蛹，羽化为成虫。

粉虱的若虫、蛹和成虫均能危害植物。与蚜虫、介壳虫相似，它也是把针状口器插在叶子里吸食植物的汁液。由于虫体群集寄生，大量吸食植物营养，严重影响了植物的生长发育。同时，粉虱能分泌大量蜜露。这些蜜露很容易滋长黑色的煤污病菌，从而引起煤污病的发生。煤污病严重发生时，不但妨碍叶片正常的光合作用和呼吸作用，而且污染植物和果品，大大降低其产量和品质。粉虱还能传带黄矮病毒，引起病毒病。

粉虱成虫有趋嫩性，喜欢群集嫩叶取食并产卵。随着植株生长，成虫总是在上部嫩叶上产卵，逐渐形成有规律的分布：植株最下部叶片上集聚蛹或老龄若虫；中部为一、二龄若虫；上部为黑色或淡黄色卵。常常可以见到成批的成虫同时从蛹壳中钻出来，在叶背爬动。因此，不同的叶位可以看到不同的虫态。各虫态常常同时发生，这给生物防治带来了困难。

四、白粉虱的天敌

近年来，田间调查结果表明，白粉虱主要天敌有18种，其中有捕食性天敌14种，寄生性天敌2种，寄生菌2种。捕食性天敌数量明显多于寄生性天敌。

捕食性天敌以草蛉类为主。有大草蛉、中华草蛉、丽草蛉和叶色草蛉等。在7～8月份约占捕食性天敌的80%～90%，其次是微小花蝽和东亚小花蝽，约占3%～16%。

寄生性天敌中，棒蚜小蜂（Eretmocerus mundus）占63.3%，丽蚜小蜂占36.7%。

第二节　用丽蚜小蜂防治温室白粉虱

丽蚜小蜂（Encarsia formosa，简称小蜂）属膜翅目蚜小蜂科。对寄主选择专一，主要寄生粉虱，是一种寄生性昆虫。利用丽蚜小蜂防治粉虱，国外已成功地应用于生产。目前约有20多个国家开展丽蚜小蜂的研究和利用。

1978年，我国从英国引进丽蚜小蜂。引进后，中国农业科学院生物防治研究所菜虫组对它进行了深入的研究。从许多事实中已看出丽蚜小蜂是防治粉虱很有威力的天敌。至今，已总结出一套适合我国北方温室条件下繁殖和应用丽蚜小蜂的技术措施，作为星火计划中的一个项目正在推广。

一、丽蚜小蜂的发生与习性

丽蚜小蜂雌虫体长约0.6毫米，宽0.3毫米。头部深褐色，胸部黑色，腹部黄色，并有光泽。其末端具有延伸较长的产卵器，足为棕黄色。翅无色透明，翅展1.5毫米。触角8节，长0.5毫米，淡褐色。雄蜂较少见，其腹部为棕色，很易区分。丽蚜小蜂营孤雌生殖。小蜂在适宜条件下是比较活泼的，扩散半径可达数百米。吸引小蜂去搜索寄主的物质主要是粉虱所分泌的蜜露，成蜂取食蜜露后可存活28天左右。如无营养补充，成虫不取食只能存活一个星期左右。通常在温室中可存活10～15天。产卵的雌蜂以触觉探查粉虱若虫，然后将产卵器刺入，试探粉虱体内是否有丽蚜小蜂产的卵，在通常情况下，很难发现有重寄生的现象。但有时也偶然可见到一头粉虱若虫中有九头小蜂的现象。在成蜂产卵之后，从粉虱若虫体壳上的产卵孔中(成蜂产卵后在体壳上形成的孔洞)可分泌出一种黄色的分泌物。在几个小时之后就变硬，并呈黑色或深棕色的球状物。粉虱若虫不活动的虫态均可被寄生。但成蜂喜好选择三龄若虫期和四龄蛹前期的粉虱寄生。所以在植株上具有粉虱各个虫态时，一般是选择适龄虫期进行寄生的。寄生后粉虱若虫仍可发育，到四龄中期才停止。

在上述适宜龄期寄生的丽蚜小蜂，其发育历期短，羽化率高。成蜂还可探刺粉虱若虫，吸食粉虱的体液。粉虱被刺探后死亡。死虫，仍呈褐色。成蜂吸食粉虱体液是为了获取蛋白质，有利于卵的发育。每头雌蜂可产卵50～100粒，高的可达350粒。卵前端圆，后端尖。卵期约4天。白色无附肢的寄生蜂幼虫取食粉虱体液，约8天寄主变黑，再过10天，成蜂在粉虱蛹体背咬个孔洞羽化而出。

丽蚜小蜂和粉虱之间的关系如何，主要取决于温室内的温度。在低温 18℃条件下，两者的发育历期相等，但粉虱的繁殖率比寄生蜂大 9 倍；在高温 26℃条件下，两者繁殖率相等，但发育速率寄生蜂要比粉虱快 1 倍。即寄生蜂的发育历期为粉虱的一半。

光照的强度和每日光照的时数，对寄生蜂的产卵活动有影响。试验表明，温度是影响丽蚜小蜂产量的重要因素。光照强度次之，相对湿度对其影响不大。因此，在我国北方加温温室内，白天温度 20～35℃，夜间不低于 15℃，相对湿度为 40%～85%，光照时数和强度为自然光照，均可取得丽蚜小蜂寄生粉虱的明显效果。

二、丽蚜小蜂的人工饲养与繁殖技术

利用丽蚜小蜂防治粉虱，首要的问题是繁蜂问题，只有大量繁蜂才能在生产上应用。我国饲养、繁殖丽蚜小蜂的方法，有一间温室繁蜂法(常规繁蜂法)和五间温室繁蜂法(商品化繁蜂法)两种。现介绍如下供参考。

(一)一间温室繁蜂法的工作步骤及特点

1. 步　骤

(1)栽培寄主植物：将育好的番茄苗按常规方法定植在温室内，加强水肥管理，培育健壮植株，提高其抗粉虱的能力。

(2)接种白粉虱：待番茄苗长至 25～30 厘米时，接入适量的粉虱成虫，通常每株接 15 只左右。如果温室内已发生粉虱，就可省去这一步。

(3)接种丽蚜小蜂：大约在接种粉虱 15 天之后，当大多数粉虱若虫发育至二、三龄时，引入丽蚜小蜂，让小蜂到粉虱若虫上产卵，称为接蜂。一般情况下，用接成蜂的方法，但有时也接黑蛹，这比接成蜂提前 2～3 天进行。接成蜂，按 2∶1(成蜂与接入粉虱成虫之比)的比例接蜂。

(4)黑蛹的采收和贮存:大约接蜂8～9天后,被寄生的粉虱若虫(伪蛹期)变黑。此时,将带有黑蛹的叶片摘下来,在室内阴干后贮存于10～12℃的低温箱内(贮存1个月,羽化率可在85%以上)或直接用于防治。为了不断繁殖小蜂,每当采摘叶片时,都留下一部分有黑蛹的叶片,使其继续繁衍。但有时也会出现粉虱多、小蜂少的现象,这时就需补充一些蜂种。由于不断的产卵寄生,有时粉虱量也不足。这时就要增加一定量的粉虱,保证为丽蚜小蜂提供足够的寄主。

2. 主要特点

①一次种植作物多次补充粉虱和小蜂,可连续繁殖半年。

②可分期分批采收黑蛹,按每10天采收一批的计划,共可采收18批左右,延长了种蜂的供应期。

③不需增加设备,节约了温室面积和生产成本。

④操作简便,容易掌握,适于农村推广。按一间温室的繁蜂技术繁蜂,多数引种丽蚜小蜂的单位已获得成功。如1982年,大庆市农科所在一间20平方米的生产温室繁蜂(温室内温度为21～35℃),寄主植物是番茄,寄生率为86%～98%,平均在每株番茄上得到2.6万只黑蛹。此种繁蜂法,在北京、河北、黑龙江和山东等地推广均取得良好的效益。

经各地试用证明,一间温室繁蜂不仅简单易行,操作简便,省工,而且寄主植物可连续生长3～4个月,可分批采收黑蛹,就近供应,繁蜂成本较低,每万头只需1.69元。它的缺点是一间温室繁蜂寄主植物生长期长,后期易感煤污病,小蜂发育不整齐。

(二)五间温室繁蜂方法

1. 五间温室繁蜂方法的步骤(图13-1)

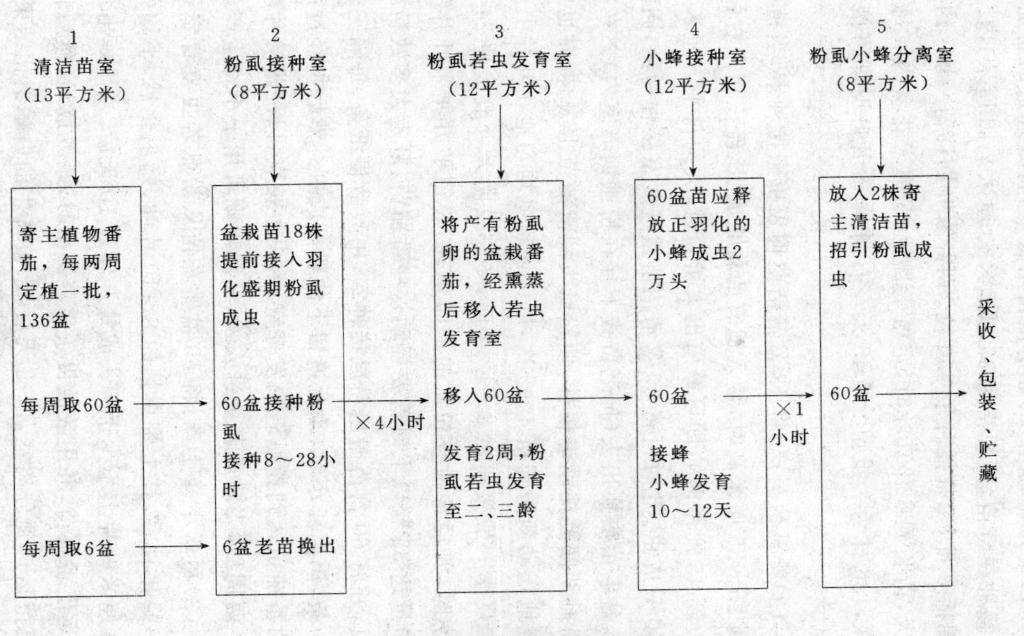

图 13-1　五间温室繁蜂流程图

(1)清洁苗的生产:在清洁苗培育室,将处理过的番茄种子,播种在育苗盆(规格为37厘米×50厘米×10厘米)内。每两周播一批,每批播种子250粒。两片真叶期移苗一次。约经35天,苗长到5片真叶时,定植于直径25厘米花盆内。每盆一株,136株为一批苗。经45天左右到7~8片叶时即可接种粉虱。

(2)粉虱的生产:将18盆清洁苗移入粉虱接种室,当植株长到25~35厘米高时,接入适宜的粉虱成虫,经三周左右(株高长到45厘米时),即可繁殖出大量粉虱,大约每平方厘米可达50只成虫。此时可将60盆清洁苗搬进此室接种粉虱,同时将6盆老苗更换出去(把老苗拔下挂在粉虱饲养室内)。在接种粉虱期间要摇动老植株,使粉虱飞到清洁苗上去。同时也要轻轻地摇动新番茄苗4~5次,以保证粉虱均匀地在叶片上产卵。夏季一般接粉虱8~12小时,冬季及阴天一般接种24~28小时,要经常检查粉虱的产卵量,一般每平方厘米叶片上的卵量达35粒以上时就要摇动这些番茄苗,赶走大多数粉虱成虫,并将60盆苗搬出粉虱接种室,用敌敌畏纸条,每隔三株挂一条,熏蒸4小时,杀死遗留下的粉虱成虫。然后把经过熏蒸的番茄苗运到粉虱若虫发育室。剪去生长点,以促进叶片生长。两周后,当粉虱若虫进入二、三龄时则可用于小蜂生产。

(3)丽蚜小蜂生产:将60盆番茄苗从粉虱若虫发育室运到小蜂接种室,挂上带黑蛹的8~10片叶,蛹羽化后,平均每平方厘米叶片上不少于一头成蜂。经过10天后,当黑蛹出现时,运出番茄苗,并用敌敌畏条熏蒸1小时,杀死成蜂。然后将番茄苗运送到分离室,1~3天后,未被寄生的白蛹羽化结束。搬出分离室2~4小时,杀死粉虱成虫后,采收黑蛹叶片并放在室内阴干1~2天,即可包装、贮存或应用。并在分离室内放

2盆清洁苗，接收遗留在分离室内的粉虱，每周换一次。如果寄生率达95%以上，则不需分离，可直接采收黑蛹叶片。

黑蛹数量的统计方法：将采收的黑蛹叶片按黑蛹的多、中、少情况分为三级，并统计各级叶片数，然后在每一等级中，随机抽样，取出5片叶，分别统计各叶片上的黑蛹数量，从中求出各等级每片叶上黑蛹平均数，再用各等级单叶产量乘以各级叶片数，统计各级数量总和为小蜂收获量。

以单株繁蜂量，每周繁蜂2 700头，以每周收获60株番茄的平均繁蜂量计，平均每周繁蜂16.2万头。以年产量计算，可繁蜂777.6万头，可防治22.5公顷(338亩)温室面积。

2.主要特点

①五间温室繁蜂法的主要特点是成蜂羽化比较整齐，一般在两天之内可羽化50%，到第四天即可全部羽化。

②五间温室繁蜂方法能够按计划成批地生产发育进度整齐的小蜂，便于包装、贮存。

③适于商品化生产和市场出售。但具体方法较复杂，技术要求亦高，劳动强度较大。

三、释放丽蚜小蜂的方法

在同一条件下，利用丽蚜小蜂防治粉虱能否成功，与采取什么释放方法有直接的关系。我国释放丽蚜小蜂的方法有释放成蜂和释放黑蛹两种。

在国外，有的国家温室的温度、湿度稳定，条件好，故多采用释放黑蛹的方法，即把带有黑蛹的叶片放在植株上，或者将带有黑蛹的盆栽植物搬入生产温室。

我国大部分温室湿度变幅大，如采用释放黑蛹的方法，则不易使成蜂羽化期与适宜的寄主龄期相吻合。为了准确掌握放蜂适期和放蜂量，可采用释放成蜂的方法。这可及时发挥成蜂的作用，提高寄生率，取得较好的防治效果。释放成蜂不必带进寄主植物的叶片，可以防止未寄生的粉虱和其他病虫带进生产温室。

（一）释放成蜂的方法

1.调查防治植物的植株上粉虱成虫数量（即防治前的基数） 可随机取样调查50～100株，当每株植物上粉虱成虫达0.5～2头时，即可开始放蜂。

2.放蜂 平均每株上放3头成蜂。方法是，在放蜂的前一天将存放在低温箱内的黑蛹取出，置于27℃的恒温室内，以促使小蜂快速羽化。第二天计数后，将小蜂轻轻抖到植株上。释放两次或三次，每次每株释放5头。三次放蜂，平均每株共放15头。

3.效果调查 放蜂两周后，开始定点定株调查50～100株。每隔7天查一次。一直调查到收获拉秧为止。调查时，要记载每株植株顶部4片复叶的粉虱成虫数和全部黑蛹及白蛹（包括蛹壳）数。最后一次在放蜂区增加黑蛹株率的调查。每株番茄上部4片顶叶平均每叶不超过10头粉虱，每株黄瓜上不超过40头粉虱，此为粉虱的经济阈值。

（二）释放黑蛹的方法

将在低温条件下贮存或从繁殖小蜂温室内采摘带有黑蛹的叶片，随机放在植株上。释放黑蛹的数量、放前粉虱成虫基数和效果检查，与释放成蜂相同。每667平方米（1亩）约放3万头。特别重要的是释放黑蛹的时间，应比释放成蜂的时间提早2～3天，这与防治效果关系极大。

四、用丽蚜小蜂防治白粉虱的方法与效果

示范试验表明，利用丽蚜小蜂防治粉虱的效果是很明显的。

试验的条件是：温度一般白天在 20～35℃，夜间 10～16℃，有时最低 8℃，最高达 39℃左右。相对湿度为 60%，有时达 70%～80%。光照多以自然光为主。光照时数为 14 小时，照度为 3 000～4 000 勒克斯。按照这些条件，中国农业科学院生物防治研究所，在北京地区进行了多次用丽蚜小蜂防治粉虱的试验。

1980 年，在北京市巨山农场进行两次试验，两次试验结果十分一致。当每株番茄上粉虱成虫平均达 0.5～1 头时，开始释放小蜂。在整个作物生长过程中，对照区的粉虱成虫和若虫数量平均为 3 431 头，而放蜂区仅 11 头，对照区比放蜂区高 312 倍，寄生率达 87.9%。试验表明：在我国北方早春改良温室条件下，释放丽蚜小蜂完全可以控制粉虱的危害。

1981 年，在北京市海淀区东升公社进行试验。放蜂区中当每株上的粉虱成虫达 1.4 头时，开始放蜂。共放蜂 3 次，平均每株 15 头。化防区中使用 1 000 倍乐果溶液加敌敌畏喷液 6 次。在空白对照区既不放蜂，也不施药。试验结果表明，虽然三种处理区都是在同一温室内育苗、同一时间定植的番茄，但由于采取的措施不同，各处理的粉虱数量有明显差异。最后，对照区粉虱数量超过了放蜂区的 5 倍，化防区亦超过放蜂区的 3.6 倍，防治效果明显。

1982 年，在北京市海淀区上庄公社的温室内进行试验，试验分为放蜂区与化防区。放蜂区中，当平均每株番茄上粉虱成虫达 0.57 头时开始放蜂，共放蜂 3 次，平均每株放蜂 15 头。化防区用药 6 次，其中使用 2 000 倍溴氰菊酯喷洒 4 次，敌敌畏熏烟和喷雾各 1 次。试验结果表明，放蜂区小蜂寄生率一直维持在 90%以上，粉虱成虫一直被控制在较低的数量，平均每株为 0.2 头，相当于化防区的 1/9。最后，收获时期调查，放蜂区粉虱成虫数量平均每株只有 11.3 头，化防区为 53.3 头，比放蜂区高 4 倍。

1983 年，在北京市上庄公社 6 个生产队的温室内进行示范性试验。一般将每株番茄上部 4 片顶叶平均每叶上的粉虱成虫控制在 10 头以下，化防区每叶在 90 头以上。取样调查结果是，放蜂区每株番茄平均有粉虱成虫 10 头以下；化防区喷洒溴氰菊酯 3 次，平均每株有粉虱成虫 37.5 头以上。防治效果十分明显。

在试验、示范的基础上，中国农业科学院生物防治研究所从 1982 年开始，将丽蚜小蜂进一步应用于生产实践，组织全国 7 省市、14 个单位协助，进行了示范推广工作。他们在各地的示范推广都取得了良好的效果。

总之，从 1978 年以来，在我国许多地区利用丽蚜小蜂温室防治粉虱，都取得了良好的经济效益、社会效益和生态效益。今后进一步推广，将进一步显示出它的巨大作用。

五、丽蚜小蜂的商品化生产技术

为适应商品经济的需要，使丽蚜小蜂能够在生产上发挥更大的作用，有计划地生产和提供发育比较一致的优质丽蚜小蜂，就需要有一套商品化的生产技术。

（一）繁蜂的技术

这是小蜂商品化生产的重要基础工作。经中国农业科学院生物防治研究所的研究比较表明：从年产量上得出五间温室繁蜂比一间的多生产 61.4 万头蜂，可增加防治面积 2.1 公顷（31 亩）。如果采用五间温室和一间温室同时繁蜂，年产量为 1 491.8 万头，分别比五间和一间的产量增加 1.08 倍，可供 49.7 公顷（745.9 亩）防治之用。

再从丽蚜小蜂羽化整齐度的结果可以明显看出，五间温室繁蜂的羽化进度比较整齐，从开始羽化到第二天，羽化率可达 50%，第四天即全部羽化完；而一间温室繁蜂，第四天才羽化 5%，9 天后才羽化结束。二者相差 5～6 天。

五间温室繁蜂法能够有计划地成批收采发育比较整齐的丽蚜小蜂，提高了小蜂的质量，便于贮藏、包装和运输，适于商品化采收和市场出售。问题是方法比较复杂，要求严格，劳动强度大。

（二）包　装

包装材料要求耐用，轻便，美观，便于贮藏和运输。经试验，初步选用了塑料盒、塑料袋、纸袋和小本等，进行了对小蜂羽化率影响的试验。试验结果表明，用塑料盒和塑料袋作包装的带有黑蛹的叶片霉变率高。1987 年试验霉变率达 26.7%～33.3%，1988 年达 44.4%，而且小蜂羽化率较低；用纸袋和小本包装的，黑蛹叶片霉变率很低，小蜂羽化率较高。这主要是纸包装透气性好，并有吸湿作用。这种材料取材方便，价格便宜。

（三）蛹卡的制作

黑蛹收集的方法，一是干刷，二是湿刷，而以干刷优于湿刷。刷下的黑蛹，以普通胶水加 1 倍水粘蛹。然后制作袋卡和本卡。将带有黑蛹的叶片采下，在室内阴干 1～2 天，然后按每袋 4 000 头黑蛹连叶片一起的标准，装入 9 厘米×13 厘米的纸袋，即成袋卡。若将上述黑蛹和叶片数粘贴或钉在本内，则成为本卡。

试验表明，经过加工制成蛹卡，至少可贮存 20 天，羽化率仍维持在 71.6%，与对照接近。蛹卡的情况以本卡为最好，羽化率为最高。袋卡次之，纸卡最差。

(四)运输和邮寄

将蛹卡分别按每三个为一组，捆成一捆，放入纸盒内，并用纸屑轻轻填实，使蛹卡不易松动。这样，携带蛹卡乘坐公共汽车和骑自行车，行驶2个小时左右，蛹仍完整无损。在邮寄中以盒装为好。因为，使用信封包装，平信邮寄的蛹卡，其落蛹率及损失率极不稳定。

总之，发展丽蚜小蜂商品生产技术，批量生产丽蚜小蜂防治白粉虱，有利于社会生产力的发展。

第三节　用赤座霉菌防治温室白粉虱

一、用赤座霉菌防治白粉虱的效果

自然界中，能使粉虱致病的真菌，种类较多。其中真菌赤座霉(Aschersonia)(座壳孢)在条件适宜时可以成功地控制粉虱的发生。

我国于1978年在北京市四季青、玉渊潭两个公社的温室，海淀农科所、玉渊潭公社的大棚，曾多次开展赤座霉防治黄瓜、番茄等作物上的粉虱，效果明显。当日平均温度在20℃以上、相对湿度达到80%时，一般死虫率达70%左右。当室温为25～26℃、相对湿度达到90%时，其寄生率可达80%～90%(见表13-1)。

此外，赤座霉菌液和少量农药混用，有明显的增效作用，幼虫死亡率增加4.8%～14.5%。可以混用的农药有：马拉硫磷(2 000倍液)、二嗪农(3 000倍液)、氧化乐果(2 000倍液)。农药浓度不能再增加，如果加大，混用液的防治效果反而降低。

表 13-1　赤座霉菌防治白粉虱的效果

地　点	日　期（月日）	作物	喷药前幼虫数/叶	喷药后寄生数/叶	寄生率(%)
玉渊潭大棚	8·24	黄瓜	2087.5	1921.9	92.5
海淀农科所	8·23	茄子	1692.0	1487.5	87.8
玉渊潭温室	11·4	番茄	125.8	103.7	82.4
玉渊潭温室	11·21	黄瓜	93.3	66.7	71.5
玉渊潭温室	11·21	黄瓜	90.4	69.8	77.2
四季青温室	12·11	番茄	57.9	40.9	70.7

但是,也有一些农药或农药浓度不当,对赤座霉菌有影响。测定表明,马拉硫磷、敌敌畏、代森锌、代森铵、托布津等的500～1 000倍液,对赤座霉菌的生长有明显的抑制作用。洗衣粉(北海牌)1 000倍液、乐果300倍液、硫酸铜500倍液、粘着剂(天坛牌)500倍液均未发现有抑菌作用。洗衣粉(北海牌)500倍液则有抑菌作用。

赤座霉菌不能忍受45℃的处理,在此温度下大部分会死亡。虽然它在50～55℃时有个别孢子存活,但已无应用价值。所以,菌剂要保存在冷凉处,否则防治效果会下降。喷药时间也宜在傍晚温度为20℃左右、湿度较大时进行。喷药后灌溉能提高湿度,增强防治效果。

二、赤座霉菌的生产技术

用于防治粉虱的赤座霉菌剂的生产方法是:

(一)采集和分离

我国南方柑橘园中,采集自然出现的赤座霉菌疱的叶片。此菌疱长在柑橘橘叶片背面,有红色赤座霉菌和黄色赤座霉菌之分。这些菌疱是赤座霉菌寄生粉虱若虫后形成的。带菌疱的叶片阴干后，装标本袋，编号注明日期、采集地等。放在干燥器中低温保存备用。分离赤座霉菌用的培养基，有以下4种配方：

1. 麦芽汁琼脂：新鲜麦芽汁500毫升，水500毫升，琼脂18克。

2. 察氏琼脂：蔗糖30克，硝酸钠($NaNO_3$)2克，磷酸氢二钾(K_2HPO_4)1克，硫酸镁($MgSO_4 \cdot 7H_2O$)0.5克，氯化钾(KCl)0.5克，硫酸铁($FeSO_4$)0.01克，琼脂18克，水1 000毫升。

3. SDA加Y琼脂：蛋白胨10克，葡萄糖40克，酵母膏2克，琼脂18克，水1 000毫升。

4. 甘薯琼脂：甘薯面50克，葡萄糖30克，琼脂18克，水1 000毫升。

分离的方法：挑选色泽鲜艳的大菌疱数个，在千分之一升汞水中消毒数秒钟，用无菌水冲洗后移入50毫升无菌水的三角瓶中，振荡5分钟制成菌悬液。然后按不同稀释度混入冷却至45℃琼脂培养基中，浇制平板。置25℃培养，10天后转散光培养。20天后菌落形成，即可挑选形态丰满的菌落，进行斜面培养，作为菌种。

(二)菌种的扩制

上述分离所得的纯化菌种，可转入试管斜面或克氏瓶、平皿培养基中培养。培养基就按上述分离用的培养基配方配制，放在25℃左右温度下，培养2～3天后长出白色菌丝，10天左右形成茂密的菌丝，即可在散光或有光照条件的温箱中培养。此后，开始大量形成孢子，20天左右菌落色泽转变为红黄色。通气条件好，有利于生产。适宜生长温度为23～27℃。基质以糖分含量为7%～8%、pH值5.5～6.5为宜。

（三）菌剂制作方法

赤座霉菌在麦芽汁、蔗糖、玉米、白薯、大米面粉、马铃薯上都能生长。培养基中加入少量蛋白胨，有利于其产生孢子。

1. 麦芽汁培养基　用麦芽汁或糖水浸泡稻壳、稻草、木屑等装瓶灭菌即可。

2. 薯类培养基　白薯或马铃薯切成细条装瓶灭菌即可。如果用白薯干、马铃薯干制作，可以先用水将其泡透后再装瓶灭菌备用。用白薯面制作时应加入适量的稻壳（或者细干草、木屑等），以增加通气。

3. 谷物培养基　将玉米碎粒、大米粒、各种碎麦粒，用水泡透后装瓶灭菌备用。如用玉米面、大米面、面粉制作，应加入少量填充料和少量蔗糖。

接种时，培养基温度不能超过35℃，培养室的室温不要超过27℃。选择生长好、无杂菌污染的菌种，用无菌水洗下孢子，然后转接到已灭菌的培养基中，置于20～25℃的温度下培养。生长10天后，培养瓶中长满白色菌丝，即可转入散光培养，生长一个月左右长满红色孢子，即可放在冷凉处保存，半年有效。

第四节　用中华草蛉防治温室白粉虱

据北京市农林科学院植保所等单位的研究报告，一头中华草蛉幼虫一生可捕食粉虱若虫172.6头左右，在罩笼的菜豆植株上，中华草蛉对粉虱有较好的捕食能力。同时，在266.7平方米（0.4亩）温室内的黄瓜地上，释放了中华草蛉卵20 000～30 000粒，经过20天后，粉虱虫口密度由10 325头降至4 080头，虫口减退率为60%。北京农业大学植保系试验利用中华草蛉控制温室蔬菜上的粉虱，亦取得了良好效果。

第十四章　茄黄斑螟的生物防治

第一节　茄黄斑螟的识别、发生与为害特点

一、茄黄斑螟的识别

茄黄斑螟(Leucinodes orbonalis),又名白翅野螟,俗名茄螟,属鳞翅目螟蛾科。国内分布于华中、西南、华南和台湾等地。近年来,在湖北武汉、襄樊菜区普遍发生,危害较重。成虫体长6.5～10毫米,翅展18～32毫米,一般为25毫米左右。雌蛾比雄蛾略大,体、翅白色,前翅有一个明显的大黄色斑纹,翅基部呈黄褐色,中室顶端下侧与后缘相接成一个红色三角形纹,翅顶角下方有一个黑色眼形斑;后翅中室有一个小黑点,并有明显的暗色后横线及两个浅黄色斑,栖息时双翅伸展,腹部翘起,两侧间的毛束直立。其卵长0.7～0.8毫米,宽0.4～0.5毫米,外形似水饺状,脊上有锯刺2～5根,卵面有稀疏刻点。初产出时为乳白色,孵化前出现灰黑色。

茄黄斑螟的老熟幼虫体长16～18毫米。粉红色,幼龄幼虫黄白色,中龄为灰黄色。头及前胸背板黑褐色,脊线淡褐色,各节均有六个黑褐色毛斑,前四个大,后两个小。每节背区两侧各有两个毛瘤,前面一个大,后面一个小。各节侧面有一个毛瘤,其上着生两根刚毛。前胸背板两侧各生五根刚毛。气门下方有一个毛瘤,上生一根刚毛,腹部末端为黑色。

茄黄斑螟的蛹为浅黄褐色,体长8～9毫米。腹部第三、四

节两侧各有一对突出的气门。喙、触角和前翅伸至腹面第九节，且与腹部第六至第九节分离突出。蛹体外被有深褐色不规则的茧，初结的茧为白色，渐渐加厚为深褐色或棕红色。

二、发生和为害特点

茄黄斑螟幼虫钻蛀茄子顶心、嫩梢、嫩茎、花蕾和果实，造成枝叶枯萎、落花、落果和果实腐烂，使其失去食用价值。茄黄斑螟在江西南昌每年可发生4代；在武汉地区为4～5代，秋季在田间可见到各龄幼虫，成虫、卵和蛹可同时存在同一植株上。以老熟幼虫结茧附在残枝、枯叶、杂草根及土表缝隙间越冬。

在南昌，茄黄斑螟每年10～11月份陆续越冬，翌年4月下旬开始化蛹。一般的为害期是：第一代在5月中旬至6月份；第二代在6月中旬至8月上旬；第三代在7月中旬至8月下旬；第四代在8月下旬至9月下旬，世代重叠，以7月中旬至8月下旬是其为害最严重的时期。换句话说，茄黄斑螟在南昌是以第二、三代为为害盛期。在武汉地区，茄黄斑螟每年发生4～5代，世代重叠，一般5月份田间出现幼虫为害，7～9月份是为害盛期，尤以8月中下旬虫口密度最大，危害秋茄严重。

茄黄斑螟成虫白天栖息在寄主叶片下或附近杂草中隐蔽，受惊后在植株间作短距离低空飞行。夜间活动频繁，一般在晚上8～10时交尾。次日产卵，卵分散产在植株中上部，尤以上部嫩叶片的背面为最多，有少量卵产在叶的正面及叶柄、花和嫩枝上。有时，偶尔有7～8粒卵堆成的小卵堆。每头雌蛾产卵少的86粒，多的达200余粒，平均为150粒左右。成虫夜间活动受风雨影响较大，风力1～2级时成虫活动多。刮4级风、降中雨或小雨、气温在18℃以下时，成虫很少活动，此时田间见不到成虫。

茄黄斑螟成虫的寿命，在20～28℃时为7～12天，35～40℃时为1～3天。在高温干旱时，卵的孵化率很低。当温度为30℃左右时，卵的孵化率较高，卵期为5～7天。初孵出的幼虫，先吃掉卵壳，然后蛀入花蕾、子房、心叶、嫩梢及叶柄。蛀入嫩梢的幼虫，从顶端嫩芽、叶柄处蛀入茎内。被害嫩梢多枯萎下垂，花蕾脱落。在幼果上为害的初孵幼虫，先在萼片上取食，再由萼片蛀入果皮，使其出现不规则伤疤。二龄幼虫蛀入果内。三、四龄幼虫蛀入果实心部，在其内排出粪便，并使果皮外表也附有不少大粒的虫粪。被害果实内常有3～5头幼虫，多时可达6～7头。

一般春茄子花、蕾、嫩梢受害重，秋茄子果实受害重。秋季的茄黄斑螟幼虫常比春季的大，色泽也更加鲜红。夏季老熟幼虫多在植株中上部将绿叶重叠缀合成薄茧，在其中化蛹，也有少数在枯叶上化蛹。秋季则多在植株下部的枯枝落叶、杂草丛中及土缝、墙角处化蛹。

茄子的品种不同，其受茄黄斑螟危害的程度也不同，长的线茄受害轻，一般被害果实占19%，而圆果荷包茄则受害重，被害果实占52%。

第二节　用性诱剂防治茄黄斑螟

武汉市农业科学研究所报道，用江苏省金坛县激素研究所生产的主要成分为反-11-十六碳烯醇醋酸酯的茄黄斑螟性诱剂，诱集雄虫效果显著。其使用方法是：

一、制诱卡

将反-11-十六碳烯醇醋酸酯，溶于二氯甲烷溶剂内，稀释成每毫升含1毫克的浓度。然后将2平方厘米的滤纸作载体，每张滤纸上滴 100 微克的上述浓度的性诱剂，将滤纸装入聚乙烯薄膜纸袋中封好；用回形针卡在铁丝上，使用时架在瓦钵上。

二、设诱捕器

用直径 20 厘米的瓦钵装水，并加入少量洗衣粉，把用性诱剂制成的诱卡架在瓦钵上，即成诱捕器。把此诱捕器设置在竹竿三角架上，使其高出菜株 30～40 厘米。按每 30 米设置诱捕器一个的标准，在茄子田内摆好。

三、设置时间

从茄黄斑螟成虫始现期开始，在菜田设置诱捕器。性诱剂持效期可达 20 天以上。

四、主要经验

武汉市农业科学研究所 1978 年提供的利用性诱剂诱杀茄黄斑螟的经验是宝贵的。这主要是：

(一)不同剂量，效果不同

将反-11-十六碳烯醇醋酸酯溶于二氯甲烷溶剂内，稀释成每毫升含 1 毫克的浓度，再以 2 平方厘米的普通滤纸作载体，分别滴入 50 微克、100 微克、150 微克、250 微克的剂量，在茄子地 200 米以内距离有效。从这四种剂量看，对茄黄斑螟的诱集量以 150 微克诱蛾量最多，其次为 50 微克、100 微克；而 250 微克剂量太大，反而起了抑制的作用。

(二)有效期的测定

经田间测定表明，这个酯类化合物在空气中的稳定性良好，持续的有效期可达 15～23 天。使用时的田间温度为 15～26℃，且经常降雨冲刷，但还是收到了一定的效果。如果每天收回避光和在室内低温下保存，持效期可能会更长。

第十五章　烟青虫的生物防治

第一节　烟青虫的识别、发生和为害特点

一、烟青虫的识别

烟青虫(Heliothis assulta),又名烟(草)夜蛾。属鳞翅目夜蛾科,是茄科蔬菜上的重要害虫。

烟青虫成虫,体长15～18毫米,翅展27～35毫米。头、胸黄褐色,复眼暗绿色。前翅黄褐色,翅脉褐色,基线双线,褐色,止于翅褶,外侧一线较弱;内横线双线,褐色,波浪形,内侧一线较弱;环形纹近圆形,黄褐色,其中央有一褐色圆斑;肾形纹为褐色圈,圈中有一大形褐斑;外缘线褐色,缘毛黄褐色。后翅黄褐色,外缘有褐色宽带,其内侧中部较向内凸,有黄褐色锯齿形纹;外横线褐色,中段很明显,与外缘带的内缘近平行。腹部背面黄褐色。雄性外生殖器的抱握器瓣较窄,阳茎内角状器与棉铃虫的相似,但阳茎端膜腹面无锥形突起。

烟青虫的卵为扁圆形,底部平,高0.40～0.44毫米,直径为0.43～0.51毫米。初产出时乳黄色或黄绿色,孵化前变为淡紫灰色。卵孔显著,圆形。花冠有菊花瓣形纹一层。卵壳上有纵棱,长短相间,但均不达底部。横道与纵棱构成长方形格。

烟青虫幼虫共6龄。大龄幼虫头部淡土黄色。前胸背板颜色多变,二根侧毛的基部连线远离气门下缘,体表皮刺呈小点状,体壁光滑。成熟幼虫体长31～41毫米。

烟青虫的蛹，为黄绿色至黄褐色。体长17～21毫米，宽4.8～5.2毫米。前足转节，腿节可见；中足不与复眼相接，其末端达下颚末端的前方；触角末端达中足末端的前方；后足在下颚末端露出一部分；前翅达第四腹节后缘。第五至第七腹节的背、腹面前缘，均具7～8排细密的圆形或半圆形刻点，第四腹节背面也有较稀刻点。腹部末端较圆钝，着生2个小突起。

二、发生和为害特点

烟青虫以蛹在土中越冬。越冬场所主要为留种烟地，其次为辣椒地。成虫白天多潜伏在烟叶背面或杂草丛中，阴天及晚间出来活动。有趋光性，但对一般光趋性不强，而波长在4 050埃以上的光线对其有诱引作用；对杨树枝有趋化性。成虫羽化后1～3天内交尾产卵。交尾时间多在晚上8～11时。产卵时间一般在晚上9时至次日上午10时，而以夜间11时为产卵高峰。卵多散产在嫩叶正、反面，后期则多产在蒴果、萼片或花瓣上。除烟草、辣椒外，在番茄的花、茎、叶及南瓜叶面、玉米雌穗上均可产卵。一般一叶仅产1粒卵。条件合适时，每只雌蛾可产卵千粒以上。在那些杂草丛生、植株高大、茂密的地块，产卵较多。

幼虫孵出后即分散为害。初龄幼虫昼夜取食，并有吐丝下垂的习性。取食叶肉仅留表皮，或蛀食成小孔。三龄以后食量大增，并能转株为害。白天潜伏在烟叶下或土缝间，夜晚出来活动为害，取食叶片和嫩茎。现蕾后取食嫩蕾，开花后取食花、茎及蒴果。

幼虫一般蜕皮5次，也有蜕皮4次或6次的，具假死性和自相残杀习性。幼虫老熟后，不食不动，身体皱缩，背面微显红色，即成为预蛹。1～2天后入土化蛹。

烟青虫在国内分布较广，已知河北、北京、河南、山西、陕西、江苏、浙江、福建、湖南、湖北、江西、四川、云南等地均有分布。除以辣椒、甘蓝、烟草为寄主进行危害外，还危害南瓜、番茄、豌豆、棉花、玉米、高粱、亚麻、大豆、花生、向日葵等70余种作物。

烟青虫的发生，各地情况不一。东北每年发生2代，河北2～3代，山东、河南3～4代，浙江、贵州、云南4～5代，四川5～6代，世代多重叠。在黄淮产烟区，其第一代幼虫主要危害春烟，第二代危害春烟和夏烟，第三代危害春烟花果及夏烟，第四代危害夏烟的叶、花、果及番茄、辣椒等果实，其中以第二至第三代幼虫危害最为严重。在山东，烟青虫一年有两个明显危害高峰：第一次在6月下旬到7月中旬，第二次在8月下旬到9月中旬。在四川成都地区，烟青虫第一至第四代主要危害烟草，第五代危害扁豆，第六代危害豌豆。

幼虫多在烟株顶端食害嫩叶，先咬成许多小孔，再蚕食成洞，严重时仅留叶脉。也能危害花蕾、蒴果和嫩茎等。造成落花、落果、虫果的腐烂或番茄茎中空使其容易折断。

烟青虫的危害直接影响作物的产量和品质。据陕西省宝鸡县等地调查，线辣椒角果被害率为5%～15%，受害田块一般减产25%～40%，严重时超过50%。

烟青虫在植株叶色浓厚、生长良好、现蕾早的地块，产卵量高。武汉1985年报道，生长好的辣椒，平均每百株的烟青虫卵量在50粒以上，而生长差的，百株平均卵量在20粒以下。一般早熟品种落卵量少，幼虫蛀果率低，受害较轻；而中晚熟品种，百株平均卵量为100～200粒，高的达400多粒，百株平均被蛀果率达25%～40%，高的达47%。所以，多种早熟辣椒是避开烟青虫危害的有效措施。

烟青虫成虫需要补充营养。所以，成虫期的盛发时间，同蜜源植物开花与否有直接的关系。成虫发生期，正是蜜源植物豌豆、油菜、大葱、洋葱和茄子等开花之时，成虫可大量吸食花蜜，得到充足的补充营养，因而产卵量大，同时也为幼虫提供了合适的生长条件，所以发生严重。烟青虫主要危害辣椒，在番茄上产的卵，其孵出的幼虫极少存活。

第二节　用螟黄赤眼蜂防治烟青虫

一、陕西地区用螟黄赤眼蜂防治辣椒烟青虫

陕西地区用螟黄赤眼蜂防治辣椒烟青虫，是根据虫情测报，于第二代烟青虫成虫产卵始期、盛期，分三次释放。具体时间为6月底，7月上旬至中旬，7月下旬至8月上旬。累计每667平方米(1亩)放蜂量3万头。在个别年份烟青虫发生量特别大时，可放蜂4次。

以放成蜂为主。上午10时左右携蜂至田间，均匀搁置，揭开盖布，让蜂逐渐飞出。蜂卡可用辣椒叶卷起，放于田间任其自然羽化，使之发挥持续的控制作用。

陕西省植物保护研究所报道，在利用螟黄赤眼蜂防治辣椒烟青虫的工作中，采用的计算方法是:

(一)卵寄生率统计

释放赤眼蜂后，从不同试验区采回一定数量的烟青虫卵，逐日记载孵化数、寄生卵数，计算卵的寄生率。

(二)角果被害率

放蜂后半个月，从不同地区选择有代表性的2～6块地，按5点随机取样100株，分别记载角果总数，并剖果检查幼虫数，计算辣椒角果被害率。

(三)干椒损失量与品质测定

根据百株角果被害数，折算不同试验区干椒损失量。试验

结果表明：利用螟黄赤眼蜂防治烟青虫效果较好。在107公顷(1 600亩)面积上，放蜂区烟青虫卵的寄生率达50%～70.2%。线辣椒角果被害率：放蜂区为0.22%～0.72%，对照区为3.5%～4.08%。

百株残虫控制在1头左右，角果被害减轻，增产10%～15%；干椒成品率提高15%。生防费用比化学农药费用降低75%。

二、武汉地区用螟黄赤眼蜂防治辣椒烟青虫

武汉地区的治虫实践也证明，利用螟黄赤眼蜂防治烟青虫，可以取得较为明显的效果。他们的主要经验是：

(一)抓住关键时期

武汉地区防治烟青虫，主要是在辣椒上危害最重的第三代。

(二)多次放蜂

武汉地区防治辣椒烟青虫，放蜂2～3次。

(三)控制总蜂量

每667平方米(1亩)总共放蜂2.0万～2.5万头。

(四)防治效果

放蜂区取得明显效果，在5.33公顷(80亩)放蜂区辣椒角果的烟青虫蛀果率大大下降，平均为13%，而对照区则为30.5%。

防治费用也成倍下降。通过实验结果总结表明，放蜂区所花费用每667平方米(1亩)2.5元，而化防区每667平方米(1亩)的费用为7.44元，两相比较，放蜂区费用降低率为66.39%。

两地区用螟黄赤眼蜂成功地防治烟青虫，主要掌握以下几个环节：①做好虫情调查，掌握烟青虫成虫的产卵时期，适

时放蜂。②了解烟青虫的为害规律，确定放蜂的重点。③根据烟青虫成虫喜在长势好、结角早的田块产卵的习性，因地制宜地确定放蜂日期、放蜂次数和放蜂数量。蔬菜生长良好、管理优良的一类田，可于6月下旬开始放蜂，每隔5～10天放一次，直至8月上旬。二类田可在7月上、中、下旬各释放一次。一般田于7月中、下旬释放1～2次即可。放蜂量：产卵初期可放总量的30%～40%，产卵盛期放总量的50%～60%，产卵末期酌情而定。④要注意天气会影响防治效果。因此，在放蜂时不能过分强调蜂、卵对口。为防止因刮风下雨而贻误放蜂时机，可采取在害虫尚未产卵时就在辣椒田少量放蜂，并增添寄主，让赤眼蜂在自然界逐渐繁衍，提前形成蜂群，及时抑制害虫。

第三节　用苏云金杆菌防治烟青虫

一、苏云金杆菌(B.t. 乳剂)用量

①100亿芽孢/克苏云金杆菌可湿性粉剂，用量为每公顷3 750～7 500克制剂喷雾(可参阅第七章菜粉蝶有关内容)。

②150亿芽孢/克苏云金杆菌可湿性粉剂，用量为每公顷1 500～2 250克制剂喷雾。

二、喷药适期

在主要为害世代卵高蜂后3～4天喷一次，喷后隔3～4天再喷一次，对幼龄烟青虫有较好的防治效果。

三、注意事项

①要掌握施药的最佳时期(一般在产卵高峰后3～4天)。

②苏云金杆菌不能与内吸有机磷杀虫剂或杀菌剂混合施用。

③苏云金杆菌制剂对家蚕毒力很强，在养蚕区要特别注意，勿使蚕中毒死亡。

第四节　用病毒杀虫剂防治辣椒烟青虫

棉铃虫核型多角体病毒杀虫剂，是一种新型微生物杀虫剂。使用该杀虫剂对危害番茄、辣椒、豌豆等蔬菜和烟草的烟青虫，防治效果明显优于一般化学杀虫剂。湖北省监利县已将其推广应用于20多公顷辣椒地的烟青虫防治，收到良好效果。

一、病毒杀虫剂作用的特点

核型多角体病毒(NPV)的粒子可包含在细胞核内。感染该病毒的昆虫在我国已发现有30种以上。感染最多的为鳞翅目昆虫。病毒传染途径，有皮肤感染和吃食感染。幼虫感染病毒之后，一般表现为食欲减退，行动迟钝，并常常向高处爬。死前体躯变软，体内组织被分解，体壁极易触破，流出白色或褐色的体液，体液无臭味。幼虫病死后，往往是尾足仍紧紧地附在植株上，躯体下垂。使烟青虫体内组织液化，是核型多角体病毒发生作用后虫体的一种主要症状。

病虫的粪便和死亡的虫体，都可有效地传染病毒给其他幼虫，使病毒在烟青虫种群中流行。不仅如此，核型多角体病毒也可以通过卵传给害虫的后代。幼虫龄期愈小，对病毒愈敏感。一般以一、二龄幼虫最敏感。

幼虫感染病毒剂量愈大，死亡愈快。用棉铃虫核型多角体病毒感染二龄幼虫，160多角体病毒/幼虫和80多角体病毒/幼虫两种感染剂量的死亡时间，分别是5.6天和7.1天。

二、生产上应用的剂型

棉铃虫病毒杀虫剂，生产上应用的主要有两种产品：一种是可湿性粉剂，作喷雾用的干燥产品，每克含20亿包涵体。另一种是乳悬剂，是加乳化剂配制而成的，每毫升含40亿包涵体。

三、烟青虫的批量生产

为了实现烟青虫病毒的全年生产和一定规模的生产，首先就要实现烟青虫的批量生产，这是十分必要的先决条件。

（一）烟青虫有别于棉铃虫

过去人们看到烟青虫和棉铃虫的形态、发生季节差不多，就误认为它们的寄主植物和为害习性也是大致相同的。近年来调查表明，它们的寄主植物基本上不同，只是在番茄上混合为害而已。通过用喂养棉铃虫的紫云英一麦胚人工饲料饲养烟青虫的试验，发现烟青虫生长缓慢，发育也不太整齐。

（二）烟青虫的人工饲料

中国科学院动物研究所1990年报道了喂养烟青虫的一种人工饲料，其主要成分是麦胚、酵母粉、番茄酱和辣椒粉。其配方是：麦胚50.0克，番茄酱10.0克，辣椒14.0克，酵母粉14.5克，维生素C 2.0克，尼泊金1.0克，山梨酸0.5克，琼脂8.0克，亚油酸5滴，氯化钠0.2克，蒸馏水400毫升。

（三）饲料制备

番茄采用罐装番茄酱，以干重计算；辣椒是鲜品，只取果心部分晾干、粉碎。其余参阅棉铃虫批量生产的有关部分。

（四）饲养方法

①初孵出的幼虫，在当天即接种到2.5厘米×8.0厘米的指形管内，每管5～10头。到3～4天后，约二龄初期，即进

行单个饲养。

②将老熟幼虫移至养虫缸，缸内放入砂壤土约3～4厘米厚。

③化蛹后第二天，取雌、雄蛹各20粒，测定其平均鲜重。

④成虫用养虫笼饲养，喂10%蜂蜜液。测定生殖力时，从第四天起移至8厘米×10厘米的马灯罩内，配对饲养，逐一统计其产卵量和孵化率。

⑤饲养室内，光照时间应在14小时以上，温度不低于25℃。

⑥饲养几代（一般10代）后，幼虫存活率和蛹重都出现较大幅度的下降。为此，要进行复壮试验。方法是从田间采集六龄幼虫，待其成虫羽化后，取雄蛾与用人工饲料连续在室内饲养的雌蛾配对，观察其后代的生活力。

四、防治效果

湖北省监利县在1988～1990年，利用棉铃虫病毒杀虫剂防治辣椒烟青虫，3年的防治工作均取得了良好效果（使蛀果率平均在4%以下），有效地控制了烟青虫的危害，提高了辣椒产品的质量。他们的经验是：

（一）适时用药

要抓住主要危害代和卵盛期，及时施药治虫。湖北省江汉平原防治辣椒的关键时期，是8月中旬至9月中旬，在烟青虫4代或5代的产卵盛期，施以棉铃虫核型多角体病毒杀虫剂，进行及时的防治。

（二）施药次数和间隔时间

一般一代喷药两次，两次用药间隔时间为5天。

（三）药剂用量

病毒可湿性粉剂的用量是每667平方米（1亩）40～60克

(即 $6\sim12\times10^{10}$),而病毒乳悬剂的用量是每 667 平方米(1 亩)20～24 毫升(即 $8\sim9.6\times10^{10}$)。

(四)防治成效

①利用棉铃虫病毒杀虫剂,连续三年有效地控制了烟青虫对辣椒的危害,使蛀果率在 4%以下。

②防治烟青虫,使用病毒杀虫剂完全可以替代化学杀虫剂。

③防治费用合理。经核算,病毒杀虫剂费用与化学杀虫剂相当。

第十六章　棉铃虫的生物防治

第一节　棉铃虫的识别、发生和为害特点

一、棉铃虫的识别

棉铃虫(Helicoverpa armigera),又名棉铃实夜蛾,俗名番茄蛀虫。属鳞翅目夜蛾科。

棉铃虫的成虫,体长约 18 毫米,翅展约 32 毫米。前翅颜色变化较多。雌蛾前翅赤褐色或黄褐色,雄蛾前翅多为灰绿色或青灰色。前翅内横线不明显;中横线很斜,末端达翅后缘,位于环状纹的正下方;亚外缘线波形,幅度小,与外横线之间呈褐色宽带,带内有清晰的白点 8 个;外缘有 7 个红褐色小点排列于翅脉间;肾状纹和环状纹褐色,雄蛾的较明显。后翅灰白色,翅脉褐色,中室末端有一褐色斜纹,外缘有一条茶褐色宽

带,带纹中有两个牙形白斑。

棉铃虫的卵近半球形,顶部稍隆起。卵孔不明显,花冠仅一层菊花瓣。初产出时卵黄白色或翠绿色,近孵化时变为红褐色或紫褐色。

棉铃虫的成熟幼虫,体长约40毫米,各节上均有毛片12个。体色变化较大,大致可分四个类型:①体淡红色,背线、亚背线为淡褐色;②体黄白色,背线、亚背线浅绿色;③体淡绿色,有背线、亚背线,但不明显;④体绿色,背线与亚背线绿色。幼虫五至七龄,多数为六龄。

棉铃虫的蛹为纺锤形,体长18毫米,第五至第七腹节前缘密布比体色略深的刻点。尾端有臀棘两枚。初化的蛹为灰绿色、绿褐色或褐色,接近羽化时呈深褐色,有光泽。

二、发生和为害特点

棉铃虫在我国不同地区一年发生的世代数不同。棉铃虫在辽宁、河北北部、内蒙古和新疆的大部分地区一年发生3代;在华北地区一年发生4代;在长江流域地区为一年发生5代,部分地区为4～6代;在华南和云南地区一年发生6代,部分地区为7代。近年来,许多事实证明棉铃虫具有迁飞习性,它的发生与为害又有新的特点。

辽宁省锦州、辽阳和旅大等地区,棉铃虫的成虫在5月中旬开始出现,5月下旬为盛蛾期。第一代卵最早在5月中旬出现,多产于番茄、豌豆和冬麦作物上。5月下旬为产卵高峰期。5～6月份为第一代幼虫为害期,7月份为第二代幼虫为害期,8月上旬至9月上旬为第三代幼虫为害期。这些地区以第二、三代为害较重。

华北地区,棉铃虫蛹于4月中下旬开始羽化,5月上中旬为蛾子盛发期。第一代为害轻,第二代是主要为害代,此时正值番茄现蕾开花期，棉铃虫集中在番茄上产卵。卵盛期在6月中下旬，幼虫为害盛期在6月下旬至7月上、中旬。一般年份对露地番茄蛀果率为5%～10%，严重地块可达30%以上。第三代卵高峰出现在7月下旬，发生较轻，主要危害茄子、青椒、豆角等，蛀果率一般为3%～5%，严重年份可达15%以上。第四代卵高峰出现在8月下旬至9月上旬，幼虫在9～10月间主要危害秋大棚和温室番茄，蛀果率一般都不高，为1%左右，严重的地块蛀果率可达10%。

棉铃虫以蛹在晚秋寄主植物附近的土壤中越冬。越冬蛹第二年羽化，羽化多在夜间发生，羽化后的成虫白天常栖息于植株丛中。成虫在傍晚最活跃，多集中在开花植物上吸食花蜜。成虫对黑光灯有趋性，同时对糖、醋、酒液等趋性也很强。对新枯萎的白杨、柳树等树枝，也有趋集性。对酸性物液、草酸和甲酸有强的趋化性。

棉铃虫的成虫昼伏夜出，其交配、产卵多在夜间进行。交配后2～3天开始产卵，常选择在生长旺盛、现蕾、开花早的植株上产卵。产卵集中在黄昏和黎明，卵散产。在番茄上产卵时，多产在果萼、嫩叶、嫩尖和茎基上，每头雌虫产卵400～1 500粒，平均1 000粒。产卵有明显的选择性，趋向生长高大茂密的嫩绿寄主植株表面、花蕾、花朵及嫩枝上。在番茄植株上，约95%的卵散产于植株顶尖至第四复叶层。卵的孵化率较高，一般在80%以上。幼虫为多食性害虫，可危害200多种植物，如番茄、辣椒、茄子、豆类及南瓜等蔬菜作物，主要有棉花、玉米、高粱等。幼虫共六龄。初孵幼虫取食叶肉，渐向植株下部转移。三龄时蛀食果实，四、五龄时转至果上蛀食，喜食青果。一条幼虫一生可取食3～4个果，最多的达8个。幼虫转果为害均在白天。幼虫有假死性和自相残杀性，常一果一头虫。老熟幼虫入土化蛹。据河北、山西等地调查，第二代棉铃虫在我国番茄田中，卵至三龄幼虫，平均存活率为25%；三至六龄幼虫平均存活率为38%。近年来研究发现，在番茄上为害的主要是棉铃虫。人工接种试验表明，棉铃虫有拒绝在辣椒上产卵的习性。这正是它与烟青虫不同的地方。烟青虫主要危害辣椒，烟夜蛾可在番茄上产卵，但存活下来的幼虫却极少。

在菜田中，番茄的长势与棉铃虫的发生有直接的关系。一般种植早、生长又好的番茄田，见卵早，卵量多，受害重。相反，种的晚、长得差的番茄田卵量少，受害轻。

番茄生长差，病害严重，有大量乌心果时，其上寄生的棉铃虫的幼虫，亦因营养条件差而导致发育不良，死亡率增加，种群数量急剧下降。

棉铃虫成虫需补充营养。如果成虫发生期，正是许多蜜源植物，如豌豆、油菜、大葱、洋葱和茄子等作物开花的时候，那么，成虫由于可以大量吸食花蜜，得到充足的补充营养，而使产卵量增大，并为幼虫提供良好的生长条件，所以发生较重。

第二节　用赤眼蜂防治棉铃虫

赤眼蜂是棉铃虫卵期的重要天敌，在田间释放赤眼蜂，是防治棉铃虫的一种有效方法。早在20世纪70年代初，湖北、江西、江苏和新疆等地，就开展了利用赤眼蜂防治棉田棉铃虫的工作，取得了良好的防治效果。90年代以来，武汉、山西、北京等地连续开展利用人工卵蜂防治棉铃虫的工作，亦均取得良好的防治效果。

北京市通州区植保站(1995)鉴于二代棉铃虫一直是该区番茄的重要害虫，严重年份可使番茄减产达20%左右，并损害番茄品质的情况，开展了人工卵蜂防治菜田棉铃虫的工作。

他们的做法是：

由北京市密云州区植保站提供人工卵蜂繁殖的松毛虫赤眼蜂，在北京通州区胡各庄乡露地释放。番茄品种为佳粉2号。放蜂时间选定在菜地棉铃虫产卵高峰期。第一次放蜂在6月16日，第二次放蜂在第一次放蜂后的第五天。放蜂量为每公顷45万头。放蜂采取粘卡挂牌的方法。具体做法是：将人工繁育的赤眼蜂寄主卵，粘成卵卡。每张纸卡上有15粒左右的赤眼蜂寄主柞蚕的卵粒，每粒可出蜂60头左右。防治效果明显，第一次放蜂后三天，寄生率为64.8%，第二次放蜂后三天，寄生率为68.1%。

第三节　用棉铃虫核型多角体病毒防治棉铃虫

一、情况简介

利用棉铃虫核型多角体病毒是防治棉铃虫危害的有效途径之一。我国自20世纪60年代初开始利用核型多角体病毒防治棉铃虫，以后发展迅速，80年代已出现了我国第一个工厂化生产的产品。到1995年，国内已建成三个棉铃虫病毒(NPV)生产厂家。年生产能力约3吨病毒，可应用面积已达2万公顷以上。在湖北、河南、山东和江苏等省，已推广使用。河南省信阳地区在1995年6月间的6天中，就在2 333公顷农田中使用了该制剂防治棉铃虫，防治效果达到97%。

二、棉铃虫病毒病症状

研究发现，能感染棉铃虫的病毒有核型多角体病毒、质型多角体病毒和颗粒体病毒三种。在自然界可引起流行性病害的以核型多角体病毒(NPV)为最普遍。此种病毒主要侵袭棉铃虫幼虫的血细胞、脂肪体细胞、气管基质细胞和表皮细胞的细胞核。

棉铃虫幼虫感染棉铃虫核型多角体病毒(HaNPV)发病后，行动迟缓，食欲下降，4 天以后开始陆续死亡。临死前病虫虫体肥肿，表面退色，足钩枝叶悬挂而死。病死的虫体柔软，体壁易碎，触之即破，流出灰褐色或白浊色浓液，液中含有大量多角体病毒。

三、病毒的增殖与工厂化生产

该病毒只能用活体(活虫、活细胞)培养。棉铃虫核型多角体病毒的增殖，只要用带毒的饲料喂养健康棉铃虫的幼虫，使之感染即可。几天后幼虫发病死亡，然后收集死虫，制成病毒制剂。华中师范学院等曾以此法从棉铃虫病死虫体中，分离得到棉铃虫核型多角体病毒的优良毒株"VHA-273"，并在湖北省公安县 6.666 公顷大田中进行防治，结果使第二、第四代棉铃虫种群数量平均下降 87%以上，取得了较好的防治效果。

棉铃虫病毒(NPV)杀虫剂，是我国第一个病毒杀虫剂商品。湖北天门蒋湖病毒杀虫剂实验工厂(1995)报道，该厂的核型病毒生产，已进入长年批量生产，具有连续性，不受虫源、饲料、季节和自然因素的影响，已可根据市场需要情况进行生产。

棉铃虫核型多角体病毒可分为两大包埋类型，即单粒包埋型(HaSNPV)和多粒包埋型(HaMNPV)。前者毒力比后者高 6.8～9.8 倍，蒋湖病毒杀虫剂实验工厂即从中选择了毒力较高的一株单粒包埋型 S01-43NPV，作为生产病毒杀虫剂的出发毒株。

四、棉铃虫的批量生产技术

为了实现棉铃虫病毒的全年性工厂化生产，人工饲养棉铃虫就极为重要。人工饲养棉铃虫幼虫，是增殖病毒的关键之一。棉铃虫的人工饲料，国内外已有不少报道。从我国国情出发，选出两种较优良的人工饲料介绍如下：

(一)荆州地区微生物研究所的人工饲料

湖北省荆州地区微生物研究所，1981 年报道了棉铃虫三号饲料配方。他们利用此种配方在室内已连续喂养棉铃虫 24 代。实验种群的生长、发育、繁殖均属正常。幼虫平均存活率为 84.9%，化蛹率为 87.1%，平均蛹重 359 毫克，每只雌蛾平均产卵 609 粒。他们进行棉铃虫批量生产的主要技术是：

1. 选配棉铃虫三号饲料的配方　1974 年以来，荆州地区微生物研究所根据 18 种天然饲料喂养棉铃虫的试验结果，对棉铃虫人工饲料进行了改进和研究，从 37 种配方中选出了原料来源广、成本低、效果优于天然饲料的“三号饲料”。其配方是：黄豆粉(熟)20 克，玉米粉 30 克，大麦粉 30 克，维生素 C 1 克，干酵母 8 克，琼脂 3.5 克，棉籽油 0.5 毫升，36%醋酸 6 毫升，10%福尔马林 1.0 毫升，苯甲酸钠 0.8 克，水 200 毫升。

2. 饲料的制备　先将黄豆粉蒸熟，将福尔马林、棉籽油、醋酸等放在占总水量 10%的水中，再加入按配方称好的其他成分搅拌均匀。其余 90%的水用以溶解琼脂，待其全溶后冷至 70℃左右时，将它与其他成分混合，充分搅拌后，平铺在瓷盘上，厚度为 0.5～1.0 厘米。冷却后，将其切成 5 克左右重的小块，分装在养虫管中备用。

3. 在养虫管内养虫　用毛笔轻轻将初孵出的棉铃虫幼虫，挑入装有 5 克饲料的养虫管(25 毫米×100 毫米)内，用棉花球将养虫管塞住。从初孵出至幼虫老熟，中间都不更换饲料。

4. 使老熟幼虫入土化蛹　幼虫老熟后，即可转入盛有砂壤土的养虫管内或缸内，让其入土化蛹。特别要保持盛虫器中的湿度。一般是用加水法，使之调节到绝对含水量8%～10%，每个盛虫器中装土的深度要在3厘米以上。

5. 笼养成虫与收卵孵化　成虫羽化后，应在当天将棉铃虫蛾放入铁纱笼（体积约1 600立方厘米），让其交配产卵。笼内放5%蜂蜜水或以棉花球浸蜂蜜水喂养虫蛾。一般每笼放成虫5对，笼口蒙上纱布，以橡皮筋束扎。待雌蛾在纱布上产卵后，取下有卵纱布，用10%福尔马林溶液浸泡15～20分钟，清水漂洗三次后晾干，放入养虫缸内，让卵孵化，然后取出初孵幼虫。

（二）中国科学院动物研究所的人工饲料

中国科学院动物研究所，分别于1980年和1985年，报道了用不同人工饲料连续饲养棉铃虫，通过试验比较，设计和发展了适合于大量饲养棉铃虫的紫云英-麦胚人工饲料。用这种人工饲料喂养的棉铃虫，发育快，存活率高，蛹大，成虫产卵多。经连续喂养棉铃虫16代，其结果是，各代幼虫存活率均在85%～97%之间，每只成虫平均产卵1 000多粒，孵化率不低于70%。其主要技术是：

1. 棉铃虫紫云英—麦胚人工饲料的配方　从1979年以来，中国科学院动物研究所设计出四种人工饲料，即玉米粉、豆粉、麦胚和紫云英饲料。在实践中发现，以紫云英或麦胚为主要成分的人工饲料，基本上可以维持棉铃虫正常生长和发育所需的营养。紫云英饲料和麦胚饲料各有利弊。紫云英喂养的棉铃虫存活率高，但历期稍长[幼虫期14.3天；幼虫期加蛹期（♀）共28.7天]，卵的孵化率也偏低；麦胚喂养的棉铃虫幼虫发育快，卵的孵化率高。两者的混合配方饲料的各种指标，均优于上述4种人工饲料。紫云英—麦胚人工饲料，有利于简化饲养程序、节省时间和降低成本，适应大量繁殖的需要。

新的紫云英—麦胚人工饲料中，以紫云英和麦胚为主要成分。紫云英在盛花期含有丰富的蛋白质和脂类，花和叶含有丰富的糖类，尤其是单糖。麦胚蛋白质中含有18种常见的氨基酸，并含有刺激昆虫取食的物质。棉铃虫紫云英—麦胚人工饲料的配方是：紫云英75克，麦胚75克，酵母粉30克，维生素C 3克，尼泊金2克，山梨酸1克，琼脂14克，亚油酸1毫升，蒸馏水800毫升。

2. *饲料的制备*　饲料中的麦胚成分，系将小麦浸泡发芽，待芽与麦粒等长时，去除根部后晒干、粉碎而成；紫云英成分，系将盛花期的花和叶的混合物晒干、粉碎而成。粉碎后的两种成分，均经40目的筛子过筛。然后将前述人工饲料各成分分为三部分：①用一半水溶解琼脂，煮沸直至透明；②将亚油酸加在维生素溶液中；③将饲料的其余成分混合后，加入余下的水，并充分搅拌。趁热将溶解的琼脂倒入并迅速搅拌，待其冷却到40℃以下时，加入维生素C溶液，继续搅拌，直至凝结，然后将其保存于冰箱内待用。

3. *饲养方法*　饲养幼虫用的指形管、细白布、棉花塞等物，事先均要用高压蒸锅经66.783千帕消毒30分钟。接种前，将配好的饲料切成小块，每块约重8～10克，分装于指形管中。接种时，用细毛笔挑取初孵出幼虫，每管一条，接种数不少于100条。一、二龄期间，管口用细白布扎紧，三龄后改用棉花塞塞紧管口，将其放在室温25～29℃下饲养。

每隔一天检查一次。幼虫老熟时，移入装土的指形管内化蛹。成虫在桅灯罩内配对饲养，喂以5%蜂蜜水，罩口用绿色窗纱扎紧，置于装水的缸上，以保持足够的湿度；罩内放一条窗纱，供其产卵。

4. *要保持清洁* 在饲养棉铃虫的过程中，常有杂菌污染，妨碍饲养工作的正常进行。所以，用具、人工饲料和环境必须经常进行清洁，尽量做到洁净无菌。

5. *要及时复壮* 棉铃虫虫种在经过一定代数后，即要进行复壮。

五、棉铃虫病毒的田间应用技术

（一）使用时间

棉铃虫病毒(NPV)在田间的使用时间，应安排在棉铃虫的产卵高峰期，使病毒喷粘在卵的表面，利用棉铃虫幼虫孵化后咬食卵壳的习性，来提高杀虫效果。在乡村、农场，可用杨树枝把和性引诱剂诱测成虫，用以测算产卵高峰期，并结合田间实查加以检验，以便准确确定病毒施用的适宜日期。

（二）田间使用量

可以通过室内毒力测定，换算成田间使用量，每公顷为1 125 亿个病毒多角体。在田间防治时每公顷使用1 500～2 250 亿个多角体病毒，即可达到满意的效果。以每条棉铃虫幼虫产多角体病毒5亿个计算，每667平方米(1亩)约为20～30条虫当量，高产的虫当量只需5条即可。

（三）田间使用时间

病毒对紫外线非常敏感。田间使用时受紫外线的影响比较大，因此一天中的田间使用时间，以傍晚为宜。此时阳光较弱，其紫外线自然也不强，而且又正值棉铃虫卵的孵化时间。

（四）和化学农药混用

棉铃虫核型多角体病毒，可与常用的化学农药混用，如氨基甲酸酯类，拟除虫菊酯类和有机磷类等农药。混用量为常用量的1/4～1/3，甚至为1/10。

六、防治效果

1980年全国有13个省市在辣椒地、番茄地、玉米田和棉花田，进行了棉铃虫病毒的药效试验，结果表明，棉铃虫病毒杀虫剂防治棉铃虫的效果，防治率一般为59%～99%，棉铃虫虫口下降率一般为69%～86%。

江苏省灌云县1995年报道，从20世纪70年代中就开始了棉铃虫核型多角体病毒的应用研究，狠抓了饲养棉铃虫幼虫的工作，接种以三、四龄幼虫为主，人工增殖病毒防治田间棉铃虫，特别是二代棉铃虫，取得满意效果，达到95%以上，3～4代棉铃虫的田间防治效果也可达85%以上。

湖北省天门市蒋湖微生物研究所1995年报道，利用棉铃虫病毒杀虫剂棉烟灵，既可用于防治番茄、玉米、棉田中的棉铃虫，也可用于防治烟叶、番茄和菜蔬等作物上的烟青虫。在湖北武汉、河北容城等地的药效试验表明，防治棉铃虫效果均在80%以上。虫口减退结果表明，棉烟灵优于25%西维因，相等于25%杀虫脒(已禁用)。它在气候条件适宜时，可发生流行病，有较长期的控制作用。

第四节　用菌毒畏防治棉铃虫

菌毒畏，是山东省滨州地区的宏达生物药厂生产的杀虫剂，1994年5月被列入山东省“八五”星火重点开发项目。使用菌毒畏防治棉铃虫，获得较为理想的效果，幼虫死亡时间较一般生物杀虫剂提前10多个小时，又能保护田间天敌。菌毒畏是一种防治棉铃虫的新农药。它是利用棉铃虫NPV病毒、苏云金杆菌加适量助剂，进行复配制成的新生物杀虫剂。

一、菌毒畏的后效作用

在使用菌毒畏的示范大田，进行了跟踪调查，发现停药后10天，使用菌毒畏的地块较化学农药防治的地块，棉铃虫自然染病率高18.2%，其中菌毒畏成分中的苏云金杆菌感染占42%，NPV病毒感染占39%。停药后15天，菌毒畏地块较化防地块的棉铃虫自然染病率高10.6%。

二、菌毒畏对天敌总量的影响

经山东省滨州地区农业科学研究所在阳信县银高乡1996年调查证明，在使用菌毒畏三次以后，天敌数量在原有基数的基础上有一定的增加，增加幅度为105.2%～138.5%。

三、对天敌种群数量动态的影响

根据目测和网捕调查，山东省滨州地区田间天敌的优势种群，主要是蜘蛛类、瓢虫类和草蛉类。捕食性天敌在有效虫态的总数中占70%以上。为了进一步探明菌毒畏对不同天敌的影响程度，从施药后第一天到第八天，对主要天敌进行了调查。结果表明，在第一天昆虫耐药敏感期间，对主要天敌种群均有一定的抑制作用，尤以草蛉为重，瓢虫类次之，蜘蛛类最轻。但这种抑制作用影响的时间较短。草蛉类在用药后3天，瓢虫类和蜘蛛类在用药后2天，即可达到对照水平。然后，都一致保持了上升的趋势。而化学农药施药后第七至第八天以后，才逐渐达到对照水平。由此可见，菌毒畏生物杀虫剂在大田中使用，每隔4～5天一次，既能有效地控制棉铃虫的发生与危害，又有利于田间害虫天敌的繁衍和发展。

四、防治效果

无论田间小区试验，还是大区防治示范，菌毒畏防治二代棉铃虫的平均减退率为92.6%，防治三代棉铃虫的平均减退率为90.2%。结果表明，菌毒畏集中了苏云金杆菌和棉铃虫NPV病毒的优点，提高了对害虫的击倒率和杀伤率。应用效果既高于同类生物药剂，也高于一般化学杀虫剂。它感染力强，连锁效应显著，对人畜、天敌安全，是目前较好的防治棉铃虫的一种新型杀虫剂。

第五节　用蜘蛛防治棉铃虫等害虫

一、蜘蛛是菜田重要天敌类群

蜘蛛是一个很大的家族，全球有3万余种，中国有3 000种以上，其中80%左右栖息在农林、菜果环境之中。菜地有丰富的蜘蛛资源。它们发挥着重要天敌的作用，有如下主要特点：

（一）良好的治虫特性

所有蜘蛛都是以各种小动物作为食物。蜘蛛对食物的选择性较小，对菜田中各类小虫它都能捕食，有时对比自身大的小动物也能发起攻击。不论哪一种蜘蛛，不论在什么蔬菜上，只要有蜘蛛，就能起到消灭害虫的作用。即使在田间害虫很少的情况下，它们也绝不改变食性。蜘蛛不会破坏蔬菜等农作物。因此，菜田中蜘蛛的种类和数量愈多愈好。实践表明，以蛛治虫效果好。

（二）高超的捕虫能手

蜘蛛是广食性动物，能捕食多种害虫。结网的蜘蛛能捕食飞虫、小菜蛾、甘蓝夜蛾、烟青虫和豆荚螟等大小害虫。在地面挖洞筑穴的蜘蛛常以蛛丝做障，有袋状网，很精巧，可将猎物捕获，并拖入穴中。而那些不结网的蜘蛛，则在菜田中不停地寻觅，那些蚜虫、粉虱、金龟子和甲虫等，均会毫无例外地被捕食，真可谓“天罗地网”。

蜘蛛都不能远距离看见物象。它们大多具有8只眼睛，但只能用来感光见影。在害虫活动时，蜘蛛即准确地出击。有的能纵身跳跃捕食害虫。有的是昼夜兼程巡游于株间和地面。它们布网于菜株和田间，在菜株的上、中、下层活动捕食。有的还能涉水，在水面捕猎，遇上害虫即猛扑过去，紧紧抓住，从不放过。

（三）食量大，耐饥饿

据观察，蜘蛛的食虫量是相当可观的。如日本肖蛸，每天每头能捕食斜纹夜蛾一龄幼虫5头。三突花蛛每天每头可扑食5～11头斜纹夜蛾，平均8头。微蛛每天每头可捕食蚜虫12～25头，最多时可达63头。草间小黑蛛每头每天捕食二龄以前棉铃虫幼虫，最多达150余头。

蜘蛛的耐饥力很强，饱食一餐后，少则10余天，多则30～40余天，甚至上百天不吃食物也不会饿死。如草间小黑蛛，在温度31℃左右时，能耐饥15～23天。拟环狼蛛在20℃左右时，能耐饥52～116天。蜘蛛在田间无虫可食时都不会死亡。当害虫再次发生时，它们又可继续捕食。

（四）繁殖快，寿命长

中等体型的狼蛛一年发生2～3代，小型微蛛、球腹蛛等一年发生6～7代。每头雌蛛一年一般产卵4～5次，多则10余次。每个卵囊中包有十至百余粒卵，最多的达2 000多粒。蜘蛛体型小，产卵囊数量多，卵囊含卵粒少；蜘蛛体型大，则产卵囊数量少，卵囊含卵粒多。草间小黑蛛一生可产卵囊8～15个，每个卵囊含卵10～70粒，一生约产卵289～537粒。

蜘蛛抵抗不良环境条件的能力强，具有广泛的适应性。草间小黑蛛在0℃以上的温度下即能活动，5～10℃时即能取食。它的寿命也比一般小动物长，如草间小黑蛛可生活 80～239 天。有的蜘蛛寿命长达 3 年左右。它们能够在较长时间内控制害虫的发生。

二、菜田主要蜘蛛的识别及其习性与发生特点

蜘蛛属节肢动物门蛛形纲蜘蛛目。我国菜田蜘蛛种类丰富，数量亦大。现对常见的主要蜘蛛简介如下：

(一)草间小黑蛛(Erigonidium graminicola)

又称赤甲黑腹微蛛。雌蛛体长约 3.6 毫米，雄蛛约 3.3 毫米。雄蛛头胸部为赤褐色，长椭圆形，扁平，无隆起。螯肢内侧有一大齿，齿端生一长毛；爪沟的前齿堤，一般有五个小齿，后齿堤有四个大齿。步足赤褐色，腹部灰褐色至黑褐色。其生殖厣，外面看似两个长方形(或长椭圆形)黑色斑块相对而生。卵囊椭圆形块状，也有的因产卵部位不同而异；卵囊外面有疏松白丝裹着。卵粒圆球形，初产时乳白色，接近孵化时呈淡黄色。每块卵囊平均含卵量为 26 粒左右。

草间小黑蛛，在浙江省田间一年可发生 3 个完整世代，在湖南长沙和湖北省一年可发生 5～6 代。在湖北省，其成蛛、亚成蛛和幼蛛，在苕子田、麦田、油菜田等土缝、叶内、树皮内，以休眠状态越冬。翌年春天，只要气温上升到 10℃以上，便开始活动，3 月上旬即可见卵囊。

草间小黑蛛幼蛛蜕下最后一次皮之后就可交配。交配时，雌、雄蛛都悬挂在丝网上。产卵前期一般为 3～6 天。产卵主要产在绿肥田排水沟两旁的疏松泥堆中和叶片上。卵囊白色，直径一般为 6 毫米。大多数的卵囊集中在 30 天内产出。雌蛛产下卵囊后，即守护在卵囊边。成蛛和幼蛛行动迅速，一受惊动，即吐丝下垂或随风飘走。有自相残杀习性。

在山东省的蔬菜地和高粱、玉米与小麦等农田的各种天

敌中，草间黑蛛的数量常居优势。据对667平方米（1亩）旱田的调查，这一种天敌的数量就高达2万头之多。每日每只捕食瓜蚜9～30头，平均20头；捕食二斑叶螨3～34头，平均14头；捕食棉铃虫卵9～23粒，平均16粒。这样，667平方米（1亩）地内的草间小蛛，每昼夜所捕害虫的数量就极为可观了。

此种蜘蛛活动范围很广，不但见于菜田、麦地等旱田，也可见于水田，而在山区的林间、树丛、竹林、果园，以及其他经济作物区都有分布。

（二）八斑球腹蛛（Theridion octomaculatum）

又称八点球腹蛛。蛛体小型，体长约2.5毫米。雄蛛背甲黄绿色，颈沟明显，背甲中窝后方有一黄褐色短纵条斑，但也有整个背甲中央有黑褐色纵行条斑的。最明显的特征是雌蛛腹部背面有四对黑斑，纵向排成两行，故称八斑球蛛。8眼排成2排，大小相同。各眼周围均有较大的黑圈。雌蛛体色为淡绿色，也有白色、黄色等多种变化。卵囊拖在雌蛛腹部末端，圆球形，白色，可从卵囊外面的白色薄膜透见卵粒，卵粒圆球形。每个卵囊平均含卵50粒左右。在植株间结不规则小网。

成蛛、幼蛛都能越冬，有多次产卵习性，故世代重叠发生。在武汉市一年可发生6～7个世代，浙江北部一年可发生3代以上。它在南方北方菜田均有分布，捕食瓜蚜、叶蝉等害虫。该种蜘蛛是江南稻区飞虱、叶蝉等害虫的重要天敌，是稻田蜘蛛中数量较多的常见种类之一，约占稻田全年总蛛量的50%。以10月份连作晚稻后期田间的发生数量为最多，可占蜘蛛总数的70%。

雌蛛的亚成蛛蜕下最后一次皮后，就能立即交配。交配多在不规则的网上进行。雌成蛛一生进行一次交配，多次产卵。在自然条件下，其前一个卵囊孵化后才产下另一个卵囊。雌蛛有护卵的习性，保护卵囊的方式，是以一侧的第四对步足和纺丝器一起，共同携带卵囊。虽然卵囊比雌蛛的腹部大得多，但雌蛛行动仍然敏捷灵活。一头雌蛛一生一般产 4 个卵囊，最多可产 6 个。其第一个卵囊的卵粒最多，可达 40～50 粒。雌蛛一生可产卵 97～130 多粒。

八斑球腹蛛可利用蛛丝网来捕捉害虫。但是，大部分时间是游猎捕食害虫。南方竹林中常可见到。

（三）拟环纹狼蛛（Lycosa pseudoannulata）

又名拟环狼蛛。是狼蛛中体型较大的一种。雌蛛体长 12 毫米左右；雄蛛体长 8.5 毫米左右。头胸部背面中央纵斑为淡黄色，前宽后窄，纵斑前方有 1 对色深的纵斑，为赤褐色。眼 3 列，排成 4-2-2，第二列眼最大。胸板黄褐色，其色泽深浅在个体间有差异，有的雄体的胸板全部为黑色。两侧各步足基节间处各有一黑斑。步足褐色，有淡色轮纹，胫节背面有两根刺；腹部背面为黄褐色。密生白毛、黄毛和黑毛。心脏斑矛形，两侧有数对淡黄斑。该种蜘蛛的体色多变，一般秋季的颜色较浅。

拟环狼蛛为农田中的优势种，是一种不结网的游猎型蜘蛛，多在地面活动。受惊时潜入水中，是水稻田中常见种类。冬季常进入土内小洞或缝隙内结一个隧道型小网，一端向外开孔，以成蛛或幼蛛在其中越冬。气温转暖时，常出洞游猎。春季常在有植被的菜田活动，一般在气温达 5℃以上开始活动，15℃以上时正常取食。其最适温度在 20～30℃之间，30℃以上则在菜地静伏。该种蜘蛛在浙江全年繁殖不完整的 2 代；在湖南、湖北一年可发生 2～3 个世代，世代重叠。

拟环狼蛛雌蛛交配一次可终生生产受精卵。一雌可多雄交配，但一经产卵，便不再交配。雌蛛交配后 4～5 天开始产卵。在长江流域，4 月下旬开始出现携带卵囊的成蛛。卵囊扁球形，初形成时为深绿或墨绿色。数天后，体积稍大，上下两半球成为灰褐色，结合部有一道灰白圈。每个卵囊内平均有卵100粒，最多的有225粒。一头母蛛一生约产卵囊5个，产卵量为500粒左右。其寿命较长，一般200～400天，最长可达3年左右。

拟环狼蛛有自相残杀的习性。但母蛛背驮的幼蛛无残食表现。拟环狼蛛对不同猎物有不同的捕食方式。如对菜田中夜蛾类等中、大型昆虫，首先抓住猎物胸部背面，注入消化液，待内脏液化后，再吮吸液汁。它喜捕食甘蓝夜蛾、烟青虫、小菜蛾、菜螟等多种中、小型蛾子和飞虱、叶蝉的成虫、若虫，以及低龄粘虫和蝼蛄。据室内观察，在连续2～3天，每头拟环狼蛛平均每天捕食2～3龄粘虫7.6条，一头母蛛一天最多能吃15条；捕食黑尾叶蝉成虫平均每天为6～6.5头，一头母蛛一天最多吃15头黑尾叶蝉成虫。雄蛛的食量比雌蛛小。

(四)中华狼蛛(Lycosa sinensis)

雌蛛体长约25毫米，雄蛛体长约18毫米。雌蛛全身密生黑色、白色及黄色细毛。头胸部为棕褐色。前眼列平直，前中眼大于前侧眼，前中眼间距大于前中侧眼间距。第一眼列略长于第二眼列；第三眼列最宽。整个背甲被有细毛。螯肢侧结节明显，基部有黑、白长毛，端部毛黑色。胸板黑色，步足黄褐色，密生黑、白色毛。各步足之后跗节、跗节具毛丛。腹部背面灰黑色，有许多小黑色“山”字形斑纹。在整个腹部背面有许多黑色细毛小斑点，腹部腹面也被黑色细毛所覆盖。雄蛛极似雌蛛，唯体较小，瘦细。

中华狼蛛为穴居性，多在平原地区的豆田、菜田、玉米田、麦田等农田的田畦、沟渠及草间挖穴筑室。随着蛛龄期的增长或季节气温的变化，其居住洞穴逐渐加深。该蛛以成蛛或亚成蛛在洞中越冬。在北方,3月初它即开始活动,4月上旬交配产卵。每个卵囊内有卵约150粒。此种蜘蛛在北方地区每年发生一代。多在日落后出动和猎食,喜食田间各种夜蛾、甲虫和多种蝇类、蝗虫、叶蝉等。尤其是小地老虎、金龟子在交尾产卵期间最易被中华狼蛛所捕食。

(五)机敏漏斗蛛(Agelena difficilis)

雌蛛体长约10毫米,雄蛛体长约7.5毫米。雌蛛全体灰褐色;背甲长梨形,棕褐色,头区狭窄。二眼列均强前曲,各眼几乎等大。头胸部中央有一浅棕色纵带,两侧色泽较深。螯肢棕褐色,具有侧结节。步足黄褐色,长而多毛,各节末端有棕色斑纹。腹部呈纺锤形,前端钝圆,后端尖细,背面灰黑色,中央有一条可见的浅色纵带,两侧有四对"八"字形灰白斑。腹部腹面正中,外雌器的后方有一条褐色宽纹,一直伸到纺器附近。雄蛛体色较淡,除背甲较宽外,其余同雌蛛。

此种蜘蛛在北方一年发生一代,以成虫在草丛中下部结成的漏斗网中用枯叶做巢越冬,也在树皮或石块下越冬。在蔬菜、大豆、玉米和高粱等植株的叶丛间,把几片叶子拉拢结网,网口较大,后端开口较小,一般不离网捕食。产卵盛期在5～6月份。卵囊产在叶上,椭圆形,上方隆起似馒头样。每个卵囊内一般有卵30～45粒,最多的可达90粒。一头雌蛛一生可产卵囊6～9个。孵出的幼蛛多在9月份成熟,产卵迟的则到翌年成熟。

此种蜘蛛除菜田外,分布较广,常在茶树、桃树、棉花、麻类、水稻、蔷薇、水杉、冬青、松柏等植物上布网。能捕食棉铃虫、豆荚螟、地老虎、尺蠖、蚜虫、叶蝉、蓟马和蝗虫等多种蔬菜害虫。

（六）**迷宫漏斗蛛**（Agelena labyrinthica）

雌蛛体长约 10 毫米，雄蛛体长约 8 毫米。雌蛛背甲浅褐色，有两条深褐色条斑纵贯前后，有放射形的沟。前眼列平直，后眼列强前曲，8 眼中以前中眼较大，前、后侧眼靠近；后中眼前后有三角形黑斑。步足黄褐色，各节末端色暗，有许多刺和毛。腹部灰绿到紫褐色，幼蛛腹部为紫红色，背面正中有 7～8 对“八”字形浅色斑纹。腹部腹面和侧面中央有两条紫褐色纵纹，有的个体侧面有黄白色鳞斑。雄蛛色深，黑褐色，步足较长，腹部窄小，其余似雌蛛。

此种蜘蛛在湖北武汉地区一年发生一个完整世代。以卵越冬，于 11 月中下旬在树皮、砖石中或杂草、枯叶上过冬，翌年 3 月下旬至 4 月上旬孵化。在北方以成蛛或亚成蛛在树皮下越冬。幼蛛蜕皮 7～9 次，为八至十龄，以九龄为最长，全代历期 320 天左右。平均寿命，雌蛛为 84 天，雄蛛为 38 天。雌成蛛一般于 10～11 月份产卵，一生可产 1～3 个卵囊。1 个卵囊平均约有 80 粒卵；产多个卵囊的，单雌产卵量平均在120～150 粒之间，最多的可达 244 粒，孵化率平均在 90%以上。

迷宫漏斗蛛常栖息于近山坡的蔬菜、玉米、高粱及其他旱地作物田内。以网捕食斜纹夜蛾、小菜蛾、烟青虫等鳞翅目害虫及蝗虫等。在稻田、茶园、灌木丛或杂草中，亦可见其结漏斗网捕虫。

（七）**三突花蛛**（Misumenops tricuspidatus）

雌蛛体长约 5 毫米，雄蛛体长约 4 毫米。雌蛛体色多变，有绿、白、黄等多种体色。8 眼 2 列，均后曲，前侧眼较大，其余 6 眼同等大，均位于眼丘上。前、后侧眼靠近。胸板心形，长宽几乎相等。前二对长步足，各步足具爪，有齿 3～4 个。腹部梨形，前窄后宽，腹部背面常有红棕色或鲜红色斑纹。雄蛛背甲红褐色，头胸部边缘深棕色。触肢器短小，末端近似一小圆镜，胫节外侧有一突起，顶端分叉。腹侧另有一个小突起，初看似三个小突起，故有“三突花蛛”之名。

三突花蛛在湖北省武汉市一年可完成2～3个世代。雌蛛一般一年可发生2个世代，雄蛛大多数可发生3个世代。以第二代成蛛和第三代幼蛛于11月中下旬在杂草、枯叶和冬播作物田内越冬。在菜田里，该蛛捕食范围较广，可捕食棉铃虫、烟青虫的卵、幼虫和成虫，以及叶蝉和菜蚜等。据室内观察，其日捕食量为：瓜蚜17～23头；棉铃虫卵15.30粒；棉铃虫初孵幼虫40头；斜纹夜蛾初孵幼虫8头；叶蝉21.5头；二斑叶螨13头。

此种蜘蛛属于不结网的游猎性蜘蛛。它为我国长江、黄河流域农田的优势种，捕食范围广，在植株上逐枝、逐叶、逐花地搜索和捕食害虫。当雌蛛亚成蛛蜕下最后一次皮后，当天就可进行交配，交配后雌蛛可残食雄蛛。雌蛛在临产前，以蛛丝将叶子卷起成一个半圆形的产卵室。每只雌蛛一生可产2～3个卵囊，每个卵囊平均有102粒卵，多的达180余粒。幼蛛一般蜕皮5次，有6个龄期，亦有5个龄期的雄蛛。三突花蛛的耐饥力随着龄期而增加，雌蛛的耐饥力要大于雄蛛的耐饥力。在30℃的温度下，只供给饮水，不供食。雌成蛛平均寿命为27天，雄蛛为17天，二龄幼蛛为6天。此种蜘蛛抗逆力强，我国东北、西北等几个大区都有其分布。

(八)黄褐新圆蛛(Neoscona doenitzi)

雌蛛体长约12毫米，雄蛛型长约7毫米。雌蛛全身黄色，头胸部的色泽较深，为黄褐色，中央及两侧均有黑色纵纹。中眼区呈倒梯形。前、后侧眼靠近。螯肢黄白色，螯爪短小，黑褐色。胸板褐色并有粗、细浅褐色线纹。步足黄白或浅黄色，多刺。腹部卵圆形，背面黄色，前端有2个黑点，中部有2个弯曲黑斑，后部有4条黑色横纹。腹部腹面黑褐色，两侧各有一条较宽的黄白色纵纹。纺器附近有一对黄白色圆斑。雄蛛体型同雌蛛，唯第一步足细长更明显。

此种蜘蛛在山东等地区每年发生2个世代，夏季产卵孵出的幼蛛在秋季成熟，秋天产卵孵出的幼蛛到翌年成熟。在湖北省武汉地区全年可发生3个世代，于11月上中旬以一龄幼蛛在卵囊内越冬。卵囊多产在枯叶下、树皮内和杂草下面。越冬幼蛛于翌年3月下旬气温回升至12℃以上时，蜕皮爬出卵囊，四处扩散。二龄幼蛛即可泌丝结网。结网多在下午4时至傍晚进行。网与地面垂直，为圆形。二、三龄幼蛛的网多结在植株枝叶之间，成蛛和高龄幼蛛的网多结在植株之间。以捕食落入网上的鳞翅目成虫和同翅目昆虫为主，如小地老虎、棉铃虫、二点叶蝉、大青叶蝉、玉米螟等。据室内测定，其日捕食量为：瓜蚜平均24头，最高的29头；斜纹夜蛾初孵幼虫2条；棉铃虫初孵幼虫平均54条，最高的76条；二点叶蝉平均22头，最高的33头。

此种蜘蛛幼蛛蜕皮六次，有七个龄期。以二龄历期为最长，一龄历期为最短。雌性幼蛛的发育历期要长于雄蛛的发育历期。一般全代历期约28天。雌蛛交配一次可终生产受精卵。一生平均可产6个卵囊，最多9个。每个卵囊一般含卵80～90粒，最多的可达220粒以上。其产卵量多少与食物、温度和个体大小有密切关系。

（九）白色逍遥蛛（Philodromus cespitum）

又名草皮逍遥蛛，雌蛛体长约5.5毫米，雄蛛体长约5毫米。雌蛛背甲黄橙色，前端较窄，后端宽圆。在前端、两侧和眼区有黄白色斑纹，中部三角形黄白斑最明显。8眼2列，均后曲。眼区及额部生有长毛。下唇三角形，各步足后跗节、跗节具有毛丛。腹部长钝圆，后端尖，背面粉白色，中央有4个褐色肌斑，两侧各有一行褐色斑，后部有3～4条横行的浅褐色条纹。外雌器显示赤棕色。雄蛛步足较雌蛛细长。腹部狭窄，瘦长。触肢胫节末端有一尖锐的外突起及一个宽叶状的内突起，在其基部外侧还有一个小片状的中突起。

白色逍遥蛛是北方菜田、棉田、麦田等旱田中的主要蜘蛛，是一种游猎性蜘蛛，一年发生一代。有时发生数量很大。辽宁省朝阳地区6～7月份一公顷田中达3万余头。该蜘蛛行动迅速，在田间能捕食大量瓜蚜、豆蚜、盲蝽、叶蝉等害虫。该蜘蛛5～6月份对菜田、棉田早期瓜蚜有主要控制作用，每头蛛每日食蚜25～111.5头，平均67头。6月末至7月初转入高粱田，在高粱植株叶面产卵；在核桃树叶上产卵时，于6月下旬将卵囊产在半边卷起的树叶内。每头雌蛛产1～2个卵囊，每个囊内有卵17～77粒。卵期8～19天，平均11.4天。从7月上旬到8月中旬孵出幼蛛，孵出的幼蛛在囊内呆数日，并蜕一次皮后扩散，约经25～58天，再蜕第二次皮，以亚成蛛越冬。

(十)棕管巢蛛(Clubiona japonicola)

雌蛛体长约6毫米，雄蛛体长约5毫米。雌蛛背甲橙黄色，头部色泽较红，并生有红棕色长毛。8眼2列，前眼列端直或后曲；后眼列前曲，各眼大小均等，后中眼间距大于后中侧眼间距；中眼区梯形，后边显著大于前边。螯肢赤褐色。颚叶、下唇赤黄色。胸板、步足皆为黄色。第一、二对步足腿节背面有刺4根，第三、四对步足腿节背面有刺5根。第四步足长于第一步足。腹部的背、腹面均为黄色，无斑纹，被有棕色长毛，以腹背前缘的毛较密。雄蛛背甲比雌蛛的相对要长。触肢胫节略短于膝节，胫节末有两个突起。

棕管巢蛛在我国南北各省均有发生。在湖北省武汉地区全年可发生 3 个世代，于每年的 11 月中旬，以第二代成蛛和第三代幼蛛在树皮下和冬播作物如油菜、小麦及杂草上越冬。翌年 3 月份开始活动，成蛛于 4 月中旬即可产卵。雌蛛产卵的场所广泛，不论在什么植物上产卵，都把植物叶尖卷成粽状巢室，然后产卵于室内并做成卵囊。该蛛有强烈护卵习性，如有其他昆虫或蜘蛛接近，均会被赶走或捕食。雌蛛一生平均产卵囊 4 个，最多的 6 个。一般每个卵囊内有卵 120 粒左右，最高可达 167 粒。

此种蜘蛛为游猎性蜘蛛，行动敏捷。以蛛丝在植株叶上结丝巢。在田间捕食棉铃虫、蚜虫、飞虱、叶蝉等害虫。室内观察，成蛛日捕食棉铃虫二龄幼虫 10 条左右。二龄幼蛛日捕食瓜蚜 20 头左右，棉铃虫初孵幼虫 10 条左右。该蛛白天多潜藏在巢内，夜晚出来活动。遇惊即迅速泌丝下垂逃逸。具有一定的耐饥能力，在 28℃下，停食停水，雌成蛛平均能活约 6.83 天，雄蛛为 3.30 天，二龄幼蛛为 2.50 天。

（十一）锥腹肖蛸（Tetragnatha maxillosa）

雌蛛体长约 9 毫米，雄蛛体长约 7 毫米。雌蛛背甲棕色或黄褐色。颈沟明显，其后缘与中窝的弧形纹相连。前眼列后曲，前中眼间距小于前中侧眼间距；后眼列平直，各眼间距约等，前后侧眼接近。螯肢与头胸部等长或稍短，黄褐色。胸板褐色。步足黄褐色，有刺。腹部窄长，背面密布白色鳞斑，并向两侧发出数对黑斜纹和 4 对隐约可见的黑褐色半月形斑，后端背面有 2 个黑色圆斑。腹部腹面灰褐色。雄蛛螯肢背面的刺突向上前方弯曲，末端斜截。前齿堤有 7～8 个齿，一、二齿间距最长，以第二齿为最大；后齿堤近爪基处有短齿及锐齿各 1 个，后齿堤有齿9～11个。触肢器的引导器末端形如镰刀状，插入器的顶端紧紧与引导器相伴而行。

此种蜘蛛在湖北省武汉市，以低龄幼蛛于11月中下旬在菜田、麦田、杂草地等处越冬。翌年3月下旬开始活动，栖息于大豆、玉米、棉花等旱田，亦可在稻田或其他作物地块，布下车轮状水平圆网。该蛛一般早、晚都在网上，晴天中午前后多隐蔽于蛛网附近的植物叶背。能捕食多种害虫，如瓜蚜、棉铃虫、斜纹夜蛾、二点叶蝉和蝗虫等。

锥腹肖蛸幼蛛一般蜕皮5～6次，有6～7个龄期。亚成蛛蜕下最后1次皮后1～2天，即可在网上交配。交配后的雌蛛，多在夜晚产卵囊于叶面，卵囊表面蛛丝疏松，每个卵囊内有卵50～100余粒不等。雌蛛有护卵习性。护卵时，雌蛛一般在卵囊边缘的一侧，足与身体成一直线静伏不动。其抗逆能力较差，5月下旬若同时停水停食，雌蛛2天、雄蛛1天后则死亡。

三、菜田蜘蛛的保护

蜘蛛具有种类多、数量大、分布广、适应性强、有耐饥力、寿命长等特点。因此，利用蜘蛛防治蔬菜害虫是菜田管理中一种重要手段。要切实做好菜田蜘蛛的保护工作，主要有以下几个方面：

（一）越冬保护

临近冬季，菜田中各种蔬菜的收获和土地翻耕，必然会引起田间蜘蛛的大量外逃和死亡。根据草间小黑蛛早春在土间产卵的习性，和管巢蛛等多种蜘蛛喜在树干裂隙中过冬的习性，可及时地在田埂堆放杂草或堆造土丘，或在树干上扎些草把，为蜘蛛建立良好的越冬场所。

在自然条件下，大多数蜘蛛隐居于背风向阳的田埂、沟边土缝和杂草基部等多处场所越冬。根据这一特点，应在越冬期内对其加以人工保护，尽量少干扰。

（二）早春保护

越冬蜘蛛于翌年2月下旬至3月下旬开始活动。此后，各种蔬菜正处于播种和出苗期。越冬后的蜘蛛经过取食、交配活动和繁殖后代，可大大增加其种群数量。湖南省1978年调查表明，早春油菜田内每公顷蜘蛛数量，3月份为24.3万头，4月份为23.22万头，而5月份为13.23万头。据湖北省许多县1976～1987年调查结果表明，4月中旬至5月下旬，每公顷油菜田平均30万头，最多60万头以上；蚕豆田也在30万头以上。这时蜘蛛的数量要占这些作物捕食性天敌的60%～70%。这样大量的蜘蛛应多加保护。必要时可在田边或田中挖一些坑，坑内放一些杂草，使菜田内的蜘蛛，如拟环狼蛛、中华狼蛛、粽管巢蛛等，有暂时栖息地，避免其外逃，以增加菜田内蜘蛛种群的数量。最为简便的办法是在田埂、地头堆放一些杂草，不必挖坑亦能收到很好的保护效果。

（三）合理使用化学农药

为了确保蔬菜的高产，利用化学农药防治蔬菜害虫是必不可少的措施。化学农药，不论何种剂型对蜘蛛都有一定的杀伤力。但是，剂型不同，则其用量不同，使用时间和方法不同，防治害虫的效果也是不一样的。为此，使用化学农药的合理性就特别重要。合理性主要有以下几个方面：

1. 选择农药种类　不同化学药剂对蜘蛛的杀伤力是不同的，如50%亚胺硫磷稀释1 000倍、90%敌百虫稀释100倍、10%二氯苯醚菊酯稀释3 000倍、50%甲基对硫磷稀释2 000倍等药液，对蜘蛛的杀伤力较大。而50%甲胺磷稀释2 500倍、40%乐果稀释1 500倍等对蜘蛛杀伤力较小。

同一种农药对不同种类蜘蛛的杀伤作用也不同。如40%

乐果稀释 1 500 倍对不同蜘蛛的杀伤率分别是:三突花蛛为 100%,草间小黑蛛为 33%～50%,粽管巢蛛为 25%,而黄褐新圆蛛为零。

2. *选择施药方法* 同样农药采用不同施药方法,对蜘蛛的杀伤作用也不同。一般说,喷粉、喷液雾杀伤力较强,以内吸剂较安全。还应改变施药方法:对菜蚜、瓜蚜、叶螨分别进行点、片和片、块挑治,及时控制其危害。这样可大大压缩防治面积,其全田总用药量可以大为减少,既准确有力地防治了害虫,节约了农药,又有利于蜘蛛的活动。

3. *选择用药时期* 应选择对害虫最有效而对蜘蛛影响最小的时期用药。如选择害虫数量相对较多、对药剂抵抗力最弱,而又可避开蜘蛛对药剂的敏感期的时间。一般说,蜘蛛的卵期抗药能力最强,其次是成蛛期及高龄幼蛛期,以低龄幼蛛期的抗药能力最差。如敌敌畏稀释 1 000 倍、亚胺硫磷稀释 800 倍、乐果稀释 100 倍等,对三突花蛛的二龄幼蛛杀伤率为 100%;对其三、四龄幼蛛的杀伤率为 20%～50%,而对其成蛛、亚成蛛的杀伤率则在 10%以下。

(四)做好蔬菜收获期间蜘蛛的保护

在各季蔬菜的成熟阶段,一般田间蜘蛛数量都会上升到高峰。随着蔬菜的收获,除了少数迁逃和随同菜叶、菜帮携带出田外,绝大部分蜘蛛仍留在田里。在进行翻耕等农事操作时,都会把蜘蛛杀伤,尤其是在灌水条件下和翻、耙土地的过程中,有可能把 80%以上的蜘蛛杀死。一般前季蔬菜收获时的蜘蛛数量每公顷为 15 万头,而到后季蔬菜,每公顷只存下 3 000 多头。由于数量低,因而直接影响到其作用的发挥。如何对这些蜘蛛人为地加以保护,发挥其作用,这是蜘蛛利用中的一个重要课题。有的在蔬菜收获田里,灌水后放入麦秆或稻草，就有大量蜘蛛爬上，而害虫爬上的极少，不到10%。也有的灌水后马上翻耕，这样可增加蜘蛛的外迁机会。更好的上策是，适时转移蜘蛛卵块和助迁蜘蛛，以避免蔬菜收获前后大量杀死蜘蛛。

四、蜘蛛的人工饲养技术

为了保证有足够数量的蜘蛛到田间释放，人工饲养蜘蛛就成为一项重要的措施。饲养蜘蛛，首先要摸清各种蜘蛛的生活习性、食性、食量等基本生物学情况，饲养条件应尽量接近于自然生态环境条件。为此，下面简要介绍有关蜘蛛饲养方面的一些问题。

（一）饲养工具

如需观察蜘蛛生物学特性，一定要单只单管饲养。饲养游猎性蜘蛛，可用大型指形管、罐头瓶和广口瓶，用纱布封口；饲养结网蜘蛛要用木箱，五面用木板，一边用玻璃，以利于观察箱内蜘蛛的生活与活动情况。箱内放入盆栽作物，以调节箱内湿度和供蜘蛛结网。也可使用铁纱或尼龙纱制的饲养箱喂养蜘蛛。这样既利于观察，又可通风透光。

（二）天然饲料

蜘蛛为广谱食肉性动物。很多昆虫均可作为蜘蛛的饲料。可根据结网和游猎的习性，选择合适的昆虫。蜘蛛多喜食活虫体液，有条件的地方，应尽可能用黑光灯诱集和捕捉害虫，或者人工繁殖家蝇、果蝇等，以作为蜘蛛的喂养食物。饲养中一定要注意水的供应，在一定的意义上，水比食物更重要。

（三）半人工饲料

1. 拟环纹狼蛛人工饲料配方

维生素B_1、维生素C各1毫克，维生素B_{12} 3毫克，鲜鸡蛋清1.5毫克，蔗糖1.5毫克，蜂蜜2毫克。混匀后饲喂丁纹豹蛛、拟水狼蛛，一般均能正常生活和繁殖后代。

2. 草间小黑蛛人工饲料配方

鸡蛋 10 克，啤酒酵母粉 2 克，抗坏血酸 1 毫升，复合维生素 B 1 毫升，蔗糖 2 克，蜂蜜 2 克，水 100 毫升，混合均匀。

3. 大小狼蛛混养饲料配方

蛋白 1 份、红糖 1 份、蜂蜜 1 份再加水 10 份。配制成糖浆，装入指管插入棉条，供蜘蛛自由取食。湖南有的单位曾用此配方混养大小狼蛛 70 只，生活均正常。

五、豆田蜘蛛的优势种群及其对害虫的控制作用

在自然界中，蜘蛛是菜田害虫的主要天敌。有些种类数量多，食量大，居留时间长，其出现时间与害虫发生期十分吻合，这些都是菜田蜘蛛的优势种群。据吉林市农业科学研究所 1980 年在大豆田蜘蛛数量调查中发现，蜘蛛在大豆整个生育期所出现高峰，与害虫发生的密度有密切关系。

从大豆整个生育期看，以微蛛为最多，占蜘蛛总数的 34.5%，蟹蛛次之，占 28%，两类蜘蛛数量超过蜘蛛总数的一半。从各个月份发生量看，蟹蛛在大豆生育前期 5 月份发生数量大，占蜘蛛总数的 37%；狼蛛次之，占 26%。蟹蛛在大豆生育前期田间增长很快，其数量在 6 月份占蜘蛛总数的 56%。大豆田数量最多的是微蛛，以草间小黑蛛为主，占微蛛总数的 56%。在田间发生最早，到 5～7 月份，即占微蛛总数的73%～100%，是微蛛中的重要种群。蟹蛛中以白色逍遥蛛和三突花蛛为主，分别占蟹蛛总数的 45%和 28%。白色逍遥蛛不但数量多，发生期也早，是豆田蜘蛛中的优势种之一。白色逍遥蛛在豆田捕食豆蚜、叶蝉、大豆根潜蝇等多种害虫。

1979 年在田间调查时发现，在大豆蚜发生初期，白色逍遥蛛的数量多少对大豆蚜的发生与否有决定性意义。6 月下

旬以后，随着大豆蚜虫发生数量的增加，白色逍遥蛛的数量也相应地增长。7月10～20日，田间大豆蚜虫数量急剧上升，20日即形成第一个高峰，白色逍遥蛛在这段期间繁殖也快，在田间也形成一个高峰。7月20日以后，大豆蚜数量有一度减少，白色逍遥蛛数量也相应停止增长。7月末至8月上旬，大豆蚜的数量再度增长，在田间很快形成第二个高峰。白色逍遥蛛在此期间，由于田间食物丰富，数量增长也很快，这与大豆蚜高峰的出现相似，又出现了第二次高峰。这就说明，二者关系表现为很明显的同步趋势。

第十七章　马铃薯瓢虫的生物防治

第一节　马铃薯瓢虫的识别、发生和为害特点

一、马铃薯瓢虫的识别

马铃薯瓢虫(Henosepilachna vigintioctomaculata)，又名二十八星瓢虫，属鞘翅目瓢虫科。主要分布在河北、黑龙江、辽宁、吉林、山东、山西和内蒙古等地。以危害茄子、马铃薯为主。

马铃薯瓢虫的成虫为赤褐色，体呈半球形。雌虫体长7～8毫米，雄虫略小，全身密被黄褐色细毛。触角圆杆状。前胸背板前缘凹陷而前缘角突出，中央有一个较大的剑形斑，两侧各有两个黑色小斑。两鞘翅上共有28个黑斑，翅合缝处有1～2对黑斑相连，鞘翅基部第二列的4个黑斑不在一条直线上。雌成虫产的卵长约1.4毫米，弹头形，近底部膨大，初产出时鲜

黄色，后变黄褐色，有纵纹。卵多集成卵块，卵块中的卵粒排列较松散。

其幼虫为淡黄褐色，体长约 9 毫米，纺锤形，背面隆起，背面各节有黑色枝刺，前胸及腹部第八、九节各有刺 4 根，每枝刺上有小刺 6～10 根。枝刺基部有淡黑色环纹。老熟幼虫化成的蛹为淡黄色，长约 6 毫米，椭圆形，背面有稀疏的细毛，上有黑色斑纹，尾端包着幼虫末次未蜕掉的皮壳，尾端有黑色尾刺 2 根。

二、发生和为害特点

马铃薯瓢虫与捕食性瓢虫不同，它们属于植食性瓢虫，这一类约占瓢虫科种数的 18%。它们的上颚无基齿，但在端末分为多个小齿，以利于食害寄主植物的叶片和果实。它们不仅危害茄子、马铃薯，还危害番茄、瓜类和豆类等多种蔬菜，还危害龙葵、刺蓟和野苋菜等。被害叶片仅残留上表皮，形成许多不规则透明的凹纹，后出现合色斑纹，叶片斑痕过多则往往枯萎。受害严重的马铃薯，可减产 30%以上，茄子、瓜类被害后不仅产量降低，而且被啃食的瓜类部分变硬，影响了品质。

马铃薯瓢虫在我国华北、东北地区，一般一年发生 2 代，少数是 1 代。以成虫群集在背风向阳的山洞、石缝、树皮、篱笆及其他各种物体的缝隙中越冬。也常在背风向阳的山坡或丘陵坡地群集越冬，以砂质土壤最为适宜。一般亦在土层 3～4 厘米深处越冬。

在华北地区，越冬成虫多在 5 月间马铃薯发芽时出现。这时，马铃薯瓢虫只能爬行，大多数在越冬场所附近的杂草、灌木丛中栖息，经 5～6 天后才飞翔、转移到马铃薯上为害，或先在野生的枸杞上、苗床中的茄子、番茄、辣椒上为害，后迁至马铃薯上为害。

越冬代成虫6月上中旬为产卵盛期;6月中下旬幼虫大量孵化;6月下旬至7月上旬为第一代幼虫危害盛期;7月中下旬为化蛹盛期;7月下旬至8月上中旬是第一代成虫羽化盛期。8月上旬为第二代幼虫孵化盛期;8月中旬第二代幼虫危害严重;8月下旬为化蛹盛期;第二代成虫羽化后于9月中旬开始向越冬场所迁移,10月上旬可迁移完毕。马铃薯瓢虫的成虫早晚蛰伏,白天觅食、迁移、飞翔、交配和产卵,在上午10时至下午4时最活跃。气温较高时,成虫飞翔活动较多,而阴雨、刮风天气温较低时很少飞翔。越冬成虫迁移、飞翔能力较强。成虫午前多在叶背取食,下午4时以后才转到叶子正面为害。成虫假死性较强,稍有振动,受惊则会跌落地面不动,并分泌黄色粘液。成虫、幼虫均有残食同种卵的习性。越冬雌虫每头产卵80～1 000余粒,平均400粒左右。卵期40天,寿命长达300余天。第一代雌虫每头产卵50～500余粒,平均240粒左右。此代成虫寿命为45天左右。卵常是20～30粒产在一起,直立成块。卵多在夜间孵化。卵期第一代约6天,第二代约5天。

幼虫共四龄。一龄幼虫多群集植株叶背取食,二龄后多分散为害,食量逐渐增大。四龄幼虫食量最大。幼虫历期,第一代约23天,第二代约15天。幼虫老熟后多在植株基部茎上或叶背面化蛹,也有的在附近的杂草、地面上化蛹。蛹期第一代约5天,第二代约7天。

马铃薯瓢虫越冬死亡率与第二年发生数量有密切关系。据辽宁省资料记载,在石缝内越冬的成虫平均死亡率为26.8%,树干上越冬的死亡率为12.3%,在湿度较大土壤中越冬的死亡率为21.6%,在湿度小的砂壤中越冬的,其死亡率高的可达31.2%。夏季高温对马铃薯瓢虫的生长、发育和繁殖极为不利。在高温时,成虫多隐蔽起来,停止取食。幼龄幼虫一旦遇上高温时死亡率较高。马铃薯瓢虫属北方暖地种，以分布在北方为主，而不能分布在过热的地方。

马铃薯瓢虫的发生与马铃薯栽培情况有密切关系。因为马铃薯瓢虫必须取食马铃薯才能顺利地完成生长和发育。成虫若未取食马铃薯则不能产卵，幼虫不取食马铃薯便发育不正常。在马铃薯春播夏收地区，越冬代成虫第二年虽有足够的马铃薯作为食物，可以大量产卵并繁殖幼虫，造成严重危害，但当发育到第二代成虫时，田间已无马铃薯了，故其当年不能产卵，只能到茄子等其他作物上取食一段时间后进入越冬期。在春播秋收的马铃薯栽培地区，马铃薯瓢虫的各代成虫、幼虫均以马铃薯为食料，故其发生危害严重。我国北方黑龙江、吉林等地区，属于马铃薯瓢虫发生严重地区，应该加强防治工作。

第二节　用苏云金杆菌“7216”防治马铃薯瓢虫

一、概　述

马铃薯瓢虫在湖北省，不论平原或山区均有，以宜昌、恩施、郧阳地区的高山下丘陵地方马铃薯受害为重，轻者损失一成，重者损失三四成，甚至基本无收。通过利用细菌性微生物农药“7216”防治获得成功后，使其危害受到控制。一般施药4天后马铃薯瓢虫的死亡率为50%，5天后死亡率达70%以上。

二、防治效果

1982年，应用湖北省天门县微生物厂生产的苏云金杆菌天门变种“7216”，在田间进行了防治。其产品“7216”菌剂原粉（含菌100亿/克）的用量为每公顷用150千克，施药后8～26

天，防治效果为37.5%～100%。有的地块防治效果并不理想，主要因为当年多雨，施药后菌粉常被雨水冲刷掉。

使用“7216”菌剂防治马铃薯瓢虫时，为保证较好的防治效果，要掌握以下事项：①喷洒菌粉一定要均匀、周到。②施菌粉时作物上要有露水，风力不能大于2级。③施药后至少24小时内无雨水冲刷。万一有雨应及时补施。④稀释剂要细而干燥，而且以中性或偏碱性为宜。⑤每公顷菌粉用量应不少于75千克。⑥施药时间，应安排在马铃薯瓢虫大发生之前进行。

第三节　用小卷蛾线虫防治马铃薯瓢虫

一、小卷蛾线虫的识别

小卷蛾线虫是目前国际上新型的生物杀虫剂。这类线虫具有较广泛的寄主范围，对寄主具有主动搜索能力，特别对钻蛀性和土栖性害虫作用较大。对人畜安全，不污染环境，并能够进行人工大量培养。广东省昆虫研究所1995年报道，线虫的大量培养可分固体培养和液体培养两种方式。线虫液体培养系统，易于控制工艺流程和产品质量，节省培养空间，已成为线虫培养商品化生产的发展方向。该种线虫有分开的唇片和退化的气门及咽球。雄线虫无滑囊。小针突多变化。雌虫虫体多样。有生殖能力的雌虫尾短而钝。以第三期幼虫进入昆虫体内。侵染期幼虫长0.75～0.85毫米。排泄孔在前体。雄虫尾端有长针突。雄虫生殖乳突的数量和着生部位与一般线虫的不同。

二、防治效果

东北农业大学于1992年7月在黑龙江省阿城市山区的

马铃薯田中，进行用小卷蛾线虫防治马铃薯瓢虫的小区试验，面积为20米×20米。处理前平均每株马铃薯有24.6条马铃薯瓢虫二、三龄幼虫。防治时，用农用喷雾器将小卷蛾线虫制剂，按小卷蛾线虫北京品系20万条/平方米的剂量喷施于马铃薯植株上，而对照区则喷等量清水。调查结果表明，6天和8天后校正虫口减退率分别为73.7%和94.1%，防治区内马铃薯瓢虫幼虫大部分被线虫致死，只有少部分化蛹。

第十八章　侧多食跗线螨的生物防治

第一节　侧多食跗线螨的识别、发生和为害特点

一、侧多食跗线螨的识别

侧多食跗线螨(Polyphagotarsonemus latus)，又称茶黄螨，属蛛形纲蜱螨目跗线螨科。在全国发生较普遍，已成为蔬菜上的主要害螨之一。

侧多食跗线螨的雌成螨体椭圆形，较宽阔，长约0.21毫米，淡黄色至橙黄色，表皮薄而透明。体分节不明显。足较短，第四对足纤细，其跗节末端有端毛和亚端毛。腹面后足体有4对刚毛。假气门器向末端扩展。雄成螨体近六角形，末端为圆锥形，长约0.19毫米，淡黄色至橙黄色，半透明。体末端有一锥台形尾吸盘。前足体有背毛3～4对，后足体有背毛4对。足较长而粗壮。第三和第四对足的基节相接。第四对足的胫节和跗节融合形成胫跗节，其上有一个鸡爪状的爪，足的末端为瘤状。成螨所产的卵为

椭圆形，灰白色，长约 0.1 毫米，宽 0.08 毫米。卵面纵向排列着 5～6 行白色的小刻点，底面光滑。

其幼螨为椭圆形，淡绿色，三对足乳白色，腹末尖，具一对刚毛。化若螨前体透明，活动到叶脉附近化若螨。若螨为长椭圆形，半透明。雌若螨较丰满，雄若螨瘦尖。若螨是一个静止的生长发育阶段，被幼螨的表皮所包裹。

二、发生和为害特点

侧多食跗线螨食性杂，主要危害保护地和露地茄果类、豆类、瓜类和萝卜等蔬菜。成螨和幼螨常集于农作物幼嫩部分吸食汁液，造成植株畸形。受害叶片背面呈灰褐色，边缘向下卷曲；受害嫩茎变黄，畸形，严重时顶部干枯；受害重的蕾花，不能开花坐果。果实受害后，丧失光泽，出现木栓化，最终导致龟裂，呈开花馒头状，味苦，不能食用。受害番茄，叶片变窄，直立，皱缩或畸形。螨所造成的上述一些现象常被误认为生理性病害。

该螨在全国各地发生代数不一。南方露地一年可发生 25～30 代。四川一年发生约 40 代，江苏也可发生 20 多代。北京地区，其在大棚内自 5 月下旬开始发生，6 月下旬至 9 月中旬为盛发期，露地蔬菜以 7～9 月份受害重，茄子发生裂果的高峰在 8 月中旬至 9 月上旬。冬季主要在温室内继续繁殖和越冬，亦有少量雌成螨在冬季作物或杂草的根部越冬。

成螨活跃，尤其雄螨，当取食植物变老时，立即向新的植株和幼嫩部位转移。被雄螨携带的雌若虫在雄螨体上蜕一次皮变为成螨后，即与雄螨交配。交尾后的雌成螨继续取食，一般于第二天开始陆续产卵。卵多散产于叶背、幼果凹陷处或幼芽上，一天可产卵 4～9 粒。每头雌螨平均产卵 17 粒，多的可达 50 粒以上。经过 2～3 天后，螨卵孵化，幼螨期和螨期一般各 2～3 天。

该螨喜温暖潮湿的生态条件，生长繁殖的最适宜温度为28～30℃，相对湿度为 80%～90%。不同的食料，对该螨的增殖有很大的影响。据江苏农学院连续三年观察，青椒品种不同，其受害程度有明显差异，苏州蜜早椒发生螨害最重，上海茄门甜椒发生螨害为中等，南京早椒发生螨害为最轻。

第二节 用智利小植绥螨防治侧多食跗线螨

一、智利小植绥螨的发生特点

智利小植绥螨(Phytoseiulus persimilis)，属蛛形纲植绥螨科，原产于智利和地中海沿岸。我国于 1975 年引入，各地已进行繁殖与释放。

其成螨期为 25 天左右。25℃时，完成一代约需 6 天，29℃时则只需 4 天左右。交配后第二天开始产卵，第三天进入产卵盛期。日平均产卵 1.5 粒，盛期可产 3～5 粒。产卵持续时间可长达 20 天以上。每头雌螨可产卵 40 粒左右。卵散产于叶片背面主脉的两侧。由卵发育到成螨一般需 4～6 天。智利小植绥螨具有一些特点，如发育快，繁殖力强，捕食量大，在自然界中，刮风下雨对它无太大影响，适应能力强等。它现已引起人们的重视，是较有利用前途的一种捕食螨。

二、用智利小植绥螨防治茄果类叶螨

江西省农业厅植保站等单位于 1987～1988 年 6 月份，分别在茄子、菜豆蔬菜及茶叶、花卉上释放智利小植绥螨防治叶螨，效果显著，证明具有推广应用价值。

（一）释放适期

要抓住田间害螨发生始盛期。这时它尚未造成经济损失，但它在蔬菜植株上又有足够的数量，有利于智利小植绥螨的定居和繁殖，及时释放小植绥螨，就能有效地控制住叶螨种群的数量。在江西释放智利小植绥螨以4～6月份及9～11月份较为适宜。因为此时气候条件较好，而且是叶螨的盛发期。

（二）益害比的确定

按1∶10的益害比，在茄子植株上释放足够数量的智利小植绥螨，对叶螨进行有力的防治。

（三）防治效果

在6月2日释放智利小植绥螨后，叶螨数量逐步下降，而对照区叶螨数量则逐步上升。10天后，释放区每叶叶螨为2.6头，而对照区每叶则有11头；30天后，释放区平均每叶1.5头，对照区平均每叶19头，多80%。而多种作物共同计算表明，30天后，叶螨都被控制在平均每叶3头以下，最少者不到1头。而对照区的叶螨比以前平均增加了61%，最多的增加了124.7%。由此可见，智利小植绥螨对叶螨的控制作用是明显的。

第三节　用浏阳霉素防治侧多食跗线螨

一、浏阳霉素简介

浏阳霉素(Liuyang mycin)，是由灰色链霉菌浏阳变种经过发酵后产生的杀螨抗生素。它是上海农药研究所从湖南韶山等地采集的土壤样品中，分离得到的大四环内酯类杀螨剂。这种杀螨剂具有高度安全的性能。对各种螨类触杀性强，属触杀性杀螨剂。杀卵作用弱。经浏阳霉素处理过的螨卵，虽有部分能够孵化，但其杀幼螨的残效却仍可维持一周以上。

浏阳霉素的残效期较长，适用于防治蔬菜和多种作物上的各种螨类，并可兼治桃蚜和瓜蚜等。该种杀螨剂不易产生抗药性，所以对有抗性的螨类也有很好的防治效果。对人畜低毒，不伤害天敌；在常用剂量范围内，浏阳霉素对作物安全，不产生任何药害。

浏阳霉素试制初期产品为20%复方乳油，内含15%乐果。1989年，上海农药研究所又研制了两种不含化学农药的浏阳霉素产品，即以磷酸三苯酯为增效剂的5%增效浏阳霉素乳油，和以亚磷酸三苯酯作增效剂的10%增效浏阳霉素乳油，后者已投入商品生产。

二、应用浏阳霉素防治温室辣椒侧多食跗线螨

中国农业科学院生物防治研究所菜虫组1992年报道，鉴于化学农药有残毒，在蔬菜害螨防治上的应用受到很大的限制；面对温室蔬菜生产中的重要害螨侧多食跗线螨的危害，首次应用10%浏阳霉素进行防治温室辣椒上的侧多食跗线螨的试验，其主要结果如下：

(一)控制作用明显

试验结果表明，浏阳霉素对侧多食跗线螨有良好的防治作用。在使用4个不同浓度时，防治效果随药剂稀释倍数的增加而降低。据施药后3～7天调查，2 000和4 000倍液处理区螨虫减少98%以上，直到第21天螨的数量仍未见增加。浏阳霉素的6 000和8 000倍液防治效果较差，在施药3天后的防治效果分别为77.5%和51.4%。以后，螨的数量又逐渐上升。

(二)浏阳霉素的触杀残效

在温室中，日均温度为23～27℃时，在盆栽的辣椒苗上喷施10%浏阳霉素4 000倍液。喷后第三、五、七天，分别采15片嫩叶，置于室内水域培养皿盖上，使叶柄保湿，接上一定数

量的害螨。

试验结果显示，10%浏阳霉素 4 000 倍液喷施在辣椒上 3 天后，对侧多食跗线螨雌成螨和幼若螨的触杀残效，分别为 82.9%和 95.4%；5 天后的残效分别为 77.1%和 83.0%；7 天后的残效分别为 12.2%和 23.0%。结果表明，该浓度的浏阳霉素在温室辣椒上喷施后 5 天内，对新入侵的侧多食跗线螨有较大的杀伤作用。7 天后，其作用便有明显的降低。

（三）对种群动态的控制作用

在温室内定植辣椒 90 盆，喷施 10%浏阳霉素 4 000 倍液的有 30 盆辣椒苗。9 月初定植时各处理区均施第一次药，以后药剂处理区每当螨的数量增长超过每叶 3 只雌成螨时，即追施药一次。空白对照区喷清水。

试验结果表明，在为期 8 个月的温室单作单茬辣椒上，施用浏阳霉素 3 次，能有效控制侧多食跗线螨在危害水平以下。9 月初，浏阳霉素处理区螨的基数为每叶 6 头。第一次施药后至 11 月中旬，螨的数量一直被控制在 0.2 头/叶之下；12 月中旬螨的数量回升到每叶 3.5 头。此时喷第二次药，至翌年 1 月下旬，螨的数量被控制在 0.24 头/叶之下；2 月下旬螨的数量又回升到每叶 4 头。此时第三次施药，直至 4 月末，螨的数量被控制在每叶 0.2 头以下。清水对照区，9～10 月间螨的种群数量增长迅速，11 月初螨的种群数量达到一个高峰，每叶平均有螨 23.5 头。11 月中旬由于供暖，室温偏高，湿度偏低，至月末，螨的种群数量下降到一个低谷，此时每叶 2.5 头。从 12 月份开始，室内温、湿度趋于稳定，日平均温度为 19～25℃，相对湿度为 77%～81%，侧多食跗线螨种群数量处在 10.5～19 头/叶之间波动，一直持续到翌年 5 月份。

由此可知，浏阳霉素对侧多食跗线螨种群数量的控制作用是很明显的。

(四)浏阳霉素的药害问题

药害观察试验,设10%浏阳霉素500倍、1 000倍、2 000倍液三个处理,在喷药后3～7天观察辣椒植株上有无药害。试验结果表明,用浏阳霉素500倍、1 000倍、2 000倍液在辣椒上喷施,在3～7天后观察,均未发现任何药害。据上海等地报道,浏阳霉素对十字花科蔬菜、黄瓜等有轻度药害。另据北京农场的反映,浏阳霉素在黄瓜幼苗及木耳菜上使用后有明显的药害。因此在使用中,浏阳霉素的药害问题尚待进一步研究解决。

(五)浏阳霉素与农抗120混配剂的治病杀螨作用

浏阳霉素与农抗120按一定比例混配,在室温下保存。据中国农业科学院生物防治研究所报道,这种混配剂有治病杀螨的良好作用:

1. 抗菌作用　使用浓度,农抗120为1 000×10^{-6},浏阳霉素1 200倍,混合后测定结果,农抗120抑菌圈为37.66毫米,混合剂抑菌圈为37.64毫米。室温放置4年,农抗120抑菌圈为22.14毫米,混合剂抑菌圈为15.71毫米。以上数据说明混配不影响农抗120的抗菌作用。

2. 杀螨效果　浏阳霉素对叶螨的杀死效果,24小时和48小时检查,螨的死亡率为95.45%,混配剂杀螨的死亡率为98.04%。

第十九章　瓜蚜的生物防治

第一节　瓜蚜的识别、发生和为害特点

一、瓜蚜的识别

瓜蚜(Aphis gossypii)就是棉蚜，俗称腻虫、蜜虫，属同翅目蚜虫科。全国各地都有发生，一般北方比南方严重。南方干旱年份，其危害也很重。它不仅在菜田里为害，还在大田里危害棉花等作物。

瓜蚜是多型性的害虫，在不同季节中常常发生多种类型。

瓜蚜干母，是指春季越冬卵中孵出的蚜虫，无翅，体长约1.6毫米，宽约1.07毫米。体为宽卵圆形。大多是暗绿色。触角5节，触角的长度不到体长之半。

瓜蚜的无翅胎生雌蚜，体长1.5～1.9毫米。夏季高温时，色泽浅，多是黄色或黄绿色。在春秋温度比较低的情况下，多是深绿色或是蓝黑色。触角第一、二节及第四、五节的端部暗褐色，其余部分是灰黄色。腹部背面几乎无斑纹。腹管黑色，圆筒形。尾片圆锥形，近中部收缩，有刚毛4～7根。瓜蚜的有翅胎生雌蚜，体长1.2～1.9毫米，宽0.45～0.62毫米。体黄色或浅绿色。前胸背板黑色。夏季个体腹部多为淡黄色，春、秋季多为蓝黑色，背面两侧有3～4对黑斑。有时有间断的黑色横带2～3条。触角6节，比体短，其第一、二及第六节的端部为黑色，其余部分为灰黄色，第三节上有5～6个感觉孔，排成一行。腹管黑色，圆筒形。翅无色透明，翅痣灰黄色或青黄

色，前翅有中脉3支。

瓜蚜的产卵雌蚜为无翅型，体长1.4毫米，灰褐色，也常有灰白色薄蜡粉。触角5节，第四节末端有感觉圈一个，而第五节的膨大处有2～6个。后足胫节粗大，具有多数小形感觉圈，排列不规则。其所产的卵为椭圆形，长0.49～0.69毫米，宽0.23～0.36毫米。初产出时黄绿色，后变为深褐色或黑色，有光泽。

瓜蚜的无翅若蚜，共四龄，末龄若蚜体长1.63毫米，宽0.89毫米。夏季为黄色或黄绿色，春秋季体为蓝灰色，有红色复眼。其有翅若蚜，也有四龄，第三龄若蚜出现翅芽，翅芽后半部为灰黄色。夏末体为淡黄色，春秋季体为灰黄色。腹部第一、六节的背面中侧和第二至第四腹节的背面两侧，各有白圆斑一个。

二、发生和为害特点

瓜蚜主要危害温室、露地的黄瓜、南瓜、冬瓜、西瓜和甜瓜，以及茄科、豆科、菊科、十字花科蔬菜。寄主种类极多，已知全世界有74科285种植物，我国记载的有113种。成蚜和若蚜群集在寄主植物的叶背、嫩尖、嫩茎处吸食汁液，分泌蜜露，使叶片卷缩，瓜苗生长停滞，瓜的老叶被害后，叶片干枯以致死亡。能传播多种植物病毒病。

瓜蚜在华北地区一年发生10多代，在长江流域一年发生20～30代。在我国北部和中部地区，它一般以卵在冬季寄主植物，如木槿、石榴、花椒、木芙蓉、鼠李的枝条和夏枯草的基部越冬。在杭州，还发现在紫槿、重瓣木槿和扶桑等植物上有它的越冬卵。瓜蚜无滞育现象，无论在南方或北方，均可周年发生，在华南和云南等地可终年进行无性繁殖。冬季在北方温室内，它也可继续繁殖。第二年的2～3月间，在5天平均气温达6℃时，越冬卵孵化为“干母”。当气温达12℃时，便开始胎生“干雌”，在冬寄主上行孤雌生殖，胎生繁殖2代，然后产生有翅胎生雌蚜。大约在4～5月间，从冬寄主植物向夏寄主植物上迁飞，转向瓜类、蔬菜或其他夏寄主上为害。在夏寄主上，不断以孤雌胎生方式，繁殖有翅或无翅雌蚜(为侨居蚜)，增殖和扩大危害。

瓜蚜繁殖力强，每头雌蚜产若虫60～70头，当营养条件恶化时，产生大量迁移蚜，进行扩散和迁移。瓜蚜发育快，在春、秋季10余天即可完成一代，夏季只需4～5天便完成一代。

秋末冬初气温下降，侨居寄主已枯老，侨居蚜就产生有翅产雌性母和无翅产雄性母。有翅产雌性母迁回到冬寄主上，产生产卵型的无翅雌蚜；同时，无翅产雄性母在夏寄主上产生有翅雄性蚜。它迁回到冬寄主上与产卵型的无翅雌性蚜交配产卵，以卵在冬寄主植物上越冬。

瓜蚜在我国大部地区有两种繁殖方式：一种是有性繁殖，即晚秋时，雌雄性蚜交配繁殖；另一种是孤雌生殖，即胎生雌蚜不经过交配，以卵胎生繁殖，直接产生若蚜，这是瓜蚜的主要繁殖方式。

瓜蚜具有较强的迁飞扩散能力。主要是靠有翅蚜的迁飞，无翅蚜的爬行及借助风力的携带，在寄主间转移、扩散。一般当有翅蚜和有翅若蚜占总蚜量的15%左右时，这就意味着在5天以后将出现大量的有翅蚜迁飞。一日之中，其迁飞高峰通常在上午7～9时和下午4～6时，具有向阳飞行的特点。

瓜蚜的生长发育与温度、湿度有密切关系。瓜蚜繁殖的最适温度为16～20℃。北方温度在25℃以上、南方在27℃以上时，即可抑制其发育。5日平均温度在25℃以上及平均相对湿度在75%以上时，对其繁殖很不利，虫口密度会被迫下降。相对湿度在75%以上，大发生的可能性小。干旱年代适于瓜蚜发生。故北方蚜害较南方为重。雨水对瓜蚜的发生有一定影响，尤其是暴雨可以直接冲刷蚜虫，迅速降低蚜虫密度。

第二节　用瓢虫防治瓜蚜等害虫

一、瓢虫的识别

瓢虫是蚜虫的重要天敌。菜地里可见到的食蚜瓢虫的种类较多，均属于鞘翅目瓢虫科。主要种类有五种：七星瓢虫、多异瓢虫、异色瓢虫、龟纹瓢虫和二星瓢虫等。这些瓢虫一生共经历成虫、卵、幼虫和蛹四个时期。

(一)成　虫

1. 七星瓢虫(Coccinella septempunctata)　体长约6.0毫米，体宽约4.6毫米。身体卵圆形，半球形拱起，背面光滑无毛。头黑色，额与复眼相连的边沿上各有一个圆形淡黄斑。复眼椭圆形黑色。前胸背板黑色。鞘翅红色或橙黄色，上具七个黑点，其中位于小盾片下方的小盾斑被鞘缝分割成每边一半。腹部黑色，足亦完全为黑色。雄虫第五腹板后缘中央浅微内凹，第六腹板后缘平截，中部有一横凹陷，其基上缘有一排长毛下覆。雌虫第五腹板后缘齐平，第六腹板后缘凸出，表面平整。

2. 多异瓢虫(Adonia variegata)　体长约4.3毫米，体宽约2.8毫米。虫体长卵形，扁平拱起，背面无毛。头部前部黄白色，后部黑色，复眼较小，近于圆形，黑色，触角11节，为黄褐色。

前胸背板明显拱起，前缘较深凹入，前胸背板斑纹变异较大，通常黄白色背板基部的黑色横带，向前分出4个支叉，有时这4个支叉左右分别在前部汇合，构成两个近方形的中空斑。小盾片三角形，黑色。鞘翅长形黄褐色到红褐色，前缘近直形。

鞘翅斑纹基本为13个黑斑。鞘翅上的斑纹常发生变异，有时斑纹消失，有时斑纹相互连接起来。腹面黑色，足下部黑色，端部褐色。雄虫第五腹板后缘全线微凹入，第六腹板后缘平截。雌虫第五腹板后缘舌形，向后凸出，第六腹板基部有三角形下凹，后缘尖形凸出。

3. **龟纹瓢虫**(Propylaea japonica)　体长圆形，弧形拱起，表面光滑无毛。头部多为黑色，复眼较大，黑色，触角11节，黄褐色，连接不紧密，末端圆形。前胸背板黄色，中央有黑色大斑，基部与后缘相连，有时黑色斑扩展，几乎占住全部胸背板。

鞘翅黄色，带有黑色斑纹。鞘缝黑色，中央黑色纵纹具有方形、梭形和齿形外伸部分。鞘翅肩部具斜卧长形肩斑，鞘翅两侧长方形纵长侧斑与纵纹梭形外伸部分相连。鞘翅斑纹变异大，有的鞘缝纵条纹外突部分消失，只留中央黑色纵纹，而缘斑和肩斑缩小或消失。雄虫第五腹板后缘齐平，第六腹板后缘近于齐平，中部略隆拱，内凹不很明显。雌虫第五腹板后缘弧形，略外凸，第六腹板后缘圆凸。

4. **异色瓢虫**(Leis axyridis)　体长约6.5毫米，体宽约4.2毫米。虫体卵圆形，半球形拱起，背面光滑无毛。背面色泽斑纹变异甚大，大致分为浅色型和深色型两类：

(1)浅色型：基色为橙黄色至橘黄色，前胸背板在中线两侧有两对黑斑。主要有如下四种：

①十九斑变种：小盾片黑色，具小盾斑。每翅各有九个黑斑，排列为2、3、3、1。还有一个位于1/6端角处。

②十四斑变种：小盾片与前胸背板同色，前胸背板上的"八"字形黑斑缩小为四个浅色斑。鞘翅上的黑斑比十九斑变种的要减少和缩小。

③无斑变种：小盾片与前胸背板同色，前胸背板上有五个

浅色斑，鞘翅橘红色，其上无黑斑点。

④暗黄变种：小盾片与鞘翅同色，鞘翅无黑斑，纯黄色。如在鞘翅外线1/3处各有一黑斑者，为二斑变种。

(2)深色型： 基色为黑色。前胸背板基部扩大成黑色近梯形的大斑，两肩角部分为浅色大斑。小盾片与鞘翅均为黑色，鞘翅具浅色大斑，常见的有：

①显明变种：每鞘翅有两个红斑，分布在1/3和2/3处，前者大而显横长，后者小而呈圆形。

②显现变型：每鞘翅有一个较大型红斑，在1/2处或稍前。

③鲜明变种：鞘翅红斑扩大，黑色只限于鞘翅边缘和鞘缝的前半部分。

异色瓢虫的各种类型具有的共同特征是：其鞘翅的7/8处和端末前，均具有明显的隆起并形成横脊。腹面浅色型，中部黑色，边缘及足为褐色至褐黄色。

5. 二星瓢虫(Adala bipunctata) 体长约5.0毫米，体宽约3.6毫米。虫体长卵形，呈半圆形拱起，脊面光滑无毛。头部黑色，紧靠复眼内侧各有个近半圆形的黄白色斑，复眼近椭圆形，黑色，触角粗壮，11节，黄褐色。前胸背板黄白色，小盾片较小，正三角形，黑色。鞘翅略呈长形，中部较宽，橘黄色至黄褐色，中央生有两个横长黑斑，分别位于鞘翅的中央。鞘翅色斑变异较多。腹面几乎完全为黑色，仅腹部外缘为黑褐色。足黑色。雄虫第五板后缘平截，第六腹板后缘中部弧形内凹。雌虫第五腹板后缘中部呈舌形凸出，第六腹板后缘呈尖弧形凸出。

(二)卵

瓢虫的卵呈梭形，直立排列紧密，形成卵块。一块卵由几粒、几十粒到几百粒组成，为淡黄色。

（三）幼虫

瓢虫幼虫共分四个龄期。随着各龄期的变化，幼虫形态也发生着明显的变化。如七星瓢虫幼虫，一龄时暗黑色，将要蜕皮时呈灰黑色；二龄时腹背第一节两侧各有两个黄色肉瘤；三龄时腹部第三、四节两侧各有一对黄色肉瘤，只是第四节的两个肉瘤不很明显；四龄时腹部背面第一节和第四节各有四个明显黄点，颅顶及头部两侧各有两个黄点。菜田中常见的几种食蚜瓢虫四龄幼虫的识别特点见表 19-1。

表 19-1　菜田几种食蚜瓢虫四龄幼虫的区别

	七星瓢虫	多异瓢虫	异色瓢虫	二星瓢虫
体色	淡蓝灰色	浅灰黑色	灰黑色	浅灰黑色
体长	11 毫米左右	6 毫米左右	11 毫米左右	6 毫米左右
体宽	3.15 毫米左右	2.0 毫米左右	3.1 毫米左右	2.0 毫米左右
腹部	腹部背面、侧面每节着生 6 个矮刺。第一节和第四节背面两侧各有 1 对矮刺，为黄色，呈黑色、黄色、浅黄色排列。其余各节矮刺均为黑色。腹面每节着生 6 个刺瘤	在腹部背面、侧面每节着生 6 个矮刺，第一节背面两侧各有 1 对矮刺为黄色，呈黑色、黄色、浅黄色排列，第四节背面两侧各有一黄色斑，其上着生的矮刺为黑色，其余各节矮刺均为黑色。腹面每节着生 6 个毛瘤。腹面中央有一条黄白线贯穿胸腹部	在腹部背面、侧面每节着生 6 个分枝的枝刺，第一、四、五节背面两侧各有 1 对橘红色枝刺，其中第一节的每对基部相连成一橘红色大斑，呈红色、橘红色、黑色排列，第二、三节背面两侧各有 1 个枝刺为橘红色，呈黑色，橘红色、黑色排列。腹面每节着生 6 个毛瘤	在腹部背面、侧面每节着生 6 个矮刺，第一节和第四节背面两侧各有 1 对矮刺为黄色，第一节呈黑色、黄色、浅黄色排列，第四节呈黄色、黑色、黄色排列，其余各节矮刺均为黑色，腹面每节着生 6 个毛瘤，但不明显

(四)蛹

老熟的瓢虫幼虫化蛹前体色灰白色,化蛹前进入前蛹期时,先以虫体末端固定在植株等物体上,然后化蛹,蛹为黄褐色。

二、田间瓢虫种群的发生和习性

七星瓢虫,以成虫在土块下、小麦分蘖及根茎间的土缝中越冬。越冬成虫一般于翌年早春开始活动,产卵于土块缝隙中和枯枝落叶上。随着气温的上升,产卵场所有所变化,多产于小麦叶片背面和麦穗上。越冬成虫繁殖数量受到麦田中蚜虫数量的制约。第一代七星瓢虫幼虫的数量以 5 月份为多,5 月下旬至 6 月初新羽化的成虫,常离开农田向有蚜虫的榆树、桃树、乌桕等植物上迁移,更多的则向北方迁移。7~8 月间,华中和华北等地的广大农田中,极不易发现七星瓢虫。至 9 月份,菜地开始出现七星瓢虫,在白菜、萝卜地有七星瓢虫幼虫。10~11 月份,华北地区菜地又出现大量七星瓢虫成虫。11 月中、下旬开始陆续入土越冬。成虫有假死性。羽化后 2~7 天开始交配,交配后 2~5 天产卵。产卵期为 17 天,最长的有 40 余天,平均 18 天。一头雌虫平均产卵 500 余粒,越冬成虫一生最多能产卵 4 725 粒,产卵期长达 90 天,日产卵量最高的达 179 粒。成虫寿命长短不一,有的为 20.8 天,最长的达 52 天。有的越冬成虫活了 278 天。成虫在气温降到 5℃以下时,就蛰伏不动;一旦气温回升到 10℃以上时,便开始活动。七星瓢虫没有大量群集越冬的现象。由于比较耐寒,越冬成虫在农田土块下过冬,冬季在－10℃也不致死亡。这种滞育成虫越冬存活率较高,数量大,翌年发生亦早。这是七星瓢虫可利用的优点。它作为前期的优势天敌种群,可以人工大量繁殖。

龟纹瓢虫,以成虫群集在土坑和石块缝穴内越冬,于翌年春季活动，开始产卵。春季凡有蚜虫的蔬菜、杂草、作物、树木上，都是它们活动和产卵繁殖的场所。产出的卵常数粒或10余粒竖在一起。越冬代成虫4月间产卵，繁殖一代，于5月上旬迁入菜田，继续繁殖。在5～6月间，其卵期一般为3～4天，幼虫期为6～7天，蛹期为6～7天；由卵到成虫，历期15～17天。在7～8月间，一般卵期2～3天，幼虫期5～6天，蛹期5～6天；由卵到成虫历期12～14天。11月份以后气温下降，便从蔬菜地迁移到避风向阳的场所，在杂草上捕食蚜虫。11月下旬以后，气温下降至8～10℃以下时便进入越冬。龟纹瓢虫对环境的适应性较强，有耐高温的能力，繁殖率高。从田间发生数量分析，一年发生三个高峰，即5月中下旬、6月中下旬和7月中下旬三个高峰期，其中以7月中下旬发生的数量最大。这正好补充此时七星瓢虫田间发生数量的不足，说明它是可以利用的优良天敌。

异色瓢虫，一年发生多代，最后一代成虫在蔬菜等植物上活动取食，准备越冬。10月下旬至11月上旬，气温下降，便飞到背风向阳、岩石露面大、石缝多的山坡杂草根际，遇晴天气温高时，仍可出来活动。到11月中旬，气温为8～10℃时，便飞进岩洞、石缝内以及建筑物的屋檐缝中群集越冬。越冬成虫一般于翌年3～4月份陆续出洞飞离。当气温在8～10℃时，如在每天上午9时至下午4时，察看背风向阳场所有无瓢虫活动，便可比较容易地找到其越冬场所。越冬代成虫出洞后，在蚕豆、油菜等有蚜虫的植物上活动，产卵。5月上旬为第一代成虫羽化盛期，羽化成虫陆续向棉田、菜地迁移。5～6月间，它们大量繁殖，由于食量大，因而对控制瓜蚜有一定的作用。据观察，在5～6月份，其卵期一般为3～4天，幼虫期为10～12天，预蛹期为1～2天，蛹期为8～10天。从卵到成虫，历期24～28天。6月份以后，种群数量随着气温的升高而显著下降。成虫羽化5天左右后，开始交配，一生需要交配多次，才能提高孵化率。一般5天左右开始产卵，一头雌虫一生产卵10～20块，合计300～500余粒。成虫寿命因温度而异，气温愈高，寿命愈短，一般为30～38天。成虫和幼虫食量都很大，一头四龄幼虫日食蚜虫100～200头。

三、瓢虫的自然保护与利用

瓢虫在自然界中，每年春季的发生时期和发生量有明显的差别。春季温度偏低、湿度小时，早期蚜虫发生少。早春瓢虫发生晚，数量又少，往往给瓢虫的自然利用带来很大困难。20世纪70年代，河南棉区开创了利用瓢虫防治棉蚜的工作，从自然保护与利用出发，开展冬前捕捉，人工保护越冬，春季在田间繁殖，夏季进行人工助迁的瓢虫利用活动，收到了保护益虫，扩大益虫优势，消灭害虫，一虫多用，经济有效的较好成果。他们的经验对于在菜田中利用益虫防治害虫是有用的。现结合菜田情况，将其介绍如下：

（一）冬前捕捉和贮存

冬前捕捉，要掌握好最佳的时间。一般冬前捕捉比较方便，采集瓢虫较快，但应做好饲养工作，增强瓢虫体质，使其顺利越冬。如果捕捉过迟，体质较好的瓢虫已经入土越冬，羽化晚的一些成虫则往往因营养不足而在越冬时死亡率大。在河南有的地区，人们发现油菜田越冬的瓢虫最多，在许多田块中的大量油菜茎叶下或表土下，都可采到七星瓢虫。10月下旬时，田间也可采到幼虫和蛹，数量不多，在遇到寒流时极易死亡。在北京地区秋天的麦地和白菜地中，都可采到瓢虫。9～10月份时，七星瓢虫数量虽有不少，但较分散，采集效率较低。最适宜的时间是在11月10日前的一周内。此时北京晚上温度降到零下，有霜了，七星瓢虫已大都迁移到大白菜上，比较集中，有的一棵大白菜上有10多头，采集比较容易，但应在大白菜收割前采集。一旦大白菜砍倒在地，就极不易采集了。

七星瓢虫的越冬存放，一般于11月份即可开始。存放可分为室内存放和室外存放两种。存放工具可就地取材，利用木箱、瓦罐、木盒、纸盒、土窖和饲养笼等。存放前期以木箱、纸盒较好，入冬后以土窖最好。也可全冬使用木箱、纸盒和瓦罐等。存放的关键，是掌握好温度和湿度。

具体做法是，在村中或院中选一地势较高，不易存水的地方，挖一个深50厘米、底宽50厘米、口径约16厘米的土窖。放瓢虫前将底层7～10厘米厚的土层刨虚，用手整平，在虚土上放置核桃大到拳头大小不等的土块，每窖可放瓢虫500～1 000头，放虫2～3天后，使其自行入土。入土后注意温度变化，当气温下降到日平均零度以下时，应在土块上再盖上7～10厘米厚的干草，窖口加盖即可安全越冬。

室内越冬的做法，是用木笼或纸盒、或果酱瓶，其内放置干草，把瓢虫放入后，将其置于朝南房屋。室内不能升火，也不能有暖气。让瓢虫自然越冬。

无论室外，还是室内，在越冬期每1～2个月应作一次检查，观察瓢虫生活状态及死亡率，对其条件作一些必要的改善。但要注意，在冬季一定不要加温。2月份气温开始回升，当日平均温度达到5℃时，应及时取出干草。气温回升，一旦瓢虫开始活动时，即要适当进行饲养。

（二）早春饲养基地的建立

瓢虫越冬之后，要恢复瓢虫的生活和繁殖，并在早春建立其饲养基地。其做法是：

1. 麦田饲养基地　小麦蚜虫一般发生较早，危害亦重。因此，可充分利用麦蚜上升季节，选择麦蚜发生多、危害重的麦田地块作为基地，释放瓢虫，一方面控制麦蚜危害，另一方面扩大瓢虫繁殖。河南民权县 1974 年把越冬存贮的 8 000 多头瓢虫，于 3 月下旬全部放到 5 公顷麦蚜发生严重的麦田，每公顷 1 500 头左右。4 月上旬调查，每公顷有瓢虫和幼虫 15 万头到数十万头。4 月下旬，共捉回瓢虫成虫 20 多万头。

2. 土温室饲养基地　一般是土温室中种上带蚜虫的油菜，然后把瓢虫放入。由于温度较高，蚜虫增殖快，因而给瓢虫提供了丰富的食物，为瓢虫的迅速繁殖创造了条件。

（三）我国北方有越冬集群的瓢虫资源

据初步调查，黑龙江、吉林、辽宁、河北、山东、山西、河南以及北京等省市的某些山区，都有越冬集群的有益瓢虫。在主要的种类中，以异色瓢虫为最多，其次为奇变瓢虫（Aiolocaria mirailis）、菱斑和瓢虫（Synharmonia conglobata）及多异瓢虫等。

据报告，在东北的大、小兴安岭及长白山，河北的燕山、大马群山，山西的太行山，山东的崂山，河南的桐柏山，以及北京的西山等，都发现有越冬集群的有益瓢虫。有些越冬集群的数量较大，其中以兴安岭及长白山等地的瓢虫量为最大。常在一个集群中心附近，有若干个小集群。每个小集群一般约有数万头；每个中等集群约有数十万头；每个大集群可达百万头以上。发生多的年份，山洞内的瓢虫大堆大堆地堆积，厚达 30 厘米以上。有时山的阳坡上瓢虫铺地一层。在长白山一次采集中，90 人次共采得 294 千克，估算约有 1 000 万头以上。

这些越冬集群瓢虫，一般在北方秋季树叶变黄时，即开始飞向山区。出现越冬集群最早的是黑龙江，向南依次为吉林、辽宁、河北、北京、山西、山东及河南等地，时间从 10 月初开始，到

11 月末左右。瓢虫越冬后，从南部的河南省，于 3 月上旬开始活动，依次向北，到黑龙江省 5 月初开始活动，向外迁散。这些有益瓢虫，特别是异色瓢虫越冬集群场所的发现，为防治害虫扩大了天敌虫源。

(四)人工助迁

利用麦田、油菜地发生的瓢虫，实行人工助迁，加大菜田瓢虫种群数量，以控制瓜蚜危害。其具体做法是:

1. 捕　捉　开展以瓢虫治蚜的首要任务，是要利用自然界的瓢虫源。这就要人工捕捉。捕捉时间以一代瓢虫羽化盛期为最好，即在 4 月中、下旬。这时瓢虫集中，数量也多，便于捕捉。每人每天可捕捉 4 000～6 000 头。以网捕为好，也有用瓶捉的。瓶捉比网捕效率低。

2. 存　放　为了合理地利用瓢虫，就要有一个存放瓢虫的过程。存放的方法以小型瓦罐式地窖为好。这有许多优点:一是就地取材，简便易行，在田间较高的地方即可挖窖。二是保湿降温，存放适宜。三是窖上加盖，其内黑暗，可减少瓢虫活动，减少能量消耗。四是小窖存放量较小，便于饲养管理。具体做法，同越冬窖形(但底不用翻虚)。每窖可存放千头左右，一般存放半个多月。

3. 剪　翅　为了防止放入菜田的瓢虫成虫迁飞，不影响瓢虫正常活动和寿命，可将其翅剪除一部分。剪翅方法很简单。河南有的地方是左手轻捏瓢虫，右手用小尖剪顶开硬的鞘翅，拉出后翅(软的膜质翅)，剪去一边后翅的 1/3 即可。剪时不能剪去鞘翅。另外一种方法是用针顶开硬的鞘翅，以针划破后翅。这种方法更快，也可以防止瓢虫迁飞。

4. 释　放　菜田释放瓢虫，是控制瓜蚜的一个重要措施。在释放前，首先要作好虫情调查，准确地掌握每块菜田瓢虫和蚜虫的发生情况与比例，根据虫情确定释放瓢虫的数量。一般要求早放，在株蚜量少，百株有蚜株率低时使用。

释放时，可每隔 2～4 行顺垄撒于菜株上，每 100～160 厘米为一点。也可以单个投放，把瓢虫较为均匀地撒在菜垛上。

在瓢虫发生盛季，麦田自然存量又大的情况，不需剪翅，可随捕随放。其方法是将捕捉的瓢虫装入麻袋（袋内放些树枝、草秆等），于日落后放入菜田，或用冷水短时猛浸而造成低温，乘其翅膀潮湿不能迁飞时放入菜田。或者将捕捉的瓢虫存放在地窖 1～2 天，造成其饥饿于日落或日出前放入菜田。

放后应当注意的问题：①释放 2～3 天后，应检查效果，然后根据蚜虫数量上升或下降程度，随时捕放。②早期释放瓢虫，应偏大量释放，按照实有株数计算释放量，以便及时控制瓜蚜数量上升。③菜田释放瓢虫后，其天敌较多，特别是麻雀会使效果很差。为了提高以瓢治蚜的效果，放瓢后需有人管理，或让专人看管。④早中耕，可提高地温，促苗生长，破坏蚂蚁窝，减少瓢虫损失。早定苗，减少蚜量，同时也提高放瓢虫效果。

四、七星瓢虫的人工饲养及捕蚜效应

近几年的生产实践证明，利用七星瓢虫防治瓜蚜已取得显著的效果。然而，七星瓢虫发生时间较晚，一般在蚜虫危害高峰过后 5～9 天，瓢虫高峰才明显出现。这对利用自然瓢虫带来不良的影响。为此，急需发展瓢虫的人工繁殖。

（一）瓢源的发现

要繁殖七星瓢虫，首先要到田间寻找虫源。在河南地区，越冬七星瓢虫成虫早春以油菜地为最多，其次是小麦地。从地形来看，丘陵地区比平原地区的数量要多。根据这些特点，采集七星瓢虫时，应选择晴朗的天气，一般以露水干了的上午 10 点左右为宜。这时候，瓢虫成虫多半爬到小麦、油菜的植株上部活动。采集时带个纸盒或布袋，在田间顺垄寻找，发现瓢虫即利用网捕，或者利用瓢虫的假死性，先将纸盒放在瓢虫的下方，然后用手轻轻一碰，瓢虫则自然地掉入盒内。在采集瓢虫时应顺着地垄或田埂走，以免损害小麦、油菜等庄稼。

（二）饲养条件和工具

七星瓢虫生长发育的适宜温度是20～28℃，适宜相对湿度为70%～80%。温度过低，瓢虫取食活动迟缓，即使产卵，卵量也不大，而且产卵间隔时间也长。但温度过高，对瓢虫的生长发育也不利。在饲养室内，要求有比较充足的光照条件，一般每天以光照16小时左右为宜。

饲养瓢虫常用的工具有指形管、培养皿、果酱瓶等，或者自制的纸盒，纱笼等。在河南农村，有的人用各种盛器，如碗、罐，甚至用缸子或罐子来养瓢虫。

为了满足瓢虫对光照的要求，可用玻璃纸作为盛器的盖子，将瓢虫封在盒子里。饲养低龄幼虫时，要将盒子盖好，并防止幼虫逃跑和相互残杀。

（三）以蚜虫饲养繁殖瓢虫

1. 成虫的饲养　首先要加足量的食物。瓢虫在田间取食多种蚜虫，喜食麦蚜、菜蚜和瓜蚜等多种蚜虫，因而产卵量高。每只雌虫每天平均可取食蚜虫20毫克左右，约合蚜虫60～70头。以成虫羽化后前五天食蚜量最高，每只每日可达30～40毫克，约合蚜虫100～150头。喂食时，应将蚜虫连同少量寄主植物的枝叶一同放入饲养盒内，以维持蚜虫寿命。

饲养成虫时要勤取卵。早春从田间采回的越冬代瓢虫，一般在室内饲养1～2天后即开始产卵。成虫产卵没有固定的时间和地点。在瓶盖、纸垫和植物枝叶上都可产卵。如果成虫产卵在瓶壁上，可用毛笔蘸水将卵润湿，稍等片刻后，用毛笔轻轻将卵刷下，只要卵粒保持完整，仍然能正常孵化。如果卵产在纸垫上，即可用小剪将卵块连纸剪下保存。取卵时要注意检查植株枝叶上有无卵块，如有，可将有卵块的枝叶部分剪下。成虫有食卵的习性，因此在成虫产卵期间应及时采收卵块。每天上午、下午各收卵一次，必要时在晚间喂食时也可取卵。

2. 卵卡的制作与保存　卵卡的制作是保存卵的必要步骤。一般瓢虫产的卵，一粒粒竖立成行，形成整齐的卵块，无论是产在纸上，还是产在植物枝叶上，都可以把卵粘在一张整片的纸上，做成卵卡。

做卵卡的纸，应按一定的规格裁好，然后在纸卡上涂一层稀薄的浆糊，再将已收集好的卵块逐一贴在纸卡上。

同一张卵卡，必须粘上同一时间的卵粒，切切不可把不同时间产的卵粘在同一卵卡上。否则，卵的发育进度不齐，早产的卵粒先孵化，孵出的幼虫则取食未孵化的卵粒，造成不必要的损失。卵卡制成后应注明产卵日期和数量，以便备用。

卵的冷藏是人工饲养瓢虫不可忽视的工作。成虫的产卵期可长达 20～30 天，有明显的高峰。为了保存卵，可以进行低温贮存。卵的低温处理，就是用降低温度来延缓卵中的胚胎发育。保存的时间长短和温度高低均有一定的要求。据实践表明：在 0℃时保存 3 天，卵的孵化率为 70%以上；超过 3 天，卵的孵化率就会大为降低。在 4℃ 条件下存放 7 天，孵化率在 80%以上。在 11～13℃的温度下，卵可保存 20 天，其孵化率仍可达 80%左右。这是因为七星瓢虫发育的起点温度为 10℃左右，低于发育起点温度，卵虽可以在短时间内保存，但成活率不高，这表明七星瓢虫的卵是不耐低温的。卵的保存温度以 10～12℃为合适。

3. 幼虫的饲养　幼虫的饲养工作有许多关键问题要处理

好，否则其存活率会很低。从卵里刚孵出的幼虫，体色呈黄色，聚集在卵壳上不动，体色逐渐发生变化。当温度在25～27℃时，经6～7个小时后则变成黑色，亦逐渐分散活动。在幼虫体色变黑之后，即可分养幼虫。分开饲养过早，虫体柔嫩，操作时易受损伤。但如分养过迟，则幼虫已分散活动，不易收集。在没有食物供给的情况下，则取食卵粒，一条初孵出的幼虫，在第一天内可取食20～30粒卵。

饲养中必须增加间隔物，以减少相互残杀。初孵出的幼虫体小，活跃。这时饲养器皿要密封，并要在容器内放一些折叠纸，以增加间隔，形成许多小室，便于幼虫独自栖息。

饲养中要防止幼虫密度过大，数量大了不好管理。要把同龄幼虫放在一处饲养。低龄时每天喂食4～5次，三龄后每天喂食2次。食物要充足。

4. 蛹的羽化　幼虫生长发育到8～15天后，陆续老熟化蛹。老熟的幼虫静止在物体上，然后固定下来，由前蛹期进入蛹期。此时不要再给食物，但容器内仍要保持一定的湿度，3～4天后即羽化为成虫。有人在幼虫化蛹前后常常搬动，甚至用手拨动已固定下来的虫体，拨动一个死一个。所以在化蛹后千万不要触动，更不应拨动。

(四)用人工饲料饲养七星瓢虫

为了保证瓢虫能够在时间和数量上满足防治蚜虫的要求，这就需要解决瓢虫的大量繁殖问题。经过数十年的努力，我国在人工饲料方面是取得了较大进展。尽管目前用人工饲料喂养的七星瓢虫同用天然饲料喂养的七星瓢虫相比，雌虫的产卵量和产卵率还比较低，但用人工饲料喂养的七星瓢虫并不是不可用的。

1. 人工饲料的配制　目前，用人工代饲料饲养七星瓢虫，主要采用的配方是，将猪肝、蜂蜜和蔗糖，按重量5∶1∶1的比例进行配制，或者将猪肝、蔗糖按重量5∶2的比例进行配制。

制作前先取新鲜猪肝，剔除结缔组织，然后称取适当的重量，按比例加入蔗糖和蜂蜜，一起放入组织捣碎机中匀浆混合。机器每分钟转速为8000～10000转，经过5～10分钟即可。配好的饲料放入冰箱保存待用。

2. 应注意的问题　①制成的人工代饲料，对于七星瓢虫成虫和幼虫以及异色瓢虫都适用。②喂食时，可将代饲料放在蜡盘上或塑料纸上，饲料上加盖淀粉纸，以防止瓢虫被粘住。③人工代饲料水分含量应达到70%左右，这对成虫有明显的营养效应。不能过于干稠，以免影响取食。④饲养容器内要加入湿棉球，以维持其湿度。

五、七星瓢虫的应用技术

（一）释放时间

菜田投放瓢虫的时间，以下午接近傍晚、太阳将落时为宜。如果放虫时间太早，在阳光照射下，就会导致成虫大量迁移，幼虫亦因气温高而死亡率大增。

（二）释放的虫态

如果释放成虫，则其迁移性大，效果不稳定。若释放四龄幼虫，则其虽食量大，但化蛹期临近。因此，释放应以二、三龄幼虫为主，并应有一定比例的成虫。这是“混合兵种”，持续时间长，效果好。

（三）释放虫量与释放时期

释放瓢虫量的问题比较复杂，因蔬菜品种不同而异。大白菜可比黄瓜释放少些；菜上蚜虫量大时要多放一些。

从时期上看，释放瓢虫应掌握在瓜蚜发生初期数量少时的点片阶段为最好。可以说以瓢治蚜的关键在于一个“早”字。在瓜蚜刚刚在菜株上发生时就应及时释放一定数量的瓢虫，让其捕食。释放时掌握的瓢蚜比，一般以 1∶50～100 为好。在瓜蚜发生初期，每公顷放 1.5 万～3 万头。虫态单一和捕捉中机械伤害大时，应加大释放瓢虫量。由于实际工作中释放瓢虫量很难精确，这就要求在释放后 2 天检查效果，如果瓢蚜比在可控制范围内，蚜虫量又没有继续上升，那就表明瓢虫已发挥了控制作用，暂时不必补放。

（四）释放瓢虫的方法

释放瓢虫时，连虫带叶顺垄撒于菜株上。每隔 2～3 行放虫一行，尽量把瓢虫释放均匀。

（五）释放瓢虫后应暂停农事操作

释放瓢虫后的 1～2 天，不宜浇水、中耕。如需进行化学防治地老虎，则应采用敌百虫毒饵，以免杀伤瓢虫。

第二十章　二斑叶螨的生物防治

第一节　二斑叶螨的识别、发生和为害特点

一、二斑叶螨的识别

二斑叶螨（Tetranychus urticae，简称叶螨），又称棉红蜘蛛、棉叶螨、二点叶螨。是一种多食性害螨，属蛛形纲叶螨科。

二斑叶螨危害的植物有 30 余科，100 余种，其中包括蔬菜 18 种，在蔬菜中以茄科、豆科、葫芦科为主，百合科中的葱、蒜也受其害。它不仅危害田间、温室中的蔬菜，同时也危害棉花植

株,是我国棉花的主要害虫。它在国内各地均有分布。

二斑叶螨的成螨,有浓绿、褐绿、黄红、黑褐等色,一般为红色或锈红色。所以人们常称其为“红蜘蛛”。雌虫梨圆形,长约0.48毫米,宽约0.30毫米,前足长0.33毫米。雄虫头胸部前端近圆形,腹部末端较尖,体比雌虫小。虫体两侧都有块状色斑,大小不一。有足4对,无爪,跗节有粘毛4根,足及体背具长毛。体上背毛排成4列。其卵为圆球形,直径0.13毫米,有光泽,初产出时透明无色,后渐变为深暗色,孵化前出现红色眼点。幼螨体近圆形,透明,眼呈红色,有足3对,取食后,体色变为暗绿。体长约0.15毫米,宽0.12毫米。若螨体长0.21毫米,宽0.15毫米,有足4对,体色变深,体侧出现块状色素。

二、发生与为害特点

二斑叶螨以成虫和若虫在叶的背面吸取汁液。数量多时,也常在叶的正面为害。茄子、辣椒的叶片受害后,初期叶面出现灰白色小点,后来叶片变为灰白色;茄果受害后,果皮变粗,呈灰色,影响品质。四季豆、豇豆、瓜类叶片受害以后,形成枯黄色细斑,严重时,全叶干枯脱落,从而大大缩短结果期,造成减产。

此虫每年发生10～20代,南方发生20代以上,东北约发生12代,四川发生18代。越冬虫态随地区不同而异。如在华北,以雌成虫于10月中旬在各种杂草、棉花的枯枝落叶及土缝中越冬;在华中,以各种虫态于10月份开始迁至各种杂草和桑槐等木本寄主的树皮内越冬;在四川主要以雌虫在各种杂草、豌豆和蚕豆等作物上越冬。南方气温高,该虫可一年四季不断繁殖。在平均温度5℃以下,最低温降到2℃左右时,其雌虫及若虫大量死亡。早春温度上升到10℃以上时,此螨即开始大量繁殖。一般是先在杂草上繁殖,然后迁入田间作物上为害。

二斑叶螨羽化为成虫后,即可交配。在适宜条件下,交配后一天即可产卵。每头雌虫产卵50～110粒，卵多产在叶背面。卵期在15℃时为13天，20℃时为6天，24℃时为3～4天。孵化出的幼虫即为具有3对足的一龄幼螨。再经蜕皮即具有4对足。雄性幼螨只蜕皮一次，即仅有前期若虫。

二斑叶螨可营孤雌生殖，孤雌生殖的后代多为雄虫。幼虫及前期若虫不太活动，后期若虫则活动能力强，贪食，有向上爬的习性。叶螨先危害植株的下部叶片，然后向上蔓延。繁殖数量过多时，常在叶的端部群集成团，随风飘动，向四周扩散。

二斑叶螨发育的起点温度为7.7～8.8℃，最适宜的温度为29～31℃，最适宜的相对湿度为35%～55%。温度在30℃以上和相对湿度超过70%时，不利于叶螨的繁殖。全国各地都以6～8月份受害重。降雨往往不利其发生，暴雨对它有一定的抑制作用。

营养条件对叶螨的发生有显著影响。据研究观察，叶片愈老，受害愈重；叶片中含氮量愈高，叶螨产生的后代也愈多。因此，增施磷肥，可减轻其发生和危害程度。

第二节　用拟长毛钝绥螨防治二斑叶螨

一、拟长毛钝绥螨是叶螨的天敌

拟长毛钝绥螨(Amblyseius pseudolongispinosus)是二斑叶螨的重要天敌，对控制这种害螨能起主要的作用。上海市繁殖利用拟长毛钝绥螨在6个县防治棉花、西瓜、茄子上的二斑叶螨，共有13余公顷土地，均收到良好的防治效果。试验证明，释放拟长毛钝绥螨能在6～8天内有效地控制叶螨的危害，效果与化学农药接近。并可以与化学农药协调使用。所以，拟长毛钝绥螨是防治叶螨的良好天敌。

二、拟长毛钝绥螨的发生特点

拟长毛钝绥螨分布于上海、江苏、浙江、山东、辽宁、福建、云南等地。该螨适应性较强，捕食量大，增殖迅速，饲养起来亦方便，且易于保存（饲养技术参阅第二十八章有关部分）。

拟长毛钝绥螨的生长发育亦分卵、幼螨、若螨和成螨几个阶段。幼螨不捕食，饮水后即发育为若螨。若螨历期很短，在25～28℃时，约为2天。拟长毛钝绥螨的成螨和若螨，都能取食柑橘全爪螨、竹裂爪螨、二斑叶螨、桑始叶螨、草地小爪螨和截形叶螨等多种螨类的各个虫态的虫。雌成螨的日捕食量为：叶螨成螨2～7头或若螨4～10头，或幼螨3～20头，或卵16～23粒。雌成螨一生捕食量平均为127.64头，日平均捕食量约为6头，最高为14头（产卵后第四天）。每头雌成螨的平均产卵量为39.40粒，最高59粒，最少20粒。日平均产卵量为2.15粒。开始产卵后第三天达到产卵高峰，产卵量为4粒。

拟长毛钝绥螨能捕食10余种叶螨。喜食始叶螨属（Eotetranychus）的种类，其中有的不仅是蔬菜上的害虫，也是果树上的重要害虫。其次喜食叶螨属（Tetranychus）的种类。上海农业科学院和上海农学院通过取食试验，对拟长毛钝绥螨捕食的8属17个种叶螨的喜食情况作了如下排列：首先是桑始叶螨、核桃始叶螨和北始叶螨；其次是柑橘全爪螨、竹裂爪螨、草地小爪螨、二斑叶螨、截形叶螨、豆叶螨、绣球叶螨和朱砂叶螨；其余的6种是不大喜食的螨类。

三、拟长毛钝绥螨的大量饲养与增殖技术

大量繁殖拟长毛钝绥螨是利用拟长毛钝绥螨防治叶螨的先决条件。实践表明，室内应用蚕豆苗大量繁殖叶螨，以叶螨作为饲料大量增殖拟长毛钝绥螨，是切实可行的方案。

室内增殖拟长毛钝绥螨的技术流程是：

蚕豆浸泡－1天→催芽－1天→播种－7～8天→1～2叶片蚕豆幼苗→接种叶螨－若干天后→拟长毛钝绥螨(成螨、卵、幼螨、若螨)饲养在培养皿中→室内贮存→田间释放

(一)叶螨的繁殖

以蚕豆作为叶螨繁殖的寄主。蚕豆生产叶螨有如下主要优点：豆种价廉易得，种植方便，植株和叶片肥厚，即使叶螨密度较高，叶片也不会枯黄脱落。从操作技术来看，蚕豆叶面光滑，易将叶螨刷下。除蚕豆外，菜豆也可作为繁殖叶螨的寄主。

豆苗长至2片真叶时，每叶片上接种叶螨(朱砂叶螨、二斑叶螨等)5～10头，使温度保持为27～28℃，光照度保持为2 500～3 000勒克斯，每日光照时间在15小时以上。

(二)拟长毛钝绥螨的饲养和增殖

拟长毛钝绥螨的饲养容器为直径15厘米的培养皿，以及20厘米×16厘米的搪瓷盘(大小规格可不严格要求)，内放稍小于器皿的泡沫塑料块，上铺黑布，黑布上覆盖以塑料薄膜，作为供给食料和钝绥螨活动的支持面。水加入器皿中，使黑布、泡沫塑料吸足水，并保持器皿内的水位。放入几条脱脂棉絮作为钝绥螨产卵的支持物。可将叶螨从蚕豆上直接刷入培养皿中。

(三)叶螨的饲养

拟长毛钝绥螨是朱砂叶螨、二斑叶螨的重要天敌，可以饲养朱砂叶螨作为天敌饲料。在蚕豆长出2片真叶后，接种1～3只朱砂叶螨，即可大量产卵于蚕豆叶片上，平均每叶虫量，包括产的卵在内，可达300～500头。叶螨在蚕豆苗的上、中部分布较多。接种7天后，豆苗上成螨、卵、幼螨和若螨都纷纷出现。

(四)拟长毛钝绥螨的增殖

环境条件是温度为28℃左右，光照15小时，光照度为

2 500～3 000勒克斯。在 50 平方厘米饲养面积上，布放拟长毛钝绥螨 15 头(其中雌虫 10 头，雄虫 5 头)，给予充足的天然饲料朱砂叶螨，至第七周可增殖 56.5 倍。

饲养的密度不同，结果也不同。10 头密度组，至第七周可增殖 53 倍；密度最高的 25 头组，增殖速率最低，至第七周时增加 39 倍。

(五)以花粉作替代饲料

试验表明，以蔗糖液(50%)和蜂蜜作饲料，拟长毛钝绥螨不能发育至成螨期。以另外 7 种花粉，即婆婆纳(*Veronica didyma*)、山茶花(*Camellia japonia*)、蓖麻花(*Ricinus communis*)、丝瓜、柿子和桃的花粉为食，捕食螨虽能发育至成螨，但雌螨不能产卵。取食贴梗海棠(*Chaenomeles speciosa*)和蚕豆花粉为食的雌螨，全部能正常产卵，以果石榴(*Punica granatum*)花粉连续饲养 5 代，能产卵的雌螨率与对照组相接近。

(六)低温冷藏试验

对拟长毛钝绥螨在 5℃、7℃、10℃的低温下进行了冷藏试验。结果表明，以 7℃下的贮藏效果为最好。冷藏时间为10～15天。冷藏中累计死亡率 50%的时间，在 7℃时雌成螨为 22 天，雄螨为 17 天，若螨为 14 天。

四、保护和释放的措施

保护和利用拟长毛钝绥螨的主要措施有：

(一)早春控制田外的虫源

首先在田边有叶螨的杂草(一年蓬、葎草等)上，释放少量拟长毛钝绥螨，以压低叶螨虫源基数，增殖天敌。

(二)适时释放与助迁

在大田叶螨点片发生时期，应将拟长毛钝绥螨集中释放到田间。10 天后，根据压低叶螨数量情况，用人工将田间增殖的拟长毛钝绥螨助迁扩散。

(三)对自然种群数量的田块不喷药

在7月上旬前后,调查玉米、大豆等未用药的作物,对自然种群数量高的田块,可以采取保护措施,不能喷药。根据需要可将拟长毛钝绥螨人工助迁到叶螨发生量大的田块。

(四)释放利用应抓住关键时期

大量补充释放、控制叶螨应在叶螨初发阶段。此时,可选择若干点,按每公顷3万头的数量,由人工释放于田间的150~300个点。

(五)要释放于植株中部

释放时,一般将拟长毛钝绥螨放于植株的中部,7天内可建立种群,14天内虫量达最高峰,此时,叶螨即可控制。20天后即可看出明显效果。据观察,上海市在释放防治的20天后,红叶率、单叶虫量与对照相比,分别下降95%和79%。

此外,利用长毛钝绥螨防治二斑叶螨亦有报道。福建省农业科学院等单位于1994~1995年,利用长毛钝绥螨(Amblyseius longispinosus)防治二斑叶螨,控制了茄类蔬菜上的红蜘蛛,具有较为显著的经济效益、社会效益和生态效益。其益害比为1∶100,1∶150和1∶200,防治3周后,红蜘蛛的下降率分别达98%、90%和57%,而对照区的红蜘蛛则增加495%。

第二十一章　瓜绢螟的生物防治

第一节　瓜绢螟的识别、发生和为害特点

一、瓜绢螟的识别

瓜绢螟(Diaphania indica),又名瓜螟、瓜野螟,属鳞翅目螟蛾科,我国华东、华中、西南和华南各省均有分布。20 世纪 70 年代以前,瓜绢螟在我国南方发生、危害轻。近年来,此虫在不少地区已上升为葫芦科蔬菜的主要害虫。

瓜绢螟成虫体长 11 毫米,翅展 25 毫米。头胸部黑色,前后翅白色,半透明,略带紫光。前翅前缘、外缘和后翅外缘有一淡黑褐色带。腹部大部分为白色,尾节黑色,末端具黄褐色毛丛,足白色。其卵为扁平椭圆形,淡黄色,表面有网状纹。成熟幼虫体长 26 毫米,头部、前胸背板淡褐色,胸腹部草绿色,亚背线粗,白色,气门黑色,各体节上有瘤状突起,上生短毛。蛹为浓褐色,长约 14 毫米。头部光滑尖瘦,翅基伸及第六腹节。蛹外包有薄茧。

二、发生和为害特点

瓜绢螟幼虫主要危害葫芦科蔬菜的叶片,严重时将叶片吃的仅剩叶脉,还蛀入果实和茎蔓,造成大害。此虫嗜食冬瓜、丝瓜、苦瓜和小黄瓜较薄的叶片。还危害茄子、番茄、马铃薯、酸浆和龙葵等植物。

它在长江以南一年发生 4～6 代，以老熟幼虫或蛹在寄主植物的枯叶内越冬。据 20 世纪 80 年代报告，多年中的 7 月份以前，黑光灯下从未见到瓜绢螟成虫，大田亦未发现其为害。但据刘树生 1988 年报道，在杭州田间 5 月下旬就有瓜绢螟卵，6 月份就有成虫出现，6 月下旬已完成一代发育。

在广州地区，瓜绢螟每年各代成虫的发生期如下：第一代为 4 月下旬至 5 月上旬，第二代为 6 月上中旬，第三代为 7 月中下旬，第四代为 8 月下旬至 9 月上旬，第五代为 10 月上中旬，第六代为 11 月下旬至 12 月上旬。幼虫一般在 4～5 月份开始为害，6～7 月份虫口密度开始上升，8～9 月份盛发，10 月份以后虫口数量下降，随后以幼虫越冬。

在杭州地区，瓜绢螟在 7 月份以前就开始发生，此时一般数量不大。8～9 月份才是瓜绢螟发生和为害的高峰。8 月初，幼虫数量开始上升，8 月中旬有时每平方米有幼龄幼虫 140 条，四、五龄幼虫 68 条。8 月下旬，有时整块地瓜地的叶片被食一空。然后，幼虫群集于茎蔓瓜果上取食。8 月下旬，瓜绢螟在秋黄瓜上的卵量激增，幼虫数量开始上升。9 月上旬以后，开始下降。瓜绢螟世代重叠。由于葫芦科作物茬口复杂，种植分散，播种期十分不一致，因而其田间虫龄结构存在明显的差别。

瓜绢螟成虫白天潜伏于叶丛、杂草等隐蔽场所，夜间出来活动。趋光性弱。雌虫交配后即可产卵，卵产于叶背，为散产或数粒在一起。各代雌蛾每头的平均产卵量为 170～250 粒，卵期平均 4.6 天。幼虫共 5 龄。初孵出的幼虫有群集性，在叶背取食叶肉，被害叶片呈现灰白色斑块。幼虫遇惊即吐丝下垂转他处为害。三龄幼虫可吐丝将叶片缀合，隐居其中为害，可吃光叶肉，留存叶脉，或蛀入幼果及花中为害，或潜蛀瓜藤。幼虫较活泼，抗寒性较差。在江苏扬州地区，幼虫不能安全越冬。幼虫老熟后在被害叶间做茧化蛹，或在作物根部土中化蛹。研究观察表明，瓜绢螟在 8～9 月间的发生与危害情况，同气候情况，特别是气温、雨量有一定的关系。如果温度偏高，雨量偏少，其发生则重。

第二节　用螟黄赤眼蜂防治瓜绢螟

武汉大学生物系和武汉蔬菜技术推广站等单位，于“七五”期间联合攻关，进行了赤眼蜂防治蔬菜害虫的研究。研究试验地点选在武汉市洪山区和东湖、西湖区有关农场，利用螟黄赤眼蜂防治瓜绢螟的危害，防治面积为 39.3 公顷，工作取得明显的防治效果。

一、防治的时间和方法

（一）放蜂时间

选择武汉地区瓜绢螟危害秋黄瓜最重的第四代，放蜂时间定在 8 月中下旬。

（二）放蜂数量与次数

一茬黄瓜放蜂两次，两次间隔时间为 5～7 天。第一次每公顷放蜂 7.5 万头，第二次每公顷放蜂 15 万头。

（三）放蜂方法

采用散放成蜂或在菜地中悬挂快要出成虫的蜂卡。散放成蜂是先将刚羽化的成蜂收集在玻璃容器中，带到放蜂菜地让其飞出。悬挂蜂卡，是将蜂卡先装入一个特制的放蜂器或放蜂袋中，然后按 1 公顷菜地挂 15 个放蜂器的标准，逐一予以悬挂。

二、防治效果

调查结果表明，螟黄赤眼蜂对瓜绢螟具有很好的寄生效果，从三个防治区的三次系统调查看，寄生率平均在 96%以上。

再以放蜂后黄瓜的有虫叶率和虫口数两个指标看，结果也均有明显下降。第一次调查放蜂区，平均有虫叶率为 6%，虫口数为每叶 6.5 头，而对照区则分别为 31%，66 头；第二次调查，放蜂区的有虫叶率和每叶虫口数分别为 3.5%和 4 头，而对照区则分别为 50%和 94 头；第三次调查，放蜂区的有虫叶率和每叶虫口数分别为 1.5%和 2.5 头，而对照区则分别为 38%和 66.5 头。

三、赤眼蜂防治瓜绢螟的效益

利用螟黄赤眼蜂防治瓜绢螟，具有显著的经济效益和社会生态效益。主要表现在蔬菜产量产值的增加，成本的降低，蔬菜不被污染和天敌受到保护等方面。

放蜂区所花成本和农药防治区所花成本的比较：用于瓜绢螟每公顷放蜂所用防治费为 30 元，而化学农药防治费每公顷则为 72.3 元。

放蜂区和化防区菜地天敌数量比较（每百株黄瓜上的头数）：放蜂区有蜘蛛 73 头，瓢虫 108 头，草蛉 47 头，其他益虫 23 头，总计 251 头，而化防区的则分别为 13 头、7 头、9 头、7 头，总计 46 头，前者总数高出后者 4 倍以上。

总之，利用螟黄赤眼蜂防治瓜绢螟，具有效果好，成本低，能保护天敌等优点，是一种很好的防治方法。

第二十二章　瓜蓟马的生物防治

第一节　瓜蓟马的识别、发生和为害特点

一、瓜蓟马的识别

瓜蓟马(Thrips flavus)，就是黄蓟马，又名瓜亮蓟马、节瓜蓟马，属缨翅目蓟马科。瓜蓟马是棉花的大害虫，常称棉蓟马。蓟马也是温室、露地栽培的葫芦科、茄科类及豆类等蔬菜的害虫，主要分布于华南、华中各省。

瓜蓟马的成虫体为淡黄色，体长 0.9～1.1 毫米，雄虫略小。复眼稍突出，褐色，单眼 3 只，红色，排成三角形，单眼间鬃位于三角连线外缘。触角有 7 节，第一、二节橙黄色，第三节黄色，第四节基部黄色，端部灰色，第五至第七节灰黑色。前胸背板后角有两条粗刺毛。翅狭长透明。前翅具翅脉，前翅上脉基鬃 7 条，上脉端鬃 3 条。第八腹节后缘栉毛完整。雌虫有锯齿状产卵瓣，腹部末端锥形；雄虫腹部末端钝圆形。雌虫所产的卵为长椭圆形，长 0.2 毫米，淡黄色，产于寄主植物嫩叶组织内。瓜蓟马的若虫，体为黄白色，一、二龄时无翅芽，行动活泼。三龄若虫触角向两侧弯曲，复眼红色，鞘状翅芽伸达第三、四腹节，行动缓慢。四龄若虫触角往后折于头背上，鞘状翅芽伸达腹部末端，行动较为迟钝。

二、发生和为害特点

瓜蓟马的寄主范围很广，可在百余种作物上栖居。主要危害冬瓜、苦瓜、西瓜和节瓜，因此而得名。也危害茄子、番茄和豆类等蔬菜。在广州市郊菜田调查，结果表明它可危害10余种蔬菜。成虫、若虫锉吸心叶、嫩叶、嫩芽汁液，使被害植株生长点萎缩、变黑，形成丛生现象。幼瓜受害后出现畸形，毛茸变黑，严重时造成落瓜，其产量和质量受到巨大损失。

瓜蓟马在广州地区一年可发生20代以上。多以成虫潜伏在枯枝落叶、土块或土缝间越冬，少数以若虫越冬。越冬成虫在第二年开春后活动，先在冬茄上取食繁殖，待瓜苗出土后，即转移到瓜苗上为害，一年中以7月下旬至9月份发生的数量最多，对夏季种植的节瓜危害最重。

老龄若虫在土壤中羽化为成虫后，喜在毛茸茸的幼瓜、生长点及嫩叶上取食，特别活跃，能飞善跳，爬动敏捷。主要分布在上部叶片，中下部叶片上较少见。成虫还能借助风力扩散，所以传播得很快。成虫怕光，白天多在叶背和嫩尖上为害，阴天及夜间才有少数的成虫在叶面上活动为害。成虫能进行孤雌生殖，不需交配也能产卵，孵出若虫，并继续繁殖。雌虫将产卵瓣刺入植物嫩组织中，一粒一粒地产卵。每头雌虫可产卵10～100粒。起初，卵是不易发现的，到了发育后期，才可在叶上见到突出部分。若虫在植株各部均可见到，但以上、中部叶片的反面为多。这与成虫喜栖息于植株生长点和幼瓜上的特点有关。因为植株上部生长发育较快，产于其上幼嫩组织中的卵，随着叶片的增长，形成幼虫并发育成若虫。因此，植株中部叶片的若虫密度总是居于首位。对节瓜的调查表明，一般中部叶占50.6%。然而，在不同蔬菜上，其栖息的主要位置也有变化。在节瓜上，成虫喜居于嫩头上，在茄子、丝瓜上，不论是成虫还是若虫均喜居于中部叶片上。

初孵化的若虫有群集性，二龄若虫活跃，是植株间的主要扩散虫源。若虫老熟后，直接掉落到土层中，蜕皮后在土壤中渡过一个静止期。

瓜蓟马发育最适宜的温度为25～30℃。广州地区7～9月份的气温与此适温范围相近，所以此时极易引起该虫的猖獗为害。土壤湿度对瓜蓟马的发生有较大的影响。据报道，土壤含水量在8%～18%范围内，对其发生有利；低于或高于此湿度范围，则不利。

食物条件是对瓜蓟马的发生有重要作用的因素之一。通常，春季节瓜每年6月上旬基本收藤。这时，该作物上的瓜蓟马便转移到附近蔬菜田中的黄瓜、丝瓜和茄子、豇豆上为害。一般7月上旬出土的节瓜苗，又为瓜蓟马提供了新的食物，瓜蓟马便又从收获期的黄瓜、丝瓜、茄子、豆类等蔬菜上迁移到新的节瓜苗，使节瓜在秋季的受害情况加重。广州瓜蓟马周年在寄主作物间的转移情况表明，茄子是瓜蓟马的主要虫源地。因此，每年要了解蔬菜地瓜蓟马的种群动态，就应深入掌握茄子田中瓜蓟马种群的状况。

第二节　用小花蝽防治瓜蓟马等害虫

一、小花蝽的识别

小花蝽(Orius similis)，又名南方小花蝽，属半翅目花蝽科。是我国南方茄类、瓜类和搭棚类蓟马、叶蝉、幼虫等蔬菜害虫的主要天敌之一。在北京地区的主要为东亚小花蝽(O. sauteri)，它对控制多种蔬菜上的瓜蓟马有明显的作用。

小花蝽的成虫体长2～2.5毫米，宽约1毫米。全身具微毛，背面布满刻点。头部、复眼、前胸背板、小盾片、喙(端节出外)及腹部为黑褐色。头短而宽。喙短,不达中胸,第一节长为头的1/4。触角长约0.4毫米,褐色,有时第一节及最后一节色略深,第一、二节短粗,雄虫触角略长于雌虫,雌虫触角第四节色稍深。复眼暗红色,单眼两个,暗红色。前翅膜片无色,半透明,有时具灰色云雾斑。前翅缘片向上翘起,爪片缝下陷,膜片有纵脉三条,中间一条不明显。各足基节及后腿节基部为黑褐色,其余为淡黄褐色。前胸背板前端没有明显的颈,中部有凹陷,后缘中间向前弯曲。小盾片中间有横陷。雄虫左侧抱器为螺旋形,背面有一根长的鞭状丝,下方有一较小齿,右侧无抱器。雌虫的腹部较宽,侧缘和末端常外露。

小花蝽的卵产于叶脉组织内,仅卵盖外露,为长茄形,表面有网状纹,长0.5～0.6毫米,最宽处约0.2毫米。卵初产出时为乳白色,中期为灰白色,后期为黑褐色,近孵化时卵盖一端有一对红色眼点。卵盖圆形,直径约0.1毫米。

小花蝽的若虫一般五龄,少数三龄或四龄,在田间较难区分龄期。

一龄若虫,体红色,长形,头部及腰部末端收缩。头近三角形,复眼处最阔。触角有四节,第四节膨大呈锤状,腹部第三至第五节腹背中央有橙红色斑块。在第三、四节,第四、五节,第五、六节交界处有一对臭腺孔口,并有一条沟相连。第八、九两腹节背板左右各有一根较长的毛。二龄若虫,体长0.92～1.04毫米,宽0.38毫米。其余特征同一龄若虫。三龄若虫,体色加深。体长1.25～1.45毫米,宽0.50～0.63毫米。复眼明显增大。胸部的中、后胸翅芽开始出现,后胸翅芽比中胸的显著。腹部第三至第五节背板上斑块颜色加深。四龄若虫,体长1.53～1.93毫米,宽0.66～0.81毫米。复眼更加增大。胸部翅芽明显伸长,达第一腹节后缘。五龄若虫,体色明显加深,有的个体到末期呈淡黄褐色。体长2.02～2.06毫米，宽0.88～0.90毫米。复眼暗红色，单眼两个，为红色。胸部中、后胸翅芽伸至腹部第二节后缘。雄虫腹部末端抱器基本形成，雌虫产卵器也开始分化，可以区分出雌雄虫。

二、小花蝽的发生及其田间数量的消长

小花蝽一年发生8～9代，多以成虫在树皮缝隙、蔬菜的枯枝落叶等处群集越冬，以在树皮缝中越冬的数量为最多。常10只左右群集在一起越冬。至第二年的2月中下旬发生，4月中旬达到高峰。其第二代在4月下旬至5月中旬，分布于四季豆、黄瓜、番茄、辣椒等蔬菜作物上活动。第三代于5月下旬至7月上旬继续在蔬菜上活动繁殖，其中有一部分于5月下旬迁入粮田和棉田。10月上旬，小花蝽又迁至开花的蔬菜作物上取食花蜜。

小花蝽在广州地区不同蔬菜上的种群数量是不同的。据1982年8～10月份对七种蔬菜进行系统的调查表明，小花蝽的数量，在茄株上的占69.4%，在节瓜上的占17.6%，在黄瓜上的占6.4%，在苦瓜上的占6.2%，在丝瓜和豇豆上的各占0.2%。根据在茄子田里的定时、定点调查，结果表明，小花蝽在广州茄田全年共出现6个高峰，其中3个主峰分别出现在2月20日、6月30日和8月下旬至9月上旬。其余3个峰期是在3月25日、4月下旬至5月上旬和5月30日。在苗期，由于气温低，茄株矮，小花蝽的数量极少，对苗期害虫基本没有控制作用。随着田间气温的上升，其种群数量平稳增长，它对茄株害虫的控制作用越来越大。

三、小花蝽人工大量繁殖技术

(一)代饲料的选配

小花蝽的成虫和若虫,可捕食蓟马、棉蚜、叶蝉和棉铃虫等多种害虫的卵和初孵出幼虫。因此,应以代饲料等进行人工大量繁殖小花蝽,以增补田间发生之不足。首先是供试的代饲料问题。

山西省棉花研究所用蚕豆、奶粉、蜂蜜和玉米面等作饲料,小花蝽能发育至成虫,其中喂蚕蛹的存活率达到100%。

中国农业科学院生物防治研究所周伟儒和王韧等,利用天然和人工饲料饲养小花蝽,均能完成发育,有较高的存活率。现将供试的饲料分为昆虫饲料、花粉饲料和人工饲料三类,介绍如下:

1. 昆虫饲料　米蛾卵、米蛾成虫、朱砂叶螨、萝卜蚜、禾谷缢管蚜、桃蚜和烟蓟马等均可作饲料。饲喂的米蛾卵,为室内饲养米蛾所产的、在0~5℃中冷藏5~7天、失去孵化能力的卵。使用时在卡片纸上涂上浓度为50%的蜂蜜水,将卵粒粘在其上,即成卵卡。喂用的米蛾成虫,为饲养室繁殖米蛾的废弃物。喂用的朱砂叶螨,连虫带寄主植物叶片一起投入;而蚜虫、蓟马等昆虫,则投入活猎物,不带叶片。

2. 花粉饲料　花粉采自多种植物,计有:苦瓜、丝瓜、黄瓜、木槿、蜀葵、月季、扁豆、玉米、珍珠粟和松树等。玉米、珍珠粟、松树等植物的花粉,均在扬花时收集,冷藏备用。饲喂时用毛笔挑取花粉,撒在指形管内。苦瓜花朵较少,剪去花瓣,将整个雌雄蕊放入管内。而丝瓜、黄瓜、月季、木槿、蜀葵等植物的花朵较大,每天每管仅放部分花粉即可。扁豆花则需剪去其他部分,仅留旗瓣,包括雌蕊和雄蕊,每管放入一朵即可。

3. 人工饲料　供试的人工饲料有两种,即人工卵及啤酒酵母液。人工卵，其卵中的营养液主要成分为啤酒酵母自溶液104毫升，大豆水解液21毫升，鸡蛋黄5克，蜂蜜10克，蔗糖5克，亚油酸0.45克，用制卵机喷制成蜡壳人工卵后，放入温度为－8℃的冰箱内冷藏。饲喂时可制成卵卡。啤酒酵母液：啤酒酵母液20克，蛋黄30克，蜂蜜20克，蔗糖10克，亚油酸0.9克，叶片培养溶液100毫升〔配方为硝酸铜[$Cu(NO_3)_2$]5.9克、硝酸钾(KNO_3)2.5克、磷酸二氢钾(KH_2PO_4) 0.7克、硫酸镁($MgSO_4$) 0.6克、柠檬酸铁5毫克，链霉素250毫克，蒸馏水5 000毫升〕，蒸馏水300毫升。

(二)饲养方法

1. 单虫饲养　用15毫米×15毫米的指形管作饲养器。指形管口用棉花球塞紧。饲喂时，米蛾卵每3～5天、人工卵每1～2天换一次，其余各种饲料均每天换一次；喂人工卵和喂带叶朱砂叶螨的不供水，其余各种饲料在喂饲过程中均不断供水。

2. 集体饲养　用罩马灯罩的小花盆养虫。湿土中插入2～3枝连翘嫩梢，每个处理接入初孵若虫50头，重复三次，分别供给不同饲料，灯罩口用尼龙纱盖住并用橡皮圈扎紧。

(三)不同饲料，成虫获得率有差别

1. 用昆虫饲料和人工饲料单虫饲养小花蝽　其成虫获得结果是：用米蛾卵(加水)、米蛾成虫(加水)、朱砂叶螨(带叶)及人工卵饲养，小花蝽若虫和成虫获得率均在63%以上，有的还高达70%～80%。若虫期一般为10～13天。但米蛾卵、米蛾成虫不加水和朱砂叶螨不带叶的处理，小花蝽若虫不能成活。说明用上述饲料饲养小花蝽时，必须同时喂水。否则，小花蝽若虫在2～3天内会全部死亡。在室内用蚜虫、蓟马或新鲜的米蛾卵饲养小花蝽，可以获得60%～84%的成虫。

2. 用花粉单虫饲养小花蝽全部都给水的试验　用各种植物花粉饲料，分别饲养小花蝽时，苦瓜、扁豆、丝瓜及月季花粉的处理，成虫获得率均达 90.9%。其次为黄瓜花粉，喂养后的成果获得率为 72.7%，用珍珠粟花粉喂养，成虫获得率为 45.5%，用玉米花粉喂养，成虫获得率为 42.9%。

值得推荐的是啤酒酵母液人工饲料。据有关单位多年的试验表明，用该配方饲养小花蝽可以获得较好的收益，与用自然寄主蚜虫喂养的结果差异不大。其主要问题是低龄若虫死亡率较高。另外，其若虫历期较用自然寄主蚜虫喂养的长 3～4 天，而成虫历期又较自然寄主蚜虫喂养的短一些。总起来看，啤酒酵母液人工饲料对小花蝽成虫、若虫的生长发育，无明显的不良影响，成虫获得率达 25%～40%，与自然寄主蚜虫喂养的相近，说明该种液体人工饲料，能基本满足小花蝽若虫和成虫的营养需求。

总之，小花蝽食性广泛，能以多种饲料为生，这为人工大量繁殖它提供了有利条件。各地可根据当地所具有的不同植物花粉进行实验，以便更好地保护和发展小花蝽的种群。

(四)可全年饲养和繁殖

小花蝽在广州室内饲养，一年发生 14 代，可终年繁殖，无滞育现象。根据观察表明小花蝽从卵发育到成虫，世代历期最短为 16.9 天，最长为 64.2 天。

小花蝽的成虫寿命与日平均气温有关。在日平均气温为 27～30℃时，成虫寿命平均为 7.9 天；而当日平均气温为15～17℃时，成虫寿命平均为 27.1 天，寿命显著延长。一般雌虫寿命比雄虫长，雌虫寿命平均为 14.5 天，雄虫寿命平均为 12.2 天。

室内饲养小花蝽的雌雄比接近 1∶1。据 1981～1982 年广州田间采获的 1 162 头小花蝽情况看，雌虫为 678 头，雄虫为 484 头，雌雄比为 1.4∶1。而他们在室内饲养的 249 头成虫，雌虫 130 头，雄虫 119 头，雌雄比为 1.1∶1。

（五）为成虫创造良好的繁殖条件

小花蝽是进行两性生殖的，不交尾则不产卵。交尾喜在光线较暗的地方进行。成虫羽化后 8 小时左右开始交尾，雌、雄成虫一生可多次交尾。成虫交尾后 2 天开始产卵，产卵期长的可达 23 天，平均 8.4 天。据统计，每头雌成虫日产卵最多为 26 粒，平均为 5.7 粒，一生产卵最多为 101 粒，最少为 7 粒，平均为 44.6 粒。卵多散产于植物上部叶片的叶脉组织内，偶尔也产于叶肉组织内。

（六）利用小花蝽的最佳虫期

小花蝽是能四处寻觅食料、活动积极的天敌。不论是在叶面上的，还是在植株其他部位上的害虫卵，它都能捕食，即使是毛丛卷叶或极小的枝条缝隙，它也都能出入自如。刚羽化的成虫，经过短时间即可取食。小花蝽喜食蓟马，先用口针刺入蓟马腹部，再用前足夹住虫体，吸食体液，只需 4～5 分钟就能吸食干 1 头蓟马若虫的体液。如果是肥大的蓟马，小花蝽则不断用前足翻动其虫体，调换位置吸食体内的液体。

小花蝽取食蓟马的食量随龄期的增长而增加。从卵中孵化出来后约半小时即开始觅食。一龄若虫平均食量为 8.5 头，二龄若虫的平均食量为 14.8 头，三龄若虫的平均食量为 18.9 头，四龄若虫的平均食量为 52.5 头，到五龄若虫，其食量即增加为 94.2 头，约占整个若虫期食量的 50%。成虫为 248.8 头，食量占一生总食量的 57%。据观察，1 头饥饿 24 小时的五龄小花蝽若虫，在 50 分钟内即连续取食蓟马若虫 25 头，其中前 10 分钟几乎是 1 分钟取食 1 头蓟马若虫。成虫日捕食量一般为

25～47 头，平均 38.6 头，五龄若虫日捕食量一般为 20～45 头，平均 38.7 头，接近成虫的捕食量。小花蝽捕食量给我们最重要的启示是，其五龄若虫为田间人工释放最佳虫期，食量既大，又有后劲，可以发挥积极的捕虫作用。

（七）防止自相残杀

在室内人工饲养中发现小花蝽有自相残杀的现象。特别是食物稀缺时，自相残杀现象发生较多。其幼龄若虫的自相残杀现象大于高龄若虫和成虫的自相残杀现象，而低龄若虫又易被高龄若虫所残杀。

（八）低温贮存

在人工大量饲养、繁殖小花蝽的生产中，往往要低温贮存，这是生产实践的要求。进行小花蝽不同虫态的的低温冷藏试验，结果表明：小花蝽各虫态均可冷藏。卵在平均温度为 7.6～9.1℃的条件下，可冷藏 5～9 天，冷藏后卵的孵化率在 90％以上，其中冷藏 5 天的孵化率为 87％。成虫和若虫在2.5～6℃的低温下，以五龄若虫为最佳，经过冷藏 16 天，仍未见死亡个体出现。

第二十三章　葱蓟马的生物防治

第一节　葱蓟马的识别、发生和为害特点

一、葱蓟马的识别

葱蓟马(Thrips tabaci)，又名烟蓟马，属缨翅目蓟马科。在

国内广泛分布。

葱蓟马的成虫体为淡褐色，体长1.2～1.4毫米。触角亦为淡褐色，有7节。单眼间鬃靠近三角形连线外缘。前翅上脉基鬃有7条，端鬃4～6条。如为4条端鬃时，则多均匀排列；若为5～6条时，则多为2～3条集结在一起排列。下脉鬃有14～17条，均匀排列。

葱蓟马的卵，初期肾形，后变为卵圆形。长约0.3毫米。初期为乳白色，后期为黄白色，并可见红色的小眼点。

葱蓟马的若虫共有四龄。一龄若虫体长0.3～0.6毫米，触角有6节，第四节膨大成为锤状。二龄若虫体长0.6～0.8毫米，橘黄色，触角前伸，行动较活泼。三龄若虫体长1.2～1.4毫米，触角侧伸，翅芽明显，可伸达腹部第三节。四龄若虫体长1.2～1.6毫米，触角翘向头胸部的背面。

二、发生和为害特点

葱蓟马主要危害大葱、洋葱、大蒜、韭菜、茄子、瓜类、白菜、烟草和棉花等作物。葱蓟马的成虫、若虫，危害寄主植物的心叶、嫩芽，被害叶形成许多长形黄白斑纹，叶尖枯黄，严重时葱叶扭曲枯死。

葱蓟马在北方一年发生5～10代，在华南地区达20代以上。一代历期20余天。夏季一代约15天。田间雌雄性量比差别很大，难以找到雄虫。雌虫可进行孤雌生殖。每头雌虫产卵21～180粒，平均60粒左右。卵多产于叶片组织中。葱蓟马二龄若虫后期常转向地下。据河北、山东等省报道，该虫以成虫越冬为主，也有以若虫在葱叶、蒜叶鞘内侧、土块、土缝及枯枝落叶间越冬的。葱蓟马在早春和冬季仍危害温室黄瓜。在华南地区是冬季田间害虫，继续危害葱蒜类作物，无越冬现象。

葱蓟马成虫活泼，飞翔能力强；喜暗怕光，晴朗白天多在叶片背面为害。晚上和阴天在叶的正反面为害。雌虫用锯状产卵管，将卵产在植物组织中。卵约经6～7天孵化为若虫。5～6月份，葱蓟马进入为害盛期。刚孵化的若虫不大活动，多集中在葱叶基部为害，稍大即分散为害。一般温度在25℃以下，相对湿度在60%以下时，有利于葱蓟马的发生。高温、高湿则不利于它的发生。

第二节　用小花蝽防治葱蓟马

利用小花蝽防治葱蓟马，其方法及操作技术与用小花蝽防治瓜蓟马相同。实施时，可按第二十二章“瓜蓟马的生物防治”中第二节“用小花蝽防治瓜蓟马等害虫”所介绍的方法进行。

第二十四章　大豆食心虫的生物防治

第一节　大豆食心虫的识别、发生和为害特点

一、大豆食心虫的识别

大豆食心虫（Leguminivora glycinivorella），属鳞翅目卷叶蛾科。在我国东北、华北和华中各地均有发生，是我国大豆的重要蛀荚害虫。

大豆食心虫的成虫为黄褐色至暗褐色，体长5～6毫米，翅展12～14毫米。前翅暗褐色，沿前缘有10条左右黑紫色短斜纹，周围有明显的黄色区。从外向内数的第四条短斜纹为最长，达于外缘顶角后方处。前翅外缘臀角上方，有一个银灰色

椭圆形斑，斑内有三个紫褐色小斑。后翅浅灰色。雄蛾色泽较浅，具翅缰1根，在前翅臀角边缘有一束灰黑色毛，腹末较钝；雌蛾具翅缰2～4根，一般为3根，腹部末端为尖纺锤形。

大豆食心虫的卵为椭圆形，稍扁平，表面有光泽。长0.42～0.61毫米，宽0.25～0.27毫米。初产出时为乳白色，2天后变成黄色，4天后变成橙黄色，卵上可见一条半圆形红带。孵化前红带消失，在卵的一端呈现出幼虫头部的一个小黑点。

其幼虫初孵化时体为黄白色，后变为淡黄色或橙黄色，老熟时变为红色，其头及前胸背板为黄褐色。老熟幼虫体长8.1～10.2毫米，略呈圆筒形，腹足趾钩为单序环状。幼虫发育到老熟时可辨认雌雄。在第七、八体节背面向内部观察，能见到一对紫红色小斑者为雄性，此小斑即雄虫的睾丸；无紫红色小斑者为雌虫。

大豆食心虫的蛹为黄褐色，纺锤形。体长5～7毫米，第一腹节背面无刺，第二至第七腹节背面前后缘有大小刺各一列，第八至第十腹节仅有一列较大的刺，腹部末端有8根粗大的短刺。幼虫化蛹前吐丝，缀合土粒成茧，茧为土色，长椭圆形，长8毫米，宽3～4毫米。

二、发生与为害特点

大豆食心虫食性比较单一，仅危害大豆一种作物。危害大豆时，是以幼虫蛀入豆荚内咬食豆粒，造成豆粒破瓣，使大豆的产量和品质都受到很大的影响。

大豆食心虫在我国发生区内，每年平均发生1代，以老熟幼虫在土中做茧滞育越冬。东北地区越冬幼虫于第二年7月中下旬开始破茧而出，爬到土表重新结茧化蛹，化蛹盛期一般在7月底8月初，蛹期9～13天。成虫最早于7月底开始出现，至9月初成虫期结束。成虫盛期多在8月中旬。成虫寿命一般为 5～10 天。成虫于 8 月上中旬开始产卵，9 月初产卵结束。卵期 5～8 天。幼虫孵化出来后，一般当天即蛀入豆荚。幼虫孵出及入荚盛期在 8 月下旬。幼虫在豆荚内为害约 20～30 天后老熟。9 月上旬部分幼虫开始脱荚，9 月中下旬至 10 月上旬大豆收获前后为脱荚盛期。老熟幼虫脱荚后即入土做茧越冬。

大豆食心虫的发生期，南方比北方略晚。山东、安徽等地，越冬幼虫于 7 月下旬破茧而出，8 月上中旬为化蛹盛期，8 月中下旬为成虫羽化盛期，8 月下旬为成虫产卵盛期，8 月末至 9 月初为虫卵孵化及幼虫入荚盛期。9 月下旬至 10 上旬，老熟幼虫脱荚入土，做茧越冬。在江苏，越冬幼虫 7 月下旬破茧而出，8 月上中旬为化蛹盛期。越冬代成虫 8 月底 9 月初始现。9 月上中旬为成虫羽化盛期。大豆食心虫的发生期，不仅南北有差异，即使在同一省内也不一样。例如黑龙江省，北部地区的发生期要比南部地区早 2～3 天。但是，在同一地区，通常每年的发生时期往往没有太大的变动，豆荚地的成虫盛期，当年豆地的成虫盛期、产卵盛期、幼虫孵化及入荚盛期，均非常集中。这是大豆食心虫发生规律中的一个特点，对防治工作非常重要。

大豆食心虫食性单一，成虫在白天和夜间均潜伏在豆叶背面及茎秆上不动，只有受惊时才飞行。下午 3～4 时开始活动，飞行于豆株顶部 30～70 厘米高处。有的常停息于叶面处，日落前 2 小时左右是活动盛期，到晚上 8 时左右即停止活动。成虫发生期间，早期蛾量少，羽化出来的成虫多为雄蛾，到了盛发期雌雄比接近 1∶1。这时在田间豆株上可见到数量较多的雄蛾飞翔追逐雌蛾，出现成虫成群飞舞现象，以及蛾量开始成倍增长。如果这三种情况中有两种同时出现，就可以确定此时为成虫盛发期。

大豆食心虫成虫羽化后，一般次日即可交配，第三天即产卵。产卵时间一般在午后3～10时，以黄昏时为最多。卵主要产在植株上中部豆荚上，少数产在叶柄、主茎侧枝或花萼上，卵散产，每头雌蛾一般可产卵80～200粒，平均100粒。

大豆食心虫的幼虫孵化出来后，行动敏捷，先在豆荚表面爬行，而后大多在豆荚边缘结一白色丝囊，幼虫都从豆荚腹面荚缝处蛀入。丝囊留在荚面上，此为幼虫入荚的标志。幼虫入荚后，先蛀食豆荚内部组织，然后将嫩豆粒咬出小洞，使其形成缺刻。一般一荚一虫，食害1～2粒豆，少数为一荚两条虫。大豆虫食率在10%时约减产4%；虫食率在20%时，约减产9%。幼虫共4龄，在豆荚内生活20～30天，所以豆荚中常可剥到幼虫。

幼虫在大豆植株上的分布，以上部豆荚中为多，受害最重，平均百荚中有虫11.6条，荚、粒受害率分别为14%和12%；中部次之，百荚有虫11条，荚、粒受害率分别为10%和9%；下部受害少，百荚有虫不到4条，荚、粒受害率分别为5%和4%。

大豆食心虫仅危害大豆与野生大豆。成虫产卵对寄主的物候有很强的选择性，偏嗜在荚长豆粒充实的荚上产卵。花盛期四周后，大豆食心虫在豆田产卵最多。凡是大豆生育期与成虫盛发期吻合的品种与田块，着卵量大，受害重。栽培方法与大豆食心虫的发生关系密切，密植、生长茂盛、结荚数多的田块受害重。旱地连作大豆发生重。一年中7～8月间雨水适中，土壤湿度大，含水量10%～30%，有利于成虫出土，大豆食心虫发生早，发生量亦大。

第二节　用白僵菌防治大豆食心虫

一、白僵菌的识别

白僵菌(Beauveria bassiana),是昆虫病原真菌的一种,属半知菌纲丝菌目,是我国应用于田间防治害虫规模较大的一种。据1992年的不完全统计,应用白僵菌防治40多种害虫获得成功。仅我国南方的10个省(区)即有白僵菌厂64个,年生产能力达2100多吨,每年防治面积达到50.3万余公顷,对控制虫害的严重发生,减少环境的污染,起到了巨大的作用。白僵菌的工业化生产,经过近年来的努力,也已取得可喜的成就。

白僵菌是由许多菌丝组成的菌丝体。白僵菌菌丝细弱,直径为1.5～2微米,无色透明,具膈膜,菌落平坦,粉状。表面白色至淡乳色。

分生孢子梗的分枝或小枝,可多次直接分叉聚集成团,分生孢子生于自瓶状细胞延伸而成的小枝梗顶端。瓶状细胞多变化,由腹端逐渐变细。其与主枝或侧枝着生的部位多对称成直角。孢子直径约2～2.5微米。

温度对白僵菌的影响明显,在13～36℃间可生长,而在8℃以下及40℃以上均不能生长,21～31℃时生长旺盛,24℃为最适宜,30℃最适于孢子的产生。在－20℃的情况下,无论空气的相对湿度是低还是高,经过400小时以后,孢子仍有萌发力,而且随着低温处理时间的增加,芽管伸长的速度也增快,在高湿度下伸长速度更快。

低湿,有利于孢子的形成,以25%～50%为最适宜,过干过湿都不利。以相对湿度100%最适于孢子萌发和菌丝的生长。当相对湿度为95%时,孢子发芽率显著降低,90%以下,不利于孢子萌发。而当相对湿度为0～30%时，其分生孢子的寿命比在相对湿度75%下要长。过干，对孢子生活力有不良影响。白僵菌在干燥条件下可存活5年。

光照处理一段时间后，白僵菌能大量形成孢子；在黑暗条件下，菌丝的伸展速度较慢。

白僵菌由于发育阶段的不同而有多种形态。生在昆虫尸体上的白粉是一种分生孢子。孢子吸收了水分后，发芽生出极小的管状物，称为发芽管。发芽管进入虫体，渐渐伸长为营养菌丝。菌丝发育长大，旁生分枝，分枝上又生小分枝。

二、白僵菌的致病作用

昆虫感染白僵菌，主要是在虫体接触孢子之后。近年亦有人认为是从虫口及虫体毛孔、气孔进入虫体。空气湿度较大时，分生孢子极易粘附在昆虫体上。在一定的温度、湿度条件下，孢子便吸水膨胀，长出发芽管，同时分泌几丁质酶和蛋白质酶及脂肪酶。这些酶能把昆虫的表皮溶解，便于发芽管侵入体内，而且还起毒素的作用。侵入体内的芽管，伸长为菌丝，直接吸食虫的体液和养分。有的菌丝钻入各组织细胞内，被侵染的细胞出现变形、着色力降低，致使细胞失去生活力。菌丝不断增殖，充满整个虫体，使血细胞失去吞噬作用，体液中出现很多碎片而变得混浊。有的菌丝侵入肌肉，损坏了虫体的运动机制。这样，菌丝弥漫在体液中，阻止虫体血液循环，而且其代谢物在血液中积累，使血液的酸碱度下降，失去透明性，引起血液理化性质改变，使新陈代谢机能紊乱，加之萌发孢子释放毒素，于是便引起虫体的死亡。

昆虫受白僵菌侵染后，发病初期，运动呆滞，食欲减退，静止时身体倾斜，呈萎靡乏力的状态，皮肤也失去了光泽。有些虫体上出现病斑。进一步发病后，出现病虫吐黄水或排软粪。

刚死的虫，皮肉都很松弛，身体柔软，体色较原色稍淡。以后菌丝侵透出虫体外，形成白色毛茸状，3～4天后产生大量孢子。如果被寄生的幼虫置于干燥的条件下，虫体因失去水分而显得短小、干瘪，大小为原来虫体的一半左右。

三、影响白僵菌致病效果的因素

（一）日光对病菌寄生力的影响

日光对生物制剂会产生不良的影响。为了研究观察日光对白僵菌的破坏、分解效应，可做以下的试验：按每公顷50千克的用量，将马铃薯草炭制剂喷于缸中的土壤上，然后放置于日光下，分别在2、4、6、10、15、30天后，取出并向土中加入20%的水，接入幼虫50条，放于25℃恒温箱中。每次都在10天后检查，结果表明，菌剂经日光照晒，4天内仍能保持100%的寄生率，6天以后稍有减低，到了30天则降低到了50%以下，此时寄生作用已极小。

（二）土壤温度、湿度对白僵菌寄生的影响

为弄明白土壤温湿度的差异对病菌所产生的反应，进行了如下试验：将消毒土配成不同的含水量，盛于15厘米×10厘米的玻璃缸中，然后将每条沾有孢子6 777个的幼虫，接入缸内，使其自行入土做茧。将玻璃缸口密闭后并放在不同的温度下。10天后检查不同处理中的幼虫寄生率。结果表明，5%的土壤含水量，水分过少，幼虫全部死亡，效果不明显。10%、15%、20%、25%和30%的含水量，土壤中白僵菌的寄生率达80%～100%。土壤温度为18～25℃，水分为10%～20%时，对于病菌的寄生最为适宜，寄生率都可达100%。

（三）孢子密度与寄生率的关系

病菌的密度对于昆虫的致病力有一定的关系，正确掌握病菌的剂量是防治工作中的重要环节。为了观察研究孢子密

度与寄生率的关系情况，进行了以下的试验：将取自寄生虫体上的孢子做成孢子悬浮液，用血球计数板测出每毫升中的孢子数为1 280万个。然后再将此孢子液稀释成10倍、100倍、1 000倍、10 000倍、50 000倍、100 000倍液。将幼虫在孢子液中轻蘸一下，计算出每条幼虫体上所沾的理论孢子数。然后将其放入指形管中，每个指形管中放一条虫。用每一种孢子液各处理20～30条幼虫。放入的玻璃器皿中的相对湿度为100%。在25℃的恒温箱中经过10天后，检查幼虫的寄生率。结果表明，幼虫体上沾着的孢子数与其寄生率成正比。每条虫体沾理论孢子数达2 944个以上就能100%地被寄生，即使每虫沾着最低的孢子数2.9个，也有37.5%的寄生率。可见，幼虫体只要沾着一定量的孢子，就有可能被寄生。

（四）菌剂贮存对致病力的影响

关于白僵菌的生活力，一般说在培养基上可保持1～2年，在干燥情况下可存活5年。但是病菌做成制剂后能贮存多久？这是白僵菌大量繁殖和应用中的一个重要问题。

测试用制剂的配制情况是，将有白僵菌病菌的马铃薯小块1份和草灰4份（经过90孔筛），进行混合研制。配制好的菌粉在室温下贮存备用。接种方法是，将菌剂按每公顷40千克的用量，均匀撒布箱底，而后放入大豆食心虫幼虫在菌粉上面爬行5分钟，取出后放入玻璃缸的土壤中（含水量20%）。最后，将缸口盖紧，放入25℃温箱中。过10天后，检查幼虫寄生情况。

结果表明，菌剂中病菌的生活力及致病力和贮存时间成反比，随着贮存时间的增长，其寄生能力显著下降。贮存64天，寄生率为100%，贮存212天为90%，贮存344天则为75%，最后贮存至484天，其寄生率仅为10%。在室温下的菌粉，病菌的致病力可以保持一年左右。

四、白僵菌的生产

（一）白僵菌的固体生产和深层发酵生产

白僵菌的固体生产一般要经过三次培养。第一次培养，称斜面菌种培养。就是在试管里面装入由马铃薯、白糖、琼脂、蛋白胨等做成的培养基料，经高压灭菌后，斜放冷却，凝固后即成斜面，然后再接种培养。二级培养是用三角瓶或罐头瓶培养，里面装上麦麸等培养基料，高压灭菌后，用斜面菌种接种培养。在20～25℃下，约经7～10天即可长出白色粉状孢子，供下一步培养接种之用。三级培养为扩大培养。各个环节都要严格控制杂菌的污染。各地生产白僵菌的土方法很多。近年来创造出用无菌锯末覆盖法曲盘式开放培养白僵菌，由于通气条件好，因而菌丝生长良好，而且缩短了培养时期。将其保持在温度、湿度均适宜白僵菌生长的条件下，结果培养的白僵菌质量有提高，孢子数量也大大增多。

深层发酵工业生产，随着白僵菌施用面积的逐年增加，应用范围的逐步扩大，使它的工业化生产得到了实现和发展。白僵菌工业化生产工艺流程如图24-1。

（二）产品质量的检验

白僵菌产品质量的好坏，主要决定于孢子量的多少。检查孢子的数量可用肉眼观察。合格的产品，外观的色泽为乳白色或乳黄色。干燥后的白僵菌产品，用手拨动可见到产品上方空气中一片白色粉雾；质量差的粉雾淡，质量高的粉雾浓。结成灰色块状是杂菌所形成的，不能使用。产品在干燥条件下，可保存一年。

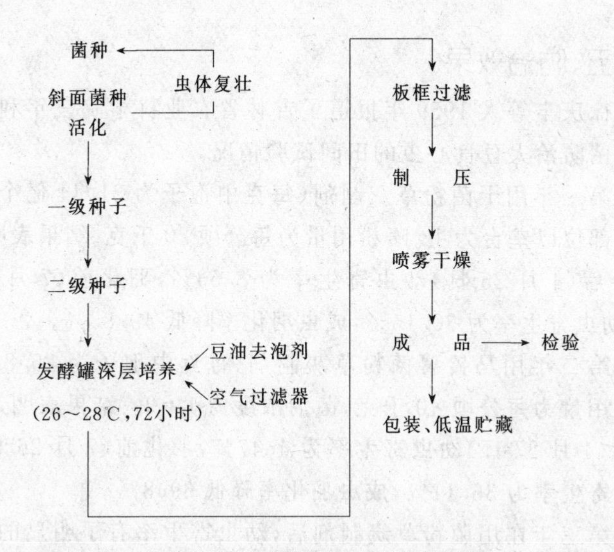

图 24-1　白僵菌生产工艺流程图

精确计算孢子量,可采用血球计数板显微镜计数法。计数时如是 25 小格×16(大格)的计数板,要按对角线方位取左上、左下,右上、右下 4 个中格(即 100 小格),数出其中的孢子数。如为 16 小格×25(大格)的计数板,除上述 4 个中格外,还要数出中央中格的孢子数。每个样品重复计数数次,取平均值。其计算公式如下:

25 小格×16(大格)的计数板

孢子数/毫升＝100 个小格内孢子数/100×4 000 000×稀释倍数

16 小格×25(大格)的计数板

孢子数/毫升＝80 个小格内孢子数/80×4 000 000×稀释倍数

五、防治效果

徐庆丰等人 1959 年报道了吉林省农业科学院三年利用白僵菌防治大豆食心虫的田间试验情况。

第一年用干菌粉草灰制剂(每克中孢子为 31.44 亿个)。喷粉部位以垄台为主。喷粉用量为每公顷 20 千克。结果表明:越冬后(4 月 25 日)幼虫寄生率为 3.53%,羽化前(7 月 20 日)幼虫寄生率为 30.15%,成虫羽化率降低 49.83%。

第二年用马铃薯菌粉草灰制剂(每克中孢子为 25.8 亿个),用量为每公顷 40 千克,菌剂浓度为 1∶9。结果表明,越冬后(4 月 27 日)幼虫寄生率为 4.47%,羽化前(7 月 26 日)幼虫寄生率为 36.11%,成虫羽化率降低 69.8%。

第三年在用菌粉草炭制剂后,幼虫寄生率有了明显的提高。例如越冬后调查,对照区幼虫寄生率为 38.42%,而 1∶4 和 1∶9 菌粉处理区的幼虫寄生率则分别为 100%和 98.54%。羽化前调查,幼虫寄生率分别为 92.85%和 73.85%。

第三节　用性诱剂防治大豆食心虫

一、大豆食心虫性诱剂的成分

很久以前,人们在大豆食心虫成虫的发生盛期,就观察到田间大豆食心虫集团飞翔的奇特现象:一头性成熟的雌蛾在飞翔,身旁有数只甚至数十只雄蛾在围绕它飞舞。其所以出现这种现象,是由于雌蛾腹部末端在释放具有特殊气味的微量气体物质引诱雄蛾。中国科学院长春应用化学研究所,通过对大豆食心虫性信息素的提取和化学分析,已弄清其成分是复杂的混合物,它至少由五六种化合物组成。其中主要的活性物质有三种，即十二碳烯醇乙酸酯、顺-10-十二碳烯醇乙酸酯和反8、反10-十二碳烯醇乙酸酯。

二、大豆食心虫性诱剂的应用

（一）诱芯和捕虫器的制作与设置

将人工合成性信息素制成诱芯，这种诱芯便称为性诱剂。每个诱芯含性信息素量为50微克。以水盆作为捕虫器，盆内加满水，并放入少量的洗衣粉。设置时，将诱芯置于距水面1～2厘米处，并使捕虫器的水盆应高出豆株10厘米左右。吉林省农业科学院1990年进行大豆食心虫性诱剂的应用试验，选定独立的大豆田2 666.7平方米（4亩），按每667平方米（1亩）3个，分两排设置诱芯和捕虫器，共设置12个。

（二）诱测效果的检测

1. 作用明显　使用人工合成的大豆食心虫性诱剂，能够诱来大量雄蛾，诱测效果较好。

2. 诱蛾量的消长趋势，与田间种群的实际动态基本一致

应用性诱剂，其诱集雄蛾的情况表明，大豆食心虫始蛾期在8月初，8月10日至15日为发蛾盛期，8月底发蛾期结束。应用性诱剂方法简便，灵敏性高，比之采用田间目测法检测大豆食心虫蛾的发生情况，具有发现早、终止晚的优点。就开始发现虫蛾而言，它比田间目测早2天；就虫蛾发现的终止时间而言，使用性诱剂者一直延续到8月25日仍能诱到蛾子，而田间目测则在8月21日已看不到蛾子了。而对高峰期的监测则更明显。由此说明，利用性诱剂观测田间蛾量，可以真实地反映田间蛾量种群的消长趋势。

三、防治效果

吉林省农业科学院从1990年8月3日到28日，在田间

设置性诱剂诱集盆，其诱杀结果表明，性诱剂对大豆食心虫雄蛾有很强的引诱力。8 月 3 日放置诱集盆，当天单盆日诱蛾量最多的便达 396 头，最少的也有 60 头，平均每盆 151.6 头。在设盆的 25 天中，共诱杀雄蛾 8 534 头，可以明显看出田间雄蛾量的不断下降。

由于雄蛾的不断减少，豆田雌蛾的交配率低，出现许多不孕卵。因而使大豆虫食率明显降低。调查结果表明，防治田的大豆虫食率为 7.98%，而对照田的虫食率则为 13.60%，防治效果为 41.9%。

第四节 用赤眼蜂防治大豆食心虫

一、筛选优势蜂种

黑龙江省农业科学院植保所从当地赤眼蜂资源情况出发，筛选出螟黄赤眼蜂为防治大豆食心虫的优势蜂种，它对大豆食心虫卵的寄生率为 56%，其次是广赤眼蜂和玉米螟赤眼蜂，二者对虫卵的寄生率分别为 40%和 38%。进行田间小区罩笼测试，结果是螟黄赤眼蜂对大豆食心虫卵的寄生率为 60.7%，广赤眼蜂和玉米螟赤眼蜂对大豆食心虫卵的寄生率，分别为 42.1%和 41.2%。

二、放蜂数量与寄生率

通过田间示范，表明每公顷放螟黄赤眼蜂 27 万头，其寄生率为 50%；每公顷放 30 万头，其寄生率为 53%；放 45 万头，其寄生率为 59%。

三、防治效果

早在 20 世纪 70 年代，吉林省利用赤眼蜂防治大豆食心虫放蜂的农田面积为 60 多公顷，所种大豆的被害率比对照区降低52%,效果明显。在实际操作中,每公顷放蜂27万头的,寄生率为46.6%~75%;放30万头的,寄生率为60%~95%;放45万头的,寄生率为64%~97%。通过综合分析对比,可以看出,每公顷以释放45万头为宜。产量测试结果为:每公顷放蜂27万头、30万头和45万头的,其增产率分别为3.9%、3.6%和9.7%。实际情况说明,应用螟黄赤眼蜂防治大豆食心虫降低了虫食率,提高了大豆的产量,防治效果显著。

吉林省柳河县和通化市等地,于1986~1989年4年间,利用螟黄赤眼蜂防治大豆食心虫,其放蜂的大豆地面积为2 400余公顷,都取得了较好的效果,寄生率均达50%左右,明显地改善了大豆的品质,提高了商品的价值。实践表明,利用赤眼蜂防治大豆食心虫,用工省,耗费少,无污染,能改善生态条件,农民乐于采用。

第二十五章　豆野螟的生物防治

第一节　豆野螟的识别、发生和为害特点

一、豆野螟的识别

豆野螟(Maruca testulalis),又称豆荚野螟,属鳞翅目螟蛾科。全国各地都有发生,是豆科蔬菜的一种重要害虫。

豆野螟成虫灰褐色,体长10~13毫米,翅展20~26毫米。触角丝状,黄褐色。前翅黄褐色,自外缘向内有大中小透

明斑各一块。后翅近外缘1/3处色泽同前翅,其余透明,另有三条淡褐色纵线。后翅前缘部有小褐斑两块。雄虫尾部有灰黑色毛一丛,挤压后能见到一对黄白色抱握器。雌蛾腹部较肥大,末端圆筒形。其卵为扁平椭圆形,长约0.6毫米,宽约0.4毫米。初产出时为淡黄绿色,不易与花托颜色分开。卵壳表面有六角形网纹。幼虫分5龄,老熟幼虫体长12～18毫米。体黄绿色,有时带紫色。中、后胸背板每节前排有毛片4个,各生有2根细长的刚毛,后排有斑2个,无刚毛。腹部背面的毛片上都有一根刚毛。腹足趾钩为双序缺环。

豆野螟的蛹,体长11～13毫米,头顶突出。翅芽伸至第四腹节。触角、中足胫节和下颚都伸至第十腹节。尾端部有小刺8枚。末端向内侧卷曲。初化蛹时为绿色,后变为褐色。羽化前在褐色翅芽上能见到成虫前翅的斑纹。蛹外被白色薄丝茧包围。

二、发生和为害特点

豆野螟是豇豆的主要害虫。幼虫主要蛀食豇豆、菜豆、芸豆、豌豆、绿豆、刀豆、扁豆、大豆及小豆等。

以幼虫蛀食豇豆、四季豆、扁豆等表面少毛的豆科植物的花蕾、豆荚为主,也危害大豆、花生的茎。能吐丝缀卷几张叶片,在内进行蚕食。幼虫蛀食花蕾,造成落蕾和落花。蛀食早期豆荚,造成落荚,蛀食后期豆荚,使其产生蛀孔,并因虫粪堆积而引起腐烂,使其产量质量受到严重影响。如在江苏南京地区,豆野螟对豇豆的危害日趋严重,一般年份的危害率在30%左右,严重年份达78%。

豆野螟每年在各地发生的世代不同。在西北各省,豆野螟一年发生4～5代;在华中各省,一年发生5～6代;在福建、广西、台湾等地,一年发生6～7代;在广州地区为9代。

其越冬虫态在各地不尽相同。在西北以蛹越冬，在浙江杭州一带以预蛹或蛹越冬，在福建以幼虫越冬，在广州地区，它全年无明显的越冬现象。

豆野螟成虫白天停在豆株下部不活动。夜间出外飞翔。有趋光性，但不强。雌虫喜产卵在豇豆等作物的花蕾、花托和花瓣上。卵为散产，有时一个花托上能产卵 7 粒以上。每头雌虫平均产卵 80 粒左右，最高达 400 多粒。

幼虫孵化出来后，即钻入花蕾的花器里，取食花药及幼嫩子房。在一朵被害花中，一般仅有幼虫 1～2 头，最多时亦可达 6～7 头。一头幼虫一生最多钻蛀花蕾 20～25 朵，花被害后极易脱落。三龄幼虫开始蛀入豆荚，取食豆荚和种子，将粪便排于虫孔内外。幼虫还能蛀食主茎和叶柄。三龄以后能吐丝下垂，并能连接附近的荚与花。幼虫昼伏夜出，有背光性。

幼虫老熟后，很少留在荚内化蛹。一般都离开豆荚在植株附近的土表或浅土层内做土茧化蛹。蛹期 7～8 天。

在南京、杭州地区，豆野螟都是 7、8、9 月份危害最为严重。据观察，豇豆受到豆野螟的危害程度，主要决定于开花结荚期是否与幼虫的发生高峰期相吻合。如果豇豆整个开花结荚阶段是处在豆野螟幼虫的发生高峰期内，那末其受害则重；反之则轻。南京地区 4 月 20 日前播种的豇豆，开花结荚期在幼虫发生高峰之前，蕾、荚受害很轻；在 4 月 20 日～5 月 20 日之间播种的豇豆有一部分受害；5 月 20 日～7 月 10 日之间播种的，整个开花结荚阶段都处在豆野螟各代发生的高峰期内，受害最为严重；7 月中旬以后播种的豇豆，因开花结荚期处在该虫发生高峰期以后，所以，受害就轻了。

豆野螟是一种喜温湿的害虫。如杭州 1975 年 9 月份的平均温度为 26℃，结果秋豇豆被害重；而 1976 年同月的平均温度为22℃，秋豇豆被害则很轻。但高温对其生长发育不利。1988年6月下旬至7月中旬，扬州气温高达41℃，平均气温为36℃，豇豆花荚受害率为3%～4%。1989年，其平均气温低于33℃，花荚受害率为15%，最高达20%。

第二节　用螟黄赤眼蜂防治豆野螟

一、防治技术

武汉市洪山区利用螟黄赤眼蜂防治豇豆豆野螟危害，防治面积为64.3公顷，取得明显的防治效果。防治对象选择在武汉地区以豇豆豆野螟危害最重的第三代为主，放蜂时间确定在7月中下旬豇豆初花期至盛花期。

一茬豇豆放蜂3次，各次间隔3～5天。第一次和第三次每公顷各放蜂4.5万～10.5万头，第二次每公顷放15万头蜂。

二、防治效果

螟黄赤眼蜂对豆野螟具有很好的寄生效果。三个区的两次系统调查结果表明，其寄生率为88.9%～90.8%。

再从豆野螟对豇豆花荚的危害率看，下降也极为明显。在5个区的两次系统调查结果表明，对照区花荚的危害率为25%～35%，平均危害率为28.5%；而放蜂区的花荚被害率为0～2.5%，平均为2.3%。

第三节　用青虫菌防治豆野螟

根据杭州市利用几种生物农药防治豆野螟的试验，结果表明，用青虫菌（即蜡螟杆菌3号）500倍液防治，与用化学农药乙酰甲胺磷1 000倍液防治，所取得的效果相类似。喷药后的防治效果是:72 小时后为 49%,9 天后为 66%。

由于目前对豆角钻蛀性害虫的研究不多,要取得用青虫菌防治豆野螟的良好的防治效果,必须注意:

①在豇豆现蕾期即开始第一次喷药,不宜过迟,目的以控制低龄幼虫为主。暂以每隔一周左右施药 1 次为宜,至采荚盛期以后停止。

②喷药要足量,生长旺盛的成株,每公顷喷 500 倍液应不少于 1 875 千克。

③仔细喷药,要使蕾、花和幼荚都充分着液。

第二十六章　豆荚斑螟的生物防治

第一节　豆荚斑螟的识别、发生和为害特点

一、豆荚斑螟的识别

豆荚斑螟(Etiella zinckenella),又称豆荚野螟,俗名豆蛀虫,属鳞翅目螟蛾科。国内分布广泛,以华南、华中和华东等地为最严重。

豆荚斑螟的成虫为灰褐色,体长 10～12 毫米,翅展 22～24 毫米。下唇须长而向前突出。触角丝状,雄蛾鞭节基部有一灰色鳞毛。前翅狭长,灰褐色,杂有深褐色和黄白色鳞片;前缘自肩角到翅尖有一条白色纵带,翅基 1/3 处有金色隆起横带,外侧镶有淡黄褐色宽带。后翅黄白色,外缘褐色。雄蛾腹部末端钝形,且有长鳞毛丛;雌蛾腹部末端为圆锥形,鳞毛较雄蛾

少。其卵为椭圆形，长径约0.5～0.8毫米，短径约0.4毫米。表面有不明显的多角形雕刻纹。色泽常有变化，初产出时为乳白色，后渐变为红色，孵化前呈浅菊黄色。

豆荚斑螟的幼虫共有5龄。初孵出的幼虫为淡黄色，以后变为灰绿色和紫红色。四、五龄幼虫的前胸背板近前缘中央，有"八"字形黑斑。老熟幼虫体长约14～18毫米，背淡紫红色，腹面及胸部背面两侧呈青绿色，头及前胸背板淡褐色。背线、亚背线、气门线及气门下线均明显，腹足趾钩为双序环状。其蛹为黄褐色。体长9～10毫米。触角及翅芽伸至第五腹节后缘，腹部末端具有6根臀刺。蛹外包有白色长椭圆形茧，茧外常附有土粒。

二、发生和为害特点

豆荚斑螟危害的主要蔬菜是大豆（毛豆）、豇豆、菜豆、扁豆、豌豆等豆科植物的豆荚和种子。幼虫在豆荚内蛀食，将籽粒蛀空，使其轻则形成缺刻，重则难以成为种子，产量与品质受到很大的损害。

从北方到南方，豆荚斑螟一年发生2～8代。在华南地区，一年发生7～8代；在华中和华东地区，一年发生4～5代；在东北、西北南部，一年发生2代。主要以老熟幼虫在寄主植物或晒场附近的土地表层处结茧越冬，也有部分以蛹越冬。

在东北一年产生2代豆荚斑螟的地区，第一代危害豌豆、小豆，第二代危害大豆。在其3代产生区，第一代危害刺槐，第二代危害春大豆，第三代危害夏大豆。在华中等4～5代产生区，4月上中旬为越冬幼虫化蛹盛期，4月下旬至5月中旬成虫陆续羽化出土，并主要产卵在豌豆、绿豆、苕子等豆科植物上，第一代幼虫即危害这些植物的荚果，第二代幼虫主要危害春播大豆等其他豆科植物，第三代幼虫主要危害晚播春大豆、早播夏大豆及夏播豆科绿肥植物，第四代幼虫主要危害夏播大豆和早播秋大豆，第五代幼虫主要危害晚播夏大豆和秋大豆。老熟幼虫在10～11月份入土越冬。在华南7～8代产生区，越冬幼虫于3月下旬至4月上旬化蛹，第一至第三代在豆科绿肥及豌豆上繁殖为害，第四代于7月下旬左右，开始转移到大豆上为害，10月下旬大豆收获时，大部分幼虫入土越冬，但也有一部分仍在绿肥及木豆上继续繁殖，11月份至翌年3月份仍有成虫发生。

成虫多在夜间活动，白天栖息在寄主植物或杂草丛中，具有较强的趋光性。羽化后当日交尾，产卵前期为1～2天。卵多产在豆荚上，特别是喜欢产在刚伸长的豆荚上，有毛品种的豆荚上产卵特别多。在豆科绿肥和豌豆上产卵时，多产在花苞和残留的雌蕊内部，而不产在荚的表面。雌虫一生平均产卵80粒，最多的可达200余粒。卵经过3～5天孵化。初孵出的幼虫选择适当位置，先在荚表面吐丝结一白色薄茧，藏身其中，经6～8小时，从丝茧下穿入荚内蛀食豆粒。三龄后食量渐增，在荚内豆粒食尽后，即转荚为害。转荚时，入孔处也有丝囊，但脱荚孔无丝囊。1条幼虫平均可食豆粒3～5粒，转荚为害1～3次。豆荚斑螟为害，先在植株上部，渐至下部，幼虫一般以上部分布最多。幼虫在豆荚籽粒开始膨大到荚壳变为黄绿色前侵入。幼虫不仅危害豆粒，同时也可蛀入豆茎为害。末龄幼虫脱荚入土或在叶背结茧化蛹。

幼虫历期在各地和各代中有所不同。如在南京地区，豆荚斑螟第一代平均12天，第二代10天，第三代最短，平均为6.5天。第五代的越冬幼虫则长达165天。

豆科蔬菜受豆荚斑螟危害的轻重，与作物生育期的关系非常密切。如果第一、二代成虫产卵期与作物结荚期相吻合，其危害就重；反之则轻。结荚期长的较结荚期短的受害重，荚毛多的比荚毛少的受害重。

第二节　用白僵菌防治豆荚斑螟

一、用量与方法：

（一）使用菌粉剂

使用白僵菌粉剂，用量约每公顷 22.5 千克。每千克菌粉加水 50～100 升，配成菌液，每毫升含量为 1 亿～2 亿个孢子。此法适用于水源较近的地方。

（二）使用干菌粉

每克菌粉含 50 亿～80 亿孢子，可加 10 倍碎煤渣或碎土，使每克颗粒剂中含有孢子 5 亿左右。每公顷约用白僵菌粉 7.5 千克。

二、防治适期

要在老熟幼虫入土前进行施药防治。豆荚斑螟幼虫从卵中孵出后，常在豆荚上爬行，并有转荚为害的习性。防治要根据其特点实施，要注意掌握时期。

三、注重实效

在田间湿度较高的情况下，白僵菌对幼虫的寄生率较高。为保证防治效果，可在施药一星期左右后再施一次。

第三节　用赤眼蜂防治豆荚斑螟

赤眼蜂等寄生性天敌，常能抑制豆荚斑螟的大发生。据广西地区调查报告，赤眼蜂对豆荚斑螟的寄生率可达 45.4%。利用赤眼蜂防治豆荚斑螟，可参考第六章中有关赤眼蜂利用部分的内容实施。

第二十七章　豆天蛾的生物防治

第一节　豆天蛾的识别、发生和为害特点

一、豆天蛾的识别

豆天蛾(Clanis bilineata),属鳞翅目天蛾科。国内分布较普遍,但以山东、河南、河北和安徽等省较多。

豆天蛾成虫是一种大型蛾子,体长40～45毫米,翅展100～120毫米。头及胸部暗紫色,其余身体及翅膀为黄褐色,有的略带绿色。前翅狭长,在前缘中央有1个淡褐色半圆形斑块。自前缘至后缘有6条浓色的波浪式条纹,前3条位于半圆形斑块的前方,其中第一、二条略呈弧形,后3条位于半圆形斑块的后方,略呈等距平行,翅顶角有一道暗褐色三角形斑纹。后翅小,暗褐色,自翅的基部沿内缘至臀角附近为黄褐色。其卵为椭圆形,直径2～3毫米,初产出时黄白色,将近孵化时变为褐色。

豆天蛾幼虫共5龄。老熟幼虫体长86～90毫米,黄绿色,体上密生黄色小突起。胸足橙黄褐色。从腹部第一节起,两侧有7对向背后方向倾斜的淡黄色白点纹,从背面观看,每对呈"八"字形。腹部除5对腹足外,在腹部末端背面还有黄绿色的尾角1个。蛹为红褐色。体长48～50毫米,宽18毫米,头部口器明显突出,略呈钩状,喙与身体紧贴,末端露出。腹部第五至第七节气孔前各有一道横沟纹。腹部末端臀棘为三角形,不

分叉表面有许多颗粒状物。腹部末端5节能活动。

二、发生和为害特点

豆天蛾主要危害豆科的大豆、绿豆、豇豆，以及洋槐和藤萝等植物。以幼虫食害豆叶，将豆叶吃成缺刻，发生严重时可将豆株吃成光杆，使之不能结荚。除西藏尚待查明外，全国从南到北的大豆产地几乎都有发生。在河北、山东、河南、安徽和江苏等省，豆天蛾每年基本发生1代。各地均以老熟幼虫在豆田或附近的田埂、土坡等处9～12毫米深的土中越冬，越冬时呈马蹄形曲居其中。次年春暖后，幼虫移动至土地表层，做一土室后化蛹，时间多在6月中旬。7月上旬为成虫羽化的盛期；7月中下旬至8月上旬为成虫产卵盛期；7月下旬至8月下旬为幼虫盛发期，此时危害夏播大豆；9月上旬，老熟幼虫入土越冬。

豆天蛾成虫昼伏夜出。它白天多栖息在豆茬谷地和豆地附近生长茂密的谷子、高粱、玉米的茎秆上，很好捕捉。如遇惊动，则轻轻飞翔。傍晚，它开始活动，飞翔力很强，常能在高空200米处振翅飞行或悬空不动。晚上8时以后，它活动逐渐下降。晚上10时以后，它又恢复活动，直至黎明。成虫飞行速度快，迁移性亦大，有一定的趋光性。成虫晚间在栖息的作物上交配。交配后2～3个小时即可产卵。成虫喜欢选择空旷、生长茂密的豆田产卵。卵多产于第三、四片豆叶的背面。一片叶上产一粒卵。每头雌蛾可产卵200～450粒，平均350粒左右。成虫寿命为7～10天。卵期6～8天，孵化后的幼虫能吐丝自悬。四龄以前的幼虫，白天大多躲藏在叶背面，四、五龄幼虫白天多在豆秆枝茎上。幼虫在夜间取食为害最重，阴天时可整天为害。一、二龄幼虫仅食害大豆的顶叶边缘，食量小，转移活动范围也小。三、四龄时食量剧增，开始转株取食。五龄幼虫食量更增，为暴食期，其食量占幼虫期总食叶量的90%。据山东报告，豆天蛾各龄幼虫的平均历期为：一龄4天，二龄3天，三龄5.5天，四龄8.2天，五龄15天。老熟幼虫越冬后，在次年表土土温达24℃左右时化蛹，蛹期10～15天。成虫羽化半小时后，即开始飞翔活动。

第二节 用青虫菌6号液剂防治豆天蛾

中国农业科学院植物保护研究所1985年报道，豆天蛾在黄淮大豆产区大量发生，造成很大损失，迫切需要提供比较合适的杀虫剂。经试验，利用青虫菌6号液剂防治豆天蛾，取得了较好的效果。

一、防治方法

（一）使用的菌剂

利用青虫菌6号液剂（又称苏云金杆菌蜡螟变种菌剂），每毫升含菌数为80亿。

（二）进行两种试验

分室内和田间两种试验。室内试验：由田间采回豆天蛾卵，在室内孵化和饲养，挑选龄期一致的接到盆栽豆株上，观察1～2天，证明幼虫正常后，即喷菌试验。田间试验：选用豆株生长较好、豆天蛾幼虫多的豆田，划分小区，每个小区为66.7平方米地，重复喷菌2次。喷菌前后均检查虫口的数量及其增减情况。

（三）对二龄幼虫的防治

菌液分6个不同浓度，即2 000倍液、3 000倍液、4 000倍液、5 000倍液、8 000倍和12 000倍液。试验结果表明，青虫菌6号液剂对二龄幼虫有较强的杀伤力，尤其是2 000倍液、3 000倍液，喷用后48小时检查，害虫死亡率都在90%以上，

8 000倍液的杀虫死亡率也达 78%，证明豆天蛾低龄幼虫对此菌十分敏感。而对照的在同期内则无一死亡。

（四）对高龄幼虫的防治

供试豆天蛾幼虫以四龄虫为主，另加少数三龄和五龄虫。菌液分 5 个不同浓度，即 2 000 倍、3 000 倍、4 000 倍、5 000 倍和 8 000 倍液。结果表明，除 3 000 倍液在施用 48 小时后检查时，害虫死亡率低于二龄虫的试验结果（约 13%）外，其余浓度菌液的杀虫死亡率均在 91%以上，8 000 倍菌液的杀虫死亡率亦达 85%。

二、防治效果

采用菌剂浓度为 2 000 倍液、3 000 倍液和 4 000 倍液的三种菌液，在喷施 48 小时后检查，其 2 000 倍液和 3 000 倍液的虫口减退率，分别为 85%和 81%，4 000 倍液的为 72%。120 小时后再检查，前两者的虫口减退率为 97%和 93%，后者为 89%。

第二十八章　朱砂叶螨的生物防治

第一节　朱砂叶螨的识别、发生和为害特点

一、朱砂叶螨的识别

朱砂叶螨（Tetranychus cinnabarinus），又名红叶螨，俗名火蜘蛛。属蛛形纲叶螨科，在全国广泛分布。

朱砂叶螨的雌成螨，体长 0.42～0.51 毫米，宽 0.26～0.33 毫米。背面为卵圆形。体色多为深红色或锈红色，常随寄主而变异。眼前面为淡黄色，无季节性的变化。身体两侧各有黑褐色长斑两块，前一块略大。雄成螨体长 0.37～0.42 毫米，宽 0.21～0.23 毫米，较雌螨小。体为红色。背面为菱形，头胸部前端近圆形，腹部末端稍尖。阳具弯的背面形成端锤，其近侧突起钝圆，远侧突起尖利。朱砂叶螨的卵为圆球形，直径 0.13 毫米。初产出时无色透明，以后渐渐变为淡黄色和深黄色，孵化前略显红色。

其幼螨体近圆形，无色透明，取食后成为暗绿色。体长约 0.15 毫米，宽 0.12 毫米。有足 3 对。若螨体色变深，微红。长约 0.21 毫米，宽 0.15 毫米。足为 4 对。体侧有明显斑块。雌若螨分为前若螨期和后若螨期；雄若螨无后若螨期，比雌若螨少蜕一次皮。

朱砂叶螨与二斑叶螨极为相似。但可从体色和阳茎两方面来区分：一是从体色看，朱砂叶螨为锈红色和深红色，而二斑叶螨为淡黄或黄绿色。二是从阳茎方面看，朱砂叶螨阳茎端锤大，近侧突起钝圆，远侧突起尖利；二斑叶螨阳茎端锤小，端锤的近侧突起和远侧突起均较尖利。

二、发生和为害特点

朱砂叶螨的寄主植物多达 100 余种。在蔬菜中危害茄科的茄子、辣椒、马铃薯，葫芦科的南瓜、丝瓜、冬瓜，豆科的蚕豆、豌豆、大豆、绿豆，及苋科的苋菜等。是大田保护田蔬菜、温室蔬菜的主要害虫。也是我国棉花、园林作物的重要害虫。

朱砂叶螨每年的发生世代，随地区和气候的不同而相异。在东北地区，一年发生约 12 代，北方地区一般发生 12～15 代，长江中下游地区约发生 18～20 代，华南地区可发生 20 代以上。在华北地区以滞育态雌成螨在田间枯枝落叶上、土缝或树皮中越冬。早春温度达10℃以上时,朱砂叶螨开始繁殖;3～4月份,先在杂草或草莓上取食,4月中下旬开始移迁菜田。首先在田边点片发生,再向周围植株扩散,在植株上则先危害下部叶片,再向上部蔓延。

朱砂叶螨的繁殖方式主要为两性生殖,但也发生孤雌生殖现象。雌螨一生只交配一次。交配后1～3天,雌螨即可产卵。卵散产,多产于叶背。一生平均产卵50～100粒,最多的可达300余粒。其生长发育的最适宜温度为29～31℃,相对湿度为33%～35%。平均温度在20℃以下、相对湿度在80%以上时,不利其繁殖。温度超过34℃,即停止繁殖。当繁殖过量时即行扩迁,其方式一是爬行,二是随风雨作远距离扩迁。光照时间的长短对朱砂叶螨有明显的作用。在20℃时,短时的光照能明显加速其发育。营养条件对其发生有显著的影响,叶片愈老,受害愈重。叶片中含氮量高的,其繁殖量就大。增施磷钾肥可减轻其危害。饲喂大豆叶的发育期最短,完成一个世代大约只需10天;而喂饲茄叶的,完成一个世代则约需15天之久。前茬是豆类、油菜、绿肥及麦类,后茬或者间套茄子、辣椒、瓜类等蔬菜者,往往发生重,蔬菜受害也严重。凡是靠近道路、沟渠、房屋或灌木丛的蔬菜地,由于杂草多,虫源多,又能在寄主植物间相互转移,因而朱砂叶螨的发生就早,危害就大。

第二节　用拟长毛钝绥螨防治朱砂叶螨

拟长毛钝绥螨是朱砂叶螨等叶螨类的重要天敌。20世纪80年代初,在上海地区发现的拟长毛钝绥螨,是江南农村捕食螨的优势种。其生活史短,卵量较高,捕食能力强,易于人工饲养，是我国用于防治叶螨的一种较好的捕食螨。

复旦大学环境和资源生物系，上海市宝山区等单位，于1986年在上海市川沙县，1989年在上海市宝山区，分别进行了田间释放试验，结果表明，在茄子田里释放该捕食螨，可完全不用喷施农药或减少农药用量的90%以上，就能有效抑制叶螨的危害。有关拟长毛钝绥螨的饲养和增殖技术等，见二斑叶螨的生物防治部分。

上述两地的防治效果如下：

在上海市川沙县，1986年正是叶螨严重发生年。6月中旬对照区的叶螨量即达314头/株，6月下旬至7月上旬持续维持在2000头/株以上，7月下旬植株枯萎，中下部叶片大量脱落，至8月初植株完全枯死。

生物防治区叶螨数量的增长，在5月9日第一次释放捕食螨（每公顷7.5万头）后，即显示出明显的防治效果。对照区叶螨在6月24日达每株2266头。生防区叶螨在6月中旬增长缓慢，6月24日也仅为309.6头/株，比对照区低76%。5月24日第二次释放（每公顷15万头）后，因高温，到月底时，平均每株螨量超过500头。7月4日进行挑治，在密度大的点片喷施化学农药（普特丹），约占生防区面积的1/3。7月15日第三次释放捕食螨，每公顷22.5万头，有效地控制了叶螨的剧增势头。

上海市宝山区，1989年在茄子田进行生物防治示范。该年叶螨发生较轻，生防区在6月27日、7月18日分别释放捕食螨，释放量分别为7.5万头/公顷和9万头/公顷。对照区在7月下旬，每株叶螨达百头以上，而生防区同时仅38头/株，表明生物防治效果明显。

利用拟长毛钝绥螨防治朱砂叶螨，其注意事项是：第一，益害比要适当。上海多年释放捕食螨的益害比控制在1∶20～40。这个比例可根据叶螨发生程度作适当调整。第二,释放次数要据情而定。重发生年释放3次,辅以1次1/3面积的喷药;轻发生年释放2次,各次间隔时间可作适当调整。

第二十九章　苜蓿蚜的生物防治

第一节　苜蓿蚜的识别、发生和为害特点

一、苜蓿蚜的识别

苜蓿蚜(Aphis medicaginis),又名花生蚜,属同翅目。国内发生普遍,是花生、蚕豆、菜豆、扁豆、苜蓿等多种蔬菜的重要害虫。苜蓿蚜的有翅胎生雌蚜,体为黑绿色,有光泽。成蚜体长1.5～1.8毫米。触角有6节,第一、第二节为黑褐色,第三至第六节为黄白色,节间带有褐色,第三节较长。雌蚜的翅基、翅痣及翅脉均为橙黄色。足的腿节和胫节端部及跗节,均为暗黑色,其余部分为黄白色。腹部各节背面,有硬化的暗褐色条斑,第一节及第七节各有一对腹侧突。腹管黑色,圆筒形,端部稍细,具覆瓦状花纹,长度为尾片的两倍。若蚜个体较小,黄褐色,体上有薄蜡粉。其翅蚜基部暗黄色,端部淡褐色,细长腹管和尾片均为黑色,尾片短而不向上翘。

苜蓿蚜的无翅胎生雌蚜,体为黑色或紫黑色,有光泽。成蚜体长1.8～2.0毫米。体上有薄而均匀的蜡粉。触角有6节,第一、二节,第五节末端及第六节,为黑色,其余部分为黄白

色。腹部各节背面骨化较强，膨大而隆起，体节的分界不甚明显。若蚜个体较小，体灰紫色或黑褐色，体节明显。苜蓿蚜的卵为长椭圆形，初产出时淡黄色，后变为草绿色，孵化前又变为黑色。

二、发生和为害特点

苜蓿蚜虫主要危害豆科作物，寄主植物有200余种。该蚜虫多聚集在植株的嫩茎、幼蚜、心叶和嫩叶脊、花蕾以及果体上吸取汁液，使植株生长矮小，叶片卷缩。蚜体还分泌蜜露，引起煤污病，影响植株正常生长、开花和结实。危害蚕豆时，受害植株矮小，节间缩短，叶片卷缩，有的成为“龙头”状，使蚕豆结荚率降低，每荚豆粒数和千粒重减少，严重时蚕豆全株枯萎死亡。

苜蓿蚜在各地一年发生20余代。在山东、湖北等地，苜蓿蚜以无翅成蚜和若蚜，在向阳背风的山坡、沟边、路旁的杂草上越冬。这些杂草是荠菜、地丁、野豌豆、野苜蓿等。也有在冬豌豆的心叶、根部越冬的。在新疆，多以卵在苜蓿等寄主植物上越冬。在南方各省，苜蓿蚜能在紫云英、豌豆等豆科寄主植物和十字花科的多种寄主植物上终年为害，无越冬阶段。

在北方，越冬苜蓿蚜虫于3月上、中旬开始为害和繁殖，然后产生大量的有翅蚜，向春季的寄主春豌豆、荠菜、刺槐、国槐上迁飞。到5月上旬花生苗出土时，又有大批有翅蚜向附近的花生等寄主植物上迁移。

迁入花生地的苜蓿蚜经过繁殖，在花生植株上再产生有翅蚜，在花生地里扩散。此时槐树上的苜蓿蚜所产生的大量有翅蚜，也向花生地里迁飞，形成一个迁飞扩散的高潮。花生正处于开花阶段，蚜虫由点片发生，扩散为全田的普遍发生。如果气候条件合适，4～7天就能完成一个世代。所以，苜蓿蚜此时极易猖獗为害。雨季来临，湿度增大，气温升高，田间天敌增加，蚜量自然下降。10月份花生收获后，蚜虫主要在扁豆、菜豆以及花生地上的自生苗上繁殖和为害，并产生有翅蚜。其有翅蚜迁飞到越冬寄主上为害和繁殖。

第二节　用EB-82灭蚜菌防治苜蓿蚜

一、EB-82灭蚜菌简介

田间发生的蚜虫病原菌中，有一种是毒力虫霉。中国农业科学院生物防治研究所于1982年分离出菌株后，又发现其代谢产物中有触杀蚜虫的物质，并有伴生菌的存在。后经多年研究，试制成蚜虫的生物农药EB-82灭蚜菌。毒力虫霉的代谢产物主要杀虫物质A组分，是一种脂溶性甾醇类化合物Frgost-5-en-3-01，分子式为$C_{28}H_{48}O$，能防治多种蚜虫和叶螨。

经用大白鼠做动物毒理试验，EB-82灭蚜菌经口、经皮急性毒性LD_{50}均大于5 000毫克/千克，属低毒农药。在常温下可存放2年。

二、防治效果

用EB-82灭蚜菌200倍液，防治苜蓿蚜虫的效果在95%以上。

第三节　用草蛉防治苜蓿蚜等害虫

一、草蛉的概况及识别特征

草蛉，也称为草青蛉，属脉翅目草蛉科。多种草蛉的幼虫都喜欢取食蚜虫，而且取食量很大，所以，又称它为“蚜狮”。其成虫和幼虫都是捕食性的，主要捕食蚜虫、红蜘蛛、介壳虫、粉虱等，还捕食棉铃虫、烟草夜蛾等多种鳞翅目害虫的卵和幼虫,是多种害虫的天敌。近年来,国内外利用草蛉控制一些害虫的危害,取得不少成效。美国得克萨斯州等地利用普通草蛉防治棉铃虫和烟草夜蛾,取得较好效果。前苏联利用普通草蛉防治温室蔬菜上的蚜虫,结果是蚜虫减退率明显。

我国许多地区自然界的草蛉种类丰富,数量亦大,是有效天敌。20 世纪 70 年代以来,河北、河南、山西、陕西、吉林、四川等省,都开展利用草蛉防治害虫的工作,以其防治豆蚜、棉铃虫、棉蚜、麦蚜、苹果红蜘蛛、柑橘红蜘蛛、温室白粉虱等害虫,均已取得一定的效果。

草蛉是脉翅目中较大的一个科,其中成员比较多。全世界已知的有 1 350 余种。我国已有记载的约有百余种。目前常见的和正在研究的有 10 余种,其中的主要种类及其分布情况是:大草蛉、丽草蛉和中华草蛉,分布于北京、河南、河北、山西、陕西、湖北、山东、江苏和四川等地;叶色草蛉分布于河北、河南、山东、山西、辽宁、陕西等地。多斑草蛉分布于东北地区的黑龙江、吉林等地;普通草蛉分布于新疆、台湾等地;晋草蛉分布于北京、上海、河南、河北、山东、山西、湖北、湖南、广西、江西、四川、陕西、江苏和浙江等地;亚非草蛉分布于广东和台湾等地。

草蛉属于完全变态昆虫,它的一生有成虫、卵、幼虫和蛹四个阶段。草蛉成虫身体和翅膀的颜色,一般为绿色,看上去很娇嫩。两对翅大小相似,平时成屋脊状置于体上。其翅为膜质,透明,上面有许多网状翅脉,并有许多纵室。翅脉边缘多分支。口器为咀嚼式,在头部有一对闪闪发光的金色复眼,成虫的体长与翅长因种类而异。常见的草蛉种类如下:

(一)**大草蛉**(Chrysopa septempunctata)

体型较大的种类。体长 13～15 毫米,前翅长 17～18 毫米，后翅长15～16毫米。体黄绿色，头部有黑斑2～7个，常见的多为四斑或五斑，多的有七个黑斑，即唇基斑一对呈条形，触角下的一对呈矩形或近圆形，一般都很大，触角中间的一个则较小，四斑者缺此中斑，七斑者则两颊还各有一黑斑。触角比前翅为短，黄褐色基部两节均为黄绿色。胸部背面有黄色中带。

（二）中华草蛉(Chrysopa sinica)

体长9～10毫米，前翅长13～14毫米，后翅长11～12毫米。体黄绿色，背面有黄色中带纵贯全身。头部黄白色，触角灰黄色。基部两节与头部颜色相同。触角比前翅短得多，两颊和唇基两侧各有一黑条，两斑多接触。前翅基部的横脉多为黑色。翅脉上有短毛。足为黄绿色，跗节为黄褐色。

（三）丽草蛉(Chrysopa formosa)

体长9～11毫米，前翅长13～15毫米，后翅长11～13毫米。体为绿色。头部有九个黑色斑纹：头顶有两个黑点，触角间一个，触角下面沿着触角窝各有一新月形黑斑，两颊各有一黑斑，唇基两侧各有线状斑。触角较前翅为短，黄褐色，第二节黑褐色。前翅前缘横脉为黑色。足为绿色，胫节及跗节为黄褐色。翅端较圆，翅痣为黄绿色。前后翅的前缘横脉列，大多数为黑色。这区别于叶色草蛉。

（四）叶色草蛉(Chrysopa phyllochroma)

体长8～10毫米，翅展26～28毫米。前翅长14～15毫米，后翅长11～12.5毫米。体绿色，头部有九个黑色斑纹：中斑一个；触角上斑一对；触角下斑一对为新月形；两颊各有一斑；唇基斑一对为长形。它与丽草蛉大小和色泽均相似，但它的前翅前缘横脉列只有靠近亚前缘脉的一端为黑色，其余均为绿色。

(五)亚非草蛉(Chrysopa boninenensis)

体长9～13毫米,前翅长12～14毫米,后翅长11～12.5毫米。体黄绿色。头部颊斑与唇基斑为黑色,上下相连。触角淡黄褐色,较前翅长。翅端较尖,翅痣黄色,翅脉全绿色,脉上有黑色短毛。分布在我国广东、广西和福建等地,为南方种类。

(六)晋草蛉(Chrysopa shansiensis)

体长9～9.5毫米,前翅长11～13毫米,后翅长10～11毫米。体淡绿色,触角比前翅长。此为晋草蛉的主要特征。头部淡黄色,无黑色斑点,额部常带淡红色。胸部和腹部背面中央有一条蛋黄色纵带,腹面呈灰白色。足为淡黄绿色,足跗节为黄褐色。翅端尖,翅脉全绿色,翅痣黄绿色。后翅狭长,有一个三角形翅室。

二、草蛉的生活习性及捕食效应

草蛉成虫有趋光性,并有异臭。新羽化的成虫要经过7～8天取食后,才能达到性成熟,开始交尾、产卵。中华草蛉产卵量较多,人工饲养的一头雌虫可产1 000多粒,产卵期长达50多天。成虫有取食卵粒的习性,尤其是丽草蛉吃得特凶,在人工饲养时应特别注意。

草蛉的卵多为椭圆形,淡绿色,每粒卵有一白色细长的丝柄。卵柄有弹性。具有卵柄是各种草蛉的共同特点,其作用是防止草蛉幼虫之间互相残杀。各种草蛉卵的大小、颜色、丝柄长短,以及排列方式都有不同。一般大草蛉的卵数粒或数十粒集中产在一起,丝柄较长。中华草蛉的卵常是散产,丝柄非常短。由于成虫有趋光性,雌成虫常飞到灯下的窗户、电线杆上等处产卵。卵期一般较短,约为三天。

草蛉幼虫一般为纺锤形,两端尖细,虫体为黄褐色、灰褐色和红褐色等。它的口器很发达,上、下颚各有一对,每对组成半月形的镰刀状。上下颚合并构成一对细管。草蛉幼虫就利用这成对的镰状颚,夹住猎物,并刺入其体内吸食。幼虫虫体扁平,有三对发达的胸足,胸部和腹部 1～8 节的两侧一般具有一个毛瘤,其上着生一丛刚毛。幼虫行动敏捷,在田间蚜虫滋生处,常常可以见到它。它们常钻入蚜虫种群中大量捕食。多数种类草蛉的身体是裸露的。有的蛉种的个体背有负物,如亚非草蛉的幼虫在取食后常把剩下的蚜虫虫体的残骸都背在背上。茧(蛹)草蛉幼虫可抽丝织成茧。老熟幼虫停食后,结茧化蛹。大草蛉和中华草蛉在棉叶背面有皱褶处或苞叶铃壳间结茧,丽草蛉则在土下结茧。其茧为白色,丝质,球形。大草蛉的茧较大,直径约 4 毫米;丽草蛉和中华草蛉的茧较小,直径约 3 毫米。老熟幼虫在刚结成的茧内静止不动,是其预蛹阶段。对着强光观察茧,如果茧内一端有一堆黑色的东西,这是幼虫蜕的皮,说明它已化蛹了。到羽化前,蛹在茧内变为绿色。羽化时从圆盖处爬出,蜕掉一层透明的皮,变为成虫。

草蛉成虫大多在傍晚时羽化,翅膀逐渐展开后稍停一会,即可飞翔和取食。成虫主要在夜间活动。其活动和产卵有明显的趋性,喜欢在植株上部或饲养瓶上部产卵。白天,成虫多栖息在麦田、棉田、果园等处的植株叶丛中。新羽化的成虫需取食后才能发育到性成熟。成虫在羽化 2～5 天后开始交尾,交尾 4～5 天后开始产卵。产卵期很长,一般多为 15～20 天,有时可长达 50～60 天。

成虫产卵量很高。大草蛉一头雌虫最多可产 1 500 粒卵以上,平均每头雌虫可产卵 850 粒。中华草蛉一头雌虫最多可产 900 粒卵,平均可达 500 多粒。丽草蛉比中华草蛉产卵量高,单头雌虫最多时可产卵 1 200 多粒,平均 600 多粒。成虫产卵量受到食物的影响。中华草蛉成虫以棉蚜为饲料时,单头雌虫的产卵量最多达1 000粒以上，而以棉铃虫卵为饲料的，单头雌虫则只产600多粒。食物不足或不适宜时，其产卵量显著下降，甚至不产卵。

成虫产卵的特点是大都集中在傍晚或前半夜。人工饲养草蛉的产卵时间是：中华草蛉以16～19时和22时至次日1时为最多，可占全日产卵量的35%以上；丽草蛉和叶色草蛉产卵集中在19时至次日1时，其所产卵量可占全日产卵量的50%以上。

幼虫活动能力强，在28℃时，三龄幼虫一小时能爬行68米的距离。因此，幼虫在田间搜捕害虫的能力较强。中华草蛉以搜捕能力强而著称。不同草蛉对不同害虫的捕食量也不同。大草蛉每头幼虫的食量为：棉铃虫卵570多粒，棉蚜600多头。叶色草蛉幼虫一生捕食棉铃虫一龄幼虫最多达518头，最少的也有471头，平均488头。丽草蛉每头幼虫的食量为：棉铃虫卵390多粒，棉蚜340多头。草蛉幼虫取食红蜘蛛的食量情况，以中华草蛉较大，每头幼虫一生可取食红蜘蛛1 300多头，丽草蛉为600多头，大草蛉为360多头。

草蛉幼虫捕食介壳虫等其他害虫，食量也很大。据台湾省科研人员观察，一头普通草蛉幼虫可食介壳虫3 780头。在中东，一头草蛉幼虫在14天内吃介壳虫卵6 487粒。在法国，普通草蛉幼虫能捕食多种葡萄害虫，一头幼虫一生可捕食葡萄缀穗蛾幼虫60多头。

不同草蛉的发生世代和时期各有不同，同一种类在不同地区的发生情况也有不同。

大草蛉，以茧在枯枝落叶上、树皮上、墙缝等处越冬。4月下旬，在树上可见到成虫活动。5月份，它们开始在各种作物上活动、繁殖和扩散。5月中旬，在农作物的植株上可见到大草蛉的卵。6月上旬，在棉株上可见到大草蛉的卵。当田间温度较高时，大草蛉多在树上活动。9月下旬至11月上旬，大草蛉陆续结茧越冬。每年发生3～4代。

中华草蛉，在华北地区每年发生5～6代，以成虫在墙缝、屋檐、屋内、树洞等隐蔽处越冬。每年3月中旬到4月中旬开始活动。先在小麦地、油菜地和苜蓿地等处取食、产卵。然后向玉米田、棉田和其他菜田作物上转移、繁殖和扩散。到10月下旬和11月上旬，中华草蛉随着自然界气温的下降和光照时间的缩短，体内代谢速率变慢，做了越冬准备，成虫体色也由绿色变为土黄色。中华草蛉这时不再取食，逐渐进入越冬阶段。

丽草蛉，于秋季结茧，在土壤中越冬。5月初，越冬蛹羽化为成虫从茧内出来。然后到小麦地、菜地的作物上捕食、繁殖和扩散。6月上旬，迁往棉田。6月下旬，其数量上升最快。到9月下旬至11月上旬，即结茧越冬。

草蛉各虫态的历期，因蛉种、温度和营养食物的不同而异。大草蛉、中华草蛉和丽草蛉，在实验室条件下(恒温27℃，相对湿度70%，光照每天18小时以上)，可以全年连续饲养，不受季节限制。如大草蛉一年中可繁殖10个世代左右，中华草蛉可繁殖12～13个世代。

据室内饲养情况表明，在22～23℃变温条件下，以蚜虫为食物，大草蛉、中华草蛉和丽草蛉的各个虫态历期长短不一，总历期以大草蛉为最长，中华草蛉为最短(见表29-1)。

又据室内饲养情况，在27℃恒温条件下，以米蛾卵为饲料所喂养的五种草蛉，其各个虫态的历期也长短不一，总历期以大草蛉为最长，中华草蛉为最短(见表29-2)。

表 29-1 以蚜虫为食物的三种草蛉各虫态历期（单位：天）

草蛉种类	卵	幼虫	蛹	成虫	产卵前期	总历期
大草蛉	4～5	6～12	8～13	30～50	3～6	23～43
中华草蛉	3～4	6～13	5～6	25～30	5～7	25～33
丽草蛉	4～5	10～15	11～14	28～31	6～8	31～42

表 29-2 以米蛾卵为食物的五种草蛉各虫态历期（单位：天）

草蛉种类	卵	幼虫	蛹	成虫	产卵前期
大草蛉	3～4	8～9	12～14	30～49	10～16
中华草蛉	3～4	8～9	7～8	29～31	4～5
丽草蛉	3～4	8～9	12～13	29～31	6～10
叶色草蛉	3～4	8～10	11～12	30左右	4～5
亚非草蛉	3～4	8～9	7～8	30～35	4～5

三、草蛉的自然保护与利用措施

草蛉在我国东北、河北、河南、湖北、江苏等广大地区自然界中的存量是相当大的。如黑龙江省合江地区，一个人在油菜地不到半小时就能网捕草蛉成虫400多头，在麦田也能网捕草蛉成虫100多头。在河南、山西、陕西等地，亦有类似情况。因此，采取积极措施，保护和利用自然界的草蛉种群，就有十分重要的意义。

保护自然界的草蛉一般可采取以下措施：

(一)化学防治和生物防治要协调

蔬菜害虫种类很多，一般不能单独依靠生物防治，必要时还要采用化学防治。但是，在进行化学防治时，应减少大面积使用广谱性农药，合理部署农药的使用，尽可能减少农药对草蛉的伤害。

（二）建立草蛉的饲料基地

为了使自然界的草蛉不断得到发展，就应在自然界积极地为其提供各种花草等蜜源植物，这是保护自然界草蛉的有效措施。同时，还要保留一定数量的蚜虫。因为，蚜虫是草蛉在自然界较稳定的基本食物。

（三）保护越冬草蛉

各种草蛉在自然条件下，于晚秋和初冬即逐渐进入越冬阶段，由于不良气候条件的影响，每年都有不同程度的死亡。因此，人工捕捉越冬草蛉，予以集中贮存饲养，以便大量减少其死亡率。如河南省民权县等地，人们在10月下旬即开始采集越冬的中华草蛉成虫。另外，可以大量地采集大草蛉和丽草蛉的越冬茧，放在饲养容器内保存。这也是有效保护自然界中草蛉的措施。

（四）棉田间种植红花招引草蛉

我国辽宁省义县是北方重点产棉县。这个县的棉农为了保护草蛉，采用棉田中间种红花（Carthamus tinctorius）做诱集植物的措施，即每种植0.266公顷（4亩）棉花，间种0.133公顷（2亩）红花带。据1983年的定期调查表明，棉花与红花间种后，改变了棉田苗期的生态环境，有利于天敌的生存。红花蚜的发生，为天敌提供了充足的食物，增加了天敌的自然数量。棉田间种红花带招引了大量的草蛉，比化防对照田的草蛉多13倍。同时，其他天敌的种类和数量也较多。可见利用红花上的蚜虫招引和繁殖草蛉是一种行之有效的自然保护措施。当然，在其他农田种植一些别的生长蚜虫的作物以诱集草蛉，也是可行的。

四、草蛉的人工大量饲养与繁殖技术

草蛉在自然界中的存量是相当大的，但也常受气候、食物、天敌以及农药使用等多种因素的影响。如果单纯依靠草蛉自然繁殖，在短期内便难以达到有效控制害虫的目的。此外，自然界天敌数量的增长，也往往是在害虫发生以后，这样就不能确保农作物免受害虫的危害。为了确保能及时地提供足够数量的草蛉，开展人工繁殖是十分必要的。中国农业科学院生防所邱式邦等研究出切实可行的饲养繁殖草蛉的技术。这些技术，简便易行，行之有效，可以因地制宜，土法上马，广泛应用。以下分成虫和幼虫饲养两部分予以介绍。

（一）草蛉成虫的饲养

1. 饲养工具　饲养笼用马粪纸制作。笼高 10 厘米，直径 14 厘米。将按尺寸剪好的马粪纸围成一个圈，交接处用线或订书钉固定。笼顶和笼底铺盖纱布，套上橡皮圈加以固定。在笼壁、笼顶和笼底内面，都衬上一层有色的薄纸（称为卵箔纸），卵箔纸交接处涂上少量浆糊，使其固定。每日取卵时将卵箔纸取出即可。每个饲养笼内放上饮水器，喂人工饲料的成虫笼内放饲料槽。饲料槽和饮水器可用铁丝钩悬挂在笼壁上。如有条件，可以用软而略厚的塑料制成饲养笼，其笼盖和笼底也用塑料窗纱做成，饮水器改用一块塑料泡沫（约 4 厘米×4 厘米大小），浸水后放在笼盖外面，成虫可透过纱孔吸水。

2. 成虫的饲料　有的草蛉，如大草蛉、丽草蛉、叶色草蛉的成虫，和幼虫一样，都取食蚜虫。有的蛉种，如中华草蛉等，其成虫不吃蚜虫。现在饲养成虫常用的饲料，有蚜虫和人工饲料两种。中华草蛉、叶色草蛉和亚非草蛉用的人工饲料配方，有下面三种：

（1）啤酒酵母饲料：　适用于中华草蛉、叶色草蛉和亚非草蛉。其配方为：啤酒酵母干粉25克，糖10克，蜂蜜10克，水100毫升。

(2)啤酒酵母干粉饲料：　适用的蛉种同上。其配方为：啤酒酵母粉10克，蔗糖8克。将二者一同研细，用60～80目筛过筛后，即可喂食。

(3)羊奶饲料：　适用于中华草蛉。其配方为：鲜羊奶70%，面粉20%，糖10%

3.饲养管理方法

(1)产卵前饲养：　将新羽化的草蛉成虫先放在大笼中集中饲养若干天，待普遍交尾和性成熟后，再移入饲养笼中饲养。集中饲养的时间，根据草蛉种类和它产卵前期的长短而定。

(2)分笼饲养：　将快要产卵的成虫从大笼中移入马粪纸饲养笼。每笼放雌虫50～75头，并搭配1/4数量的雄虫。多余的雄虫可放到田间，以节省饲料和饲养工具。在上述数量下，每笼中华草蛉在24小时内能产卵700～1 000粒。每天更换新的卵箔纸，并加添清水和饲料。换卵箔纸时，先将饲养笼内的饮水器和饲料槽取出，去掉顶部的纱布，另用一个事先准备好的衬有新卵箔纸的饲养笼套在上面，新笼顶部的纱布向光，成虫就自动爬入新笼。然后，放入饮水器和饲料槽，用蚜虫作饲料的则加蚜虫，最后蒙上纱布。为防止成虫吃掉自己所产的卵粒，可以在产卵盛期一天换两次卵箔纸。

在饲养笼的上方，设一盏日光灯照明，可以减少卵的损失。当饲养笼中雌虫逐渐死亡，产卵量下降时，可以并笼饲养，以节省劳力。

每日换下的卵箔纸，应放在14～16℃的条件下贮存。一般放在水井或土窖中可推迟8～10天孵化。如不贮存，在卵色由绿变成灰色时，就可将其释放田间防治害虫。

（二）草蛉幼虫的饲养

1. 饲养工具　饲养幼虫的工具，一般用装果酱或加工食品用的玻璃瓶，容积为 500 毫升。瓶口用两层纱布蒙上，并用橡皮圈固定。为了防止初龄幼虫从纱布孔中钻出，可以在两层纱布之间夹一层薄纸，待幼虫进入二龄后再将其去掉，以便利于通风，减少瓶内湿度。有条件的可以用 60 筛目的细铜纱做瓶盖。瓶底必须放隔离物，以减少幼虫间的接触和相互残杀，也便于虫茧结茧时的附着。放隔离物是饲养幼虫的关键措施。常用的隔离物一般用 50 厘米左右宽的废纸条或塑料布条，农村也可以用轧过场的，剪成 3～4 厘米长的麦秸来代用。隔离物散放在瓶底，大约占瓶高的 1/3。

如果大量饲养草蛉幼虫，也可采用木盒，其容积为 40 厘米×30 厘米×9 厘米，其盖用 60 筛目铜纱制成，盖的中间有 10 厘米×8 厘米左右面积不装铜纱，而用玻璃盖盖紧，以防幼虫爬出，每天可打开这个小玻璃盖加入饲料。盒内也要放隔离物。

2. 饲料和饲养管理　饲养草蛉幼虫的饲料，一般使用蚜虫或米蛾卵。用蚜虫作饲料时，先将孵化至发灰的草蛉卵 100 粒，散撒在有隔离物的饲养瓶中，或用毛笔刷入初孵化的幼虫，每天喂蚜虫 1～2 次。三龄幼虫食量激增，需喂大量蚜虫。故应从各种作物上，如小麦、玉米、高粱、芝麻、油菜、萝卜、豆角、瓜类或树上采集蚜虫。采集时应尽量不伤害蚜虫。在幼虫饲养期间，一般不需要清洁饲养瓶。结茧后，可将草蛉茧连同隔离物移入羽化笼中，或仍放在原饲养瓶中羽化。

用米蛾卵作饲料，则应先将卵制成卵卡。卵卡的做法是：在划有方格的硬纸上涂上一层薄薄的蜂蜜，将米蛾卵倒在其上，去掉多余的没有被粘住的卵粒，卵卡即告制成。卵卡上每一个1厘米见方的格子上有卵450粒左右。养草蛉时，可根据幼虫的龄期和饲养的密度，在瓶中放入足够的卵卡作为饲料。卵卡可以事先做好，贮存在冰箱中。经过三个月冷藏的米蛾卵，饲养草蛉的效果还很好。采用米蛾卵作草蛉的饲料比用蚜虫作饲料，有以下优点：①不受季节和自然界蚜虫数量的限制，可以有计划地全年饲养；②饲养方法简便，每2～3天喂一次，节省时间；③便于管理。

集体饲养草蛉幼虫时，必须注意：①饲料要充足，喂食要及时。饥饿往往助长幼虫间互相残杀。②要防止饲养器内湿度过大。如用蚜虫时，切不要将植物枝叶同时加入，以免增加湿度。每次投喂时蚜虫不要过多，防止湿度过大。③幼虫龄期要整齐。不要把大小幼虫混养在一个瓶内，造成相互残杀。④采集蚜虫时，不要把瓢虫带入。这样饲养草蛉幼虫，成茧率都比较高。

3.饲养米蛾繁殖草蛉的技术　中国农业科学院生物防治研究所邱式邦等研究出米蛾繁殖技术。我国正应用这一技术来生产米蛾卵，供繁殖草蛉用。其主要技术如下：

(1)饲养米蛾的基本条件：米蛾饲养室的温度，一般要求达到27～28℃，相对湿度应控制在70%～75%。虽然80%以上的相对湿度对米蛾繁殖更为有利，但由于容易发生粉螨，影响米蛾繁殖，故不予采用。各地创造了不少控制温湿度的方法。北京市通州区在饲养室内生一蜂窝煤炉，辅以电炉，能保证27℃的恒温，利用冬季生产的米蛾卵繁殖了足够的草蛉。农村一般采用地面泼水、室内悬挂湿布和炉火上烧水等办法，来控制湿度。

(2)饲料：饲养米蛾用的饲料，可因地制宜地解决。南方可用米糠，北方可用麦麸，如再增加少量的大豆粉，其营养价值就大为提高。补充各种饼肥粉也有同样的作用。

配制饲料的方法：饲养米蛾的饲料，必须含有适当的水分，一般以含水15%左右为宜。加水时，将一定量的水倒入麦麸中，搅拌均匀即可。

华北地区饲养米蛾的较好配方是：麦麸 90 千克，粮食细面（玉米、高粱、细糠、面粉）5 千克，大豆粉（或其他蛋白质含量高的饲料）5 千克，水 10～15 升。

(3)繁殖米蛾的方法步骤

①饲料消毒：没有经过消毒的饲料，往往杂有其他仓虫。所以，饲料必须严格消毒。消毒灭虫的方法，可根据具体情况而采用。农村可以将饲料放在笼中，用蒸汽消毒。一般上汽后蒸 20 分钟，即能杀死害虫。也可利用高压灭菌锅或鼓风干燥箱消毒。大规模饲养时，可以将饲料用磷化铝熏蒸后贮存备用。

消过毒的饲料，不要暴露在外面，应保存在害虫不能侵入的容器或房间内。养过米蛾的饲料要消毒。室内保持清洁，用具要经常清洗。

②小瓶接种：用 500 毫升的旧玻璃瓶，装 100 克饲料，将米蛾卵 3 000 粒，均匀地撒在饲料表面，或者用自制的细玻璃管来计量散撒，然后将其移入饲养室中培养。在室温 27～28℃、相对湿度 70%～75%的条件下，米蛾卵三天就可孵化。接卵后 7～10 天，米蛾幼虫逐渐长大到了一定的程度，应转入大盘中饲养。为了保持米蛾卵生产量的相对稳定，应分批分期地接种。

③大盘幼虫：一般用竹匾或竹簸箕，直径以 45～55 厘米为宜，高度不要超过 3 厘米。直径 45 厘米的竹匾可装饲料 1

千克，直径55厘米的可装2千克。按每500克饲料接卵1 500粒的标准接种。在竹匾中铺一层报纸后再倒上饲料，使米蛾结茧时附在纸上，而不粘在竹匾上。将已在玻璃瓶中饲养10天的米蛾幼虫，连同饲料均匀地撒在竹匾的饲料表层，然后用少量的饲料予以覆盖。

④收集成虫：在上述的温度湿度条件下，从接种米蛾卵到成虫开始羽化，一般要40～45天。在夏季则只要30天左右。羽化开始后，头几天羽化的多为雄蛾。10～15天后，雌蛾、雄蛾数量大致相等。以后，雌蛾数量又比雄蛾为多。米蛾的羽化期较长，在羽化期间，每天需要收集成虫一次。

⑤收取虫卵：米蛾产卵罐用白铁皮和20目铁丝纱制成。其直径为12厘米，高12～14厘米，罐的下端焊上铁丝纱做底。上端做一个铁丝纱盖。另外准备几个套在产卵罐上用的白铁皮漏斗盖。简易的产卵罐也可用废铁皮罐制作。

装入成虫时，先在产卵罐上套一漏斗盖。通过漏斗孔装入成虫约1 000头。然后将漏斗盖换成铁丝纱盖。把装好成虫的产卵罐竖放在大白瓷盘中，让米蛾成虫产卵。

成虫在当天晚上就开始产卵，约占总产卵量70%～85%的卵，通过铁丝纱落在白瓷盘中，其余的卵则分布在铁丝纱上或罐壁上。每天取卵时，将附在铁丝纱上的卵，用毛笔轻轻刷下，并拍打罐壁，以便将纱上和罐壁上的卵同时收集起来。然后，清除卵粒间的鳞片和杂物，收干净卵粒供扩大米蛾繁殖或饲养草蛉之用。

米蛾在饲养室条件下，可连续产卵8～9天，每天取卵后，将产卵罐放回白瓷盘中，让米蛾继续产卵。一般到第五至第六天，成虫产卵已达其总产卵量的90%～95%以上时，即可将其淘汰。在整个成虫期，不需要给米蛾喂水和饲料。

在适宜条件下，一头雌蛾可产卵 300～400 粒。但在一般情况下，其产卵量为 200 粒左右。在羽化盛期，每罐装 1 000 头成虫，约可收卵 10 万～15 万粒。每克米蛾卵约有 26 000 粒，每毫升卵约有 15 000 粒。

⑥卵的冷藏：新鲜的和经过冷藏的米蛾卵，都可以饲养草蛉。米蛾卵在低温下存放几天后即不能孵化。但作为饲料则不受影响。冷藏米蛾卵可用普通冰箱或低温冰箱。湿度对米蛾卵的冷藏有很大影响。在贮藏期间，一般前期由于卵的含水量较高，往往会引起结块和发霉；后期则因不断失水，容易干瘪。实践中冷藏米蛾卵的方法是：将新产出的米蛾卵去掉杂质后，在瓷盘中摊晾半天，以除去多余的水分。然后装入玻璃管中，用棉花塞紧（切不可用不通气的瓶塞），放入冰箱中。贮存中要经常检查。到存卵后期，应根据情况，设法减少水分的蒸发。这时，需将棉花塞换成比较不通气的管塞。

五、草蛉的田间释放技术

（一）释放的虫态

田间释放草蛉的虫态并不统一。有的放成虫，有的到田间放草蛉卵，还有的放幼虫。三种虫态均可，但各有利弊。

1. 放成虫　既可释放人工饲养的草蛉成虫，又可放田间采回的草蛉成虫。一般进行人工助迁。用捕虫网采集田间野生的草蛉成虫，助迁于蔬菜田间。释放成虫，主要优点是释放到菜田后立即可以捕食白粉虱等害虫，见效快，但释放速度慢。因为成虫释放后易逃逸，故需要对它做剪翅处理。但剪过翅的草蛉成虫往往活动能力下降，易被鸟类等啄食。所以，在靠近村庄的田块不宜采用。

2. 投放草蛉卵　在田间投放草蛉卵的方法主要有两种，一种是撒投卵粒，一种是投放卵箔。撒投卵粒，是将卵粒从产布处剪下，与无味、干净的锯末混合均匀后，在田间撒放。撒放时，可根据菜田中的不同蔬菜和不同生长期的情况，相隔一定的距离，投放一定数量的卵粒。一般撒在菜株中间的叶片内，不必投放到菜心中。

投放卵箔时，要将卵箔剪成小条，每一卵箔条上有10～20粒卵。然后带到田间，隔一定距离或隔几棵菜，将卵箔用大头针固定在菜叶子上。投放卵箔时，最好就固定在害虫多的叶面上，便于草蛉幼虫从卵中一孵出来即可接触到害虫。

放卵的优点是简便，速度快，效率较高。缺点是其卵常易被蚂蚁等天敌取食。因此，要尽量缩短草蛉卵粒在田间停留的时间，故以放灰卵为好。灰卵投放半天后，即可孵化，可避免天敌加害，大大提高防治害虫效果。

3. 投放草蛉幼虫　投放幼虫的方法是单个投放。实施时，将孵化不久的幼虫，用毛笔轻轻粘上，然后逐一投放在发生害虫的菜株上。

单个投放慢，效率低，可改为多个投放。此法的操作过程如下：将灰卵用剪刀剪下，接入干净、无味锯末的果酱瓶或小塑料袋中，用量为每100克锯末接入灰卵500～1 000粒，并加入适量的蚜虫或米蛾卵，以作饲料。然后用纸将瓶口扎紧，放入25℃左右的室内。当有80%的卵孵化为幼虫时，即可将其带到田间投放。

（二）蛉种的选择

草蛉幼虫都是广谱捕食性的昆虫。然而，不同种的草蛉其幼虫也有不同的习性。根据防治对象的不同，蛉种的选择也有重要的意义。不同的草蛉对害虫的嗜食情况也不同。如中华草蛉的取食范围较广，既取食瓜蚜，又取食棉铃虫卵和初孵幼虫，以及蔬菜上的叶螨。因此，中华草蛉可以用来防治多种害虫，是较广泛应用的一种草蛉。晋草蛉喜食多种叶螨，而且单食叶螨对其发育没有不良影响。因此，可选用为治叶螨的蛉种。至于防治蚜虫，则要选用大草蛉和丽草蛉。因为这两种草蛉的成虫和幼虫，均能捕食蚜虫。

（三）选用本地的优势种

在不同地区，由于气候、植被等因素的差异，草蛉种类的组成状况也不一样，草蛉优势种也不同。例如新疆以普通草蛉为主，而在其他地区却很少见到；在黄河流域各省以丽草蛉为多；在东北、西北地区以叶色草蛉为多。一个地区的优势种，土生土长，能最好地适应当地的环境条件。因此，各地区应优先考虑使用当地的优势种。

（四）草蛉的贮存

为了进行草蛉的田间释放工作，首先就要积累足够数量的草蛉，待害虫发生时，可在田间大面积释放。因此，必须进行草蛉的低温贮存。

1. *成虫的贮存*　据湖北省汉阳县试验工厂 1979 年报道，中华草蛉成虫放在 3～5℃或 9～10℃的条件下，冷藏 20～30 天，成活率均在 90%左右，并且对其产卵量（均在 300～500 粒）和卵的孵化率（均在 90%以上）影响不大。

2. *卵的贮存*　据中国农业科学院生物防治研究所 1979 年报道，将中华草蛉的当天卵，分别放入温度为 5℃、7℃、12℃和 15℃的冰箱内，贮存 15 天，其孵化率分别为 56.8%、60.3%、98.8%和 94.6%。结果表明，卵的贮存温度低于 10℃是不适宜的，而以在 12～15℃下较为适合。

3. *茧的贮存*　据中国农业科学院生物防治研究所的试验表明，低温对中华草蛉蛹的影响较大。在 5℃的温度下贮存 30 天，茧都不能羽化。在 8℃的温度中，发育 2 天的中华草蛉的茧贮存 30 天，羽化率为 43%，若贮存 60 天和 90 天，其茧全部不能羽化。在 11～12℃的温度下贮存 10～20 天，中华草蛉茧的羽化率可达 90%～92%。但贮存期延长至 30 天，其羽化率即降低为 44%。试验结果表明，中华草蛉茧的贮存温度以 11～12℃为宜，贮存时间以 20 天为宜。

绿叶菜类蔬菜制种技术 5.50 元
蔬菜高产良种 4.80 元
根菜类蔬菜良种引种指导 13.00 元
新编蔬菜优质高产良种 19.00 元
名特优瓜菜新品种及栽培 22.00 元
蔬菜育苗技术 4.00 元
豆类蔬菜园艺工培训教材 10.00 元
瓜类豆类蔬菜良种 7.00 元
瓜类豆类蔬菜施肥技术 6.50 元
瓜类蔬菜保护地嫁接栽培配套技术 120 题 6.50 元
瓜类蔬菜园艺工培训教材(北方本) 10.00 元
瓜类蔬菜园艺工培训教材(南方本) 7.00 元
菜用豆类栽培 3.80 元
食用豆类种植技术 19.00 元
豆类蔬菜良种引种指导 11.00 元
豆类蔬菜栽培技术 9.50 元
豆类蔬菜周年生产技术 14.00 元
豆类蔬菜病虫害诊断与防治原色图谱 24.00 元
日光温室蔬菜根结线虫防治技术 4.00 元
豆类蔬菜园艺工培训教材(南方本) 9.00 元
南方豆类蔬菜反季节栽培 7.00 元
四棱豆栽培及利用技术 12.00 元
菜豆豇豆荷兰豆保护地栽培 5.00 元
菜豆标准化生产技术 8.00 元
图说温室菜豆高效栽培关键技术 9.50 元
黄花菜扁豆栽培技术 6.50 元
日光温室蔬菜栽培 8.50 元
温室种菜难题解答(修订版) 14.00 元
温室种菜技术正误 100 题 13.00 元
蔬菜地膜覆盖栽培技术(第二次修订版) 6.00 元
塑料棚温室种菜新技术(修订版) 29.00 元
塑料大棚高产早熟种菜技术 4.50 元
稀特菜制种技术 5.50 元

以上图书由全国各地新华书店经销。凡向本社邮购图书或音像制品,可通过邮局汇款,在汇单“附言”栏填写所购书目,邮购图书均可享受 9 折优惠。购书 30 元(按打折后实款计算)以上的免收邮挂费,购书不足 30 元的按邮局资费标准收取 3 元挂号费,邮寄费由我社承担。邮购地址:北京市丰台区晓月中路 29 号,邮政编码:100072,联系人:金友,电话:(010)83210681、83210682、83219215、83219217(传真)。